供电企业技能岗位评价试题库

GONGDIAN QIYE JINENG GANGWEI PINGJIA SHITIKU

变电检修专业

中级作业员（下册）

贵州电网公司　组编

内 容 提 要

《供电企业技能岗位评价试题库》按照《供电企业技能岗位培训标准》的要求，结合生产实际编写而成，可与《供电企业技能岗位培训标准》配套使用。

本书是《供电企业技能岗位评价试题库　变电检修专业　中级作业员（下册）》分册。包括继电保护中级作业员、直流设备检修中级作业员2个岗位的评价试题库。每个岗位的评价试题库内容均分为基础知识、专业知识、相关知识、基本技能、专业技能和相关技能6节，涉及单选题、多选题、判断题、计算题、简答题、识图题、论述题和实际操作题等多种题型。

该书是贵州电网公司技能人员培训和评价命题的依据，可供变电检修及相关专业技术人员、技能人员和考评人员使用，也可作为大专院校相关专业师生的自学用书与阅读参考书。

图书在版编目（CIP）数据

变电检修专业：中级作业员．下册/贵州电网公司组编．—北京：中国电力出版社，2014.12

（供电企业技能岗位评价试题库）

ISBN 978-7-5123-6622-0

Ⅰ.①变…　Ⅱ.①贵…　Ⅲ.①变电所-检修-岗位培训-习题集　Ⅳ.①TM63-44

中国版本图书馆CIP数据核字（2014）第233938号

中国电力出版社出版、发行

（北京市东城区北京站西街19号　100005　http://www.cepp.sgcc.com.cn）

航远印刷有限公司印刷

各地新华书店经售

*

2014年12月第一版　2014年12月北京第一次印刷

889毫米×1194毫米　16开本　13.25印张　386千字

印数0001—1500册　定价**50.00**元

《供电企业技能岗位评价试题库　变电检修专业

中级作业员（下册）》

编写人员

主　编　陈　东　邹晓敏

副主编　史纯清　卢兴福　黄　煌

参　编　（以姓氏笔画为序）

文　峰　邓咏荷　甘　毅　刘　军

杨　超　杨智辉　李诗勇　张晓春

陈　浩　林美玲　周　健　周笑阳

秦　曦　黄贵云

前　　言

为深化基于技能人员岗位胜任力的评价体系，科学开展技能人员评价工作，提高技能人员知识、技能和潜能素质，贵州电网公司按照贵州电网公司组编的《供电企业技能岗位培训标准》（简称《培训标准》）的要求，组织公司系统技术、技能专家和技术骨干编写了《供电企业技能岗位评价试题库》。

岗位评价试题库是基于岗位胜任力的教育培训体系建设的重要组织部分，该题库与岗位培训有机结合，是检验有针对性的员工岗位培训的重要依据，对深化评价岗位培训、提高培训质量有着十分重要的作用。

本套试题库涵盖了输电专业、配电专业、变电运行专业、变电检修专业、电力调度专业、营业用电专业、电能计量专业、信息专业和电力通信专业9个专业类别的技能岗位，按37分册出版。试题库内容紧扣《培训标准》的要求，体现各岗位的胜任力要求，深入浅出，联系实际，可全面运用于贵州电网公司职业技能鉴定、岗位胜任力评价、技能竞赛等工作中。在使用过程中应结合企业实际选用相关内容，科学、客观评价技能人员能力水平，为教育培训、人才选拔、岗位配置、职业发展等人力资源管理工作提供服务和支撑。

本书是《供电企业技能岗位评价试题库　变电检修专业　中级作业员（下册）》分册。包括继电保护中级作业员、直流设备检修中级作业员2个岗位的评价试题库。每个岗位的评价试题库内容均分为基础知识、专业知识、相关知识、基本技能、专业技能和相关技能6节，涉及单选题、多选题、判断题、计算题、简答题、识图题、论述题和实际操作题等多种题型，编写过程中注重了各知识点的综合联系。

本书由贵州电网公司人力资源部组织编写，陈东和邹晓敏负责本书结构策划、编审等工作，题库的整理和编辑工作由邹晓敏完成。该试题库中，继电保护中级作业员、直流设备检修中级作业员的基础知识、基本技能部分由卢兴福、林美玲、黄贵云、张晓春、秦曦、杨智辉编写；继电保护中级作业员的专业知识、相关知识、专业技能、相关技能部分由黄煌、邓咏荷、李诗勇、周健编写；直流设备检修中级作业员的专业知识、相关知识、专业技能、相关技能部分由史纯清、陈浩、文峰、周笑阳、杨超、刘军、甘毅编写。本书在编审过程中得到贵州电网公司所属各单位的大力支持，贵州电网公司有关培训教师、专家对此提出了许多宝贵的建议和意见，在此表示衷心的感谢！

由于编写时间仓促，尽管全体编写人员对本书的编写工作做了相当大的努力，仍难免存在不妥之处，今后将采取修编的方式不断完善本套题库的内容，恳请各位专家和读者提出宝贵意见。

编者

2014 年 7 月

使　用　说　明

《供电企业技能岗位评价试题库》依据中国南方电网有限责任公司供电企业岗位层级划分（见下表），按照《供电企业技能岗位培训标准》的要求，结合生产实际编写而成。本套试题库内容涵盖输电专业、配电专业、变电运行专业、变电检修专业、电力调度专业、营业用电专业、电能计量专业、信息专业和电力通信专业9个专业类别的技能岗位，按37分册出版，可与《供电企业技能岗位培训标准》配套使用。

专　业	岗位名称	岗位层级		
输电	输电线路运行与检修	初级作业员	中级作业员	高级作业员
	输电线路带电检修	初级作业员	中级作业员	高级作业员
配电	配电线路运行与检修	初级作业员	中级作业员	高级作业员
	配电线路带电检修	初级作业员	中级作业员	高级作业员
	配电设备修试	初级作业员	中级作业员	高级作业员
	配电电缆检修	初级作业员	中级作业员	高级作业员
变电运行	500kV 变电运行	副值班员	正值班员	值班长
	220kV 变电运行	副值班员	正值班员	值班长
	110kV 变电运行	副值班员	正值班员	值班长
	35kV 变电运行	副值班员	正值班员	值班长
变电检修	变电检修	初级作业员	中级作业员	高级作业员
	变压器检修	初级作业员	中级作业员	高级作业员
	直流设备检修	初级作业员	中级作业员	高级作业员
	油化验	初级作业员	中级作业员	高级作业员
	高压电气试验	初级作业员	中级作业员	高级作业员
	继电保护	初级作业员	中级作业员	高级作业员
	变电设备检修	初级作业员	中级作业员	高级作业员
电力调度	地区电网调度	副值调度员	正值调度员	调度长
	配网调度	副值调度员	正值调度员	调度长
	县级电网调度	副值调度员	正值调度员	调度长
	调度自动化	初级作业员	中级作业员	高级作业员
发电	小水电运行	副值班员	正值班员	值班长
	小水电检修	初级作业员	中级作业员	高级作业员
营业用电	电费核算	初级作业员	中级作业员	高级作业员
	用电检查	初级作业员	中级作业员	高级作业员
	装表接电	初级作业员	中级作业员	高级作业员
	业扩报装	初级作业员	中级作业员	高级作业员

续表

专　业	岗位名称	岗位层级		
营业用电	客户大厅	初级作业员	中级作业员	高级作业员
	营销稽查	初级作业员	中级作业员	高级作业员
	在线稽查	初级作业员	中级作业员	高级作业员
	客户服务调度	初级作业员	中级作业员	高级作业员
	客服业扩	初级作业员	中级作业员	高级作业员
	配网综合	初级作业员	中级作业员	高级作业员
电能计量	电测仪表	初级作业员	中级作业员	高级作业员
	电能计量检定	初级作业员	中级作业员	高级作业员
	热工仪表	初级作业员	中级作业员	高级作业员
	计量自动化	初级作业员	中级作业员	高级作业员
	电能仪器仪表检定与维护	初级作业员	中级作业员	高级作业员
信息	信息系统硬件检修	初级作业员	中级作业员	高级作业员
	信息系统软件维护	初级作业员	中级作业员	高级作业员
	信息系统网络维护	初级作业员	中级作业员	高级作业员
	信息系统维护	初级作业员	中级作业员	高级作业员
电力通信	通信传输	初级作业员	中级作业员	高级作业员
	通信交换	初级作业员	中级作业员	高级作业员
	通信调度	初级作业员	中级作业员	高级作业员
	通信检修	初级作业员	中级作业员	高级作业员

其中，营业用电专业中客服业扩、业扩报装和客户大厅 3 个岗位统一使用客服业扩的题库。与岗位培训标准、评价标准的岗位设置相对应，“95598”岗位更名为客户服务调度；营销监控岗位更名为在线稽查。

各岗位评价试题库编制均基于员工岗位胜任能力的要求，涵盖了知识与技能两方面，题型包括单选题、多选题、判断题、计算题、简答题、识图题、论述题和实际操作题等多种题型，从员工从业基本素质到专业素质，再聚焦于岗位履职的特有素质，构成了知识、技能上的关联，内容上的递进，并明确了岗位测评内容和要求。具体构成如下：

结构	模块
知识	基础知识
	专业知识
	相关知识
技能	基本技能
	专业技能
	相关技能

知识方面，基础知识明确了员工应掌握的本专业基本理论和法律规程的程度，同一专业各岗位相同；专业知识针对具体岗位明确了员工应掌握的本岗位工作所涉及的岗位知识要求的程度；相关知识体现了岗位工作所涉及的质量管理、标准化管理等相关知识的要求的程度。

技能方面，基本技能明确了员工应掌握的本专业的基本操作技能应用的程度；专业技能明确了员工应掌握的本岗位工作所涉及的岗位技能要求的程度；相关技能明确了员工本岗位相关设备、仪器仪表等使用的安全性、正确性、熟练性的程度。

本套题库中初级作业员、110kV及以下变电运行副值班员、县级电网调度副值调度员岗位试题库难度等于或高于初级工技能鉴定试题库难度；中级作业员、220kV及以上变电运行副值班员、地区电网调度副值调度员、配网调度副值调度员岗位试题库难度等于或高于中级工技能鉴定试题库难度；高级作业员、220kV及以上变电运行正值班员、地区电网调度正值调度员、配网调度正值调度员岗位试题库难度等于或高于高级工技能鉴定试题库难度。

为便于学习与测评，试题库根据测评试题内容给出了参考答案，读者可结合测评人员情况灵活编制测评试卷，并结合实际对参考答案进行补充、更新。

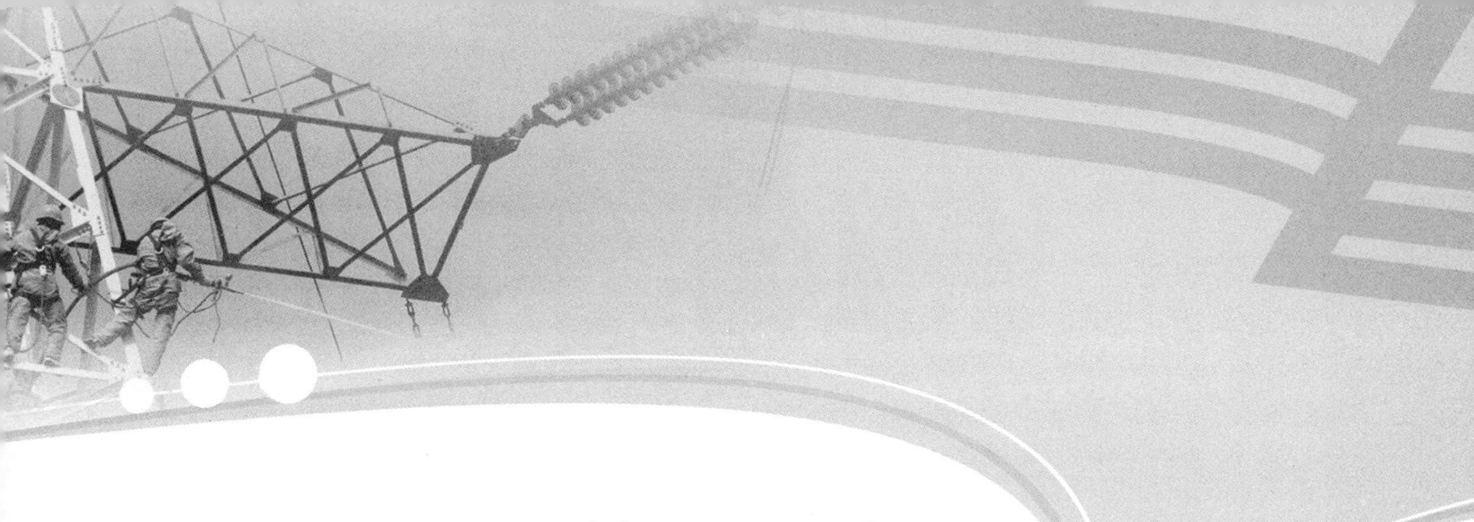

目　录

第一章

继电保护中级作业员

第一节 基础知识

一、单选题：D5BJ00-Z11001～D5BJ00-Z11230（每小题1分）

1. D5BJ00-Z11001. 两点之间的电位之差称为（　　）。

A. 电动势；　　B. 电势差；
C. 电压；　　D. 电压差。

答案：C

2. D5BJ00-Z11002. 电阻 $R_1>R_2>R_3$，并联使用消耗的功率是（　　）。

A. $P_1>P_2>P_3$；　　B. $P_1=P_2=P_3$；
C. $P_1<P_2<P_3$；　　D. $P_1=P_2>P_3$。

答案：C

3. D5BJ00-Z11003. 在30Ω电阻的两端加60V的电压，则通过该电阻的电流是（　　）A。

A. 1800；　　B. 90；
C. 30；　　D. 2。

答案：D

4. D5BJ00-Z11004. 电源电动势的大小表示（　　）做功本领的大小。

A. 电场力；　　B. 外力；
C. 摩擦力；　　D. 磁场力。

答案：A

5. D5BJ00-Z11005. 在一电压恒定的直流电路中，电阻值增大时，电流（　　）。

A. 不变；　　B. 增大；
C. 减小；　　D. 变化不定。

答案：C

6. D5BJ00-Z11006. 正弦交流电的三要素是最大值、频率和（　　）。

A. 有效值；　　B. 最小值；
C. 周期；　　D. 初相角。

答案：D

7. D5BJ00-Z11007. 交流电路中，某元件电流的（　　）值是随时间不断变化的量。

A. 有效；　　B. 平均；
C. 瞬间；　　D. 最大。

答案：C

8. D5BJ00-Z11008. 交流电的最大值 I_m 和有效值 I 之间的关系为（　　）。

A. $I_m=\sqrt{2}I$；　　B. $I_m=\sqrt{2}I/2$；
C. $I_m=I$；　　D. $I_m=\sqrt{3}I$。

答案：A

9. D5BJ00-Z11009. 在正弦交流电路中，节点电流的方程是（　　）。

A. $\sum I=0$；　　B. $\sum I=1$；
C. $\sum I=2$；　　D. $\sum I=3$。

答案：A

10. D5BJ00-Z11010. 把交流电转换为直流电的过程叫（　　）。

A. 变压；　　B. 稳压；
C. 整流；　　D. 滤波。

答案：C

11. D5BJ00-Z11011. 将一根导线均匀拉长为原长的2倍，则它的阻值为原阻值的（　　）倍。

A. 2；　　B. 1；
C. 0.5；　　D. 4。

答案：D

12. D5BJ00-Z11012. 交流电路中电流比电压滞后90°，该电路属于（　　）电路。

A. 复合；　　B. 纯电阻；

C. 纯电感；　　D. 纯电容。

答案：C

13. D5BJ00-Z11013. 把220V交流电压加在440Ω电阻上，则电阻的电压和电流是（　　）。

A. 电压有效值220V，电流有效值0.5A；

B. 电压有效值220V，电流最大值0.5A；

C. 电压最大值220V，电流最大值0.5A；

D. 电压最大值220V，电流有效值0.5A。

答案：A

14. D5BJ00-Z11014. 正弦交流电的最大值、有效值是（　　）。

A. 随时间变化而变化；　　B. 不随时间变化；

C. 当$t=0$时，均为0；　　D. 可能变化。

答案：B

15. D5BJ00-Z11015. 负载取星形连接，还是三角形连接是根据（　　）。

A. 电源的接法而定；

B. 电源的额定电压而定；

C. 负载所需电流大小而定；

D. 电源电压大小、负载额定电压大小而定。

答案：D

16. D5BJ00-Z11016. 电压与电动势的区别在于（　　）。

A. 单位不同；

B. 它们的方向及做功的对象不同；

C. 一样；

D. 一个反映电场能量，另一个反映电场力。

答案：B

17. D5BJ00-Z11017. 灯泡上标有“220V. 40W”的字样，其意义是（　　）。

A. 接在220V以下的电源上，其功率是40W；

B. 接在220V电源上，其功率是40W；

C. 接在220V以上的电源上，其功率是40W；

D. 接在40V电源上，其功率是220W。

答案：B

18. D5BJ00-Z11018. 判断通电线圈产生磁场的方向是用（　　）确定的。

A. 右手螺旋法则；　　B. 右手定则；

C. 左手定则；　　D. 左、右手都用。

答案：A

19. D5BJ00-Z11019. 如果两个同频率正弦交流电的初相角$\varphi_1-\varphi_2>0°$，这种情况为（　　）。

A. 两个正弦交流电同相；

B. 第一个正弦交流电超前第二个；

C. 两个正弦交流电反相；

D. 第二个正弦交流电超前第一个。

答案：B

20. D5BJ00-Z11020. 1μF=（　　）F。

A. 10^{-6}；　　B. 1000；

C. 10；　　D. 10^{-12}。

答案：A

21. D5BJ00-Z11021. 在LC振荡电路，电容器放电完毕的瞬间（　　）。

A. 电场能正在向磁场能转化；

B. 磁场能正向电场能转化；

C. 电场能向磁场能转化刚好完毕；

D. 电场能正在向电场能转化。

答案：C

22. D5BJ00-Z11022. 在RLC串联电路上，发生谐振的条件是（　　）。

A. $\omega L^2C^2=1$；　　B. $\omega^2LC=1$；

C. $\omega LC=1$；　　D. $\omega=LC$。

答案：B

23. D5BJ00-Z11023. 直流电路中，电容的容抗为（　　）。

A. 最大；　　B. 最小；

C. 零；　　D. 无法确定。

答案：A

24. D5BJ00-Z11024. 功率因数用$\cos\varphi$表示，其公式为（　　）。

A. $\cos\varphi=P/Q$；　　B. $\cos\varphi=Q/P$；

C. $\cos\varphi=Q/S$；　　D. $\cos\varphi=P/S$。

答案：D

25. D5BJ00-Z11025. 有一台三相电动机绕组连成星形，接在线电压为380V的电源上，当一相熔丝熔断时，其三相绕组的中性点对地电压为（　　）V。

A. 110；　　B. 220；

C. 190；　　D. 0。

答案：A

26. D5BJ00-Z11026. 在纯电容电路中，下列各式正确的是（　）。

A. $i=V/XC$；　　B. $i=V/\omega C$；

C. $I=V\omega C$；　　D. $I=V/\omega C$。

答案：C

27. D5BJ00-Z11027. 两只阻值相同的电阻串联后，其阻值（　）。

A. 等于两只电阻阻值的乘积；

B. 等于两只电阻阻值的和；

C. 等于两只电阻阻值之和的1/2；

D. 等于其中一只电阻阻值的一半。

答案：B

28. D5BJ00-Z11028. 载流导体周围的磁场方向与产生磁场的（　）有关。

A. 磁场强度；　　B. 磁力线的方向；

C. 电场方向；　　D. 电流方向。

答案：D

29. D5BJ00-Z11029. 将2Ω与3Ω的两个电阻串联后，接在电压为10V的电源上，2Ω电阻上消耗的功率为（　）W。

A. 4；　　B. 6；

C. 8；　　D. 10。

答案：C

30. D5BJ00-Z11030. 恒流源的特点是（　）。

A. 端电压不变；　　B. 输出功率不变；

C. 输出电流不变；　　D. 内部损耗不变。

答案：C

31. D5BJ00-Z11031. 电荷的基本单位是（　）。

A. 安秒；　　B. 安培；

C. 库仑；　　D. 千克。

答案：C

32. D5BJ00-Z11032. 并联电阻的等效电阻，它的倒数等于各支路电阻倒数（　）。

A. 之积；　　B. 之商；

C. 之差；　　D. 之和。

答案：D

33. D5BJ00-Z11033. 两只额定电压相同的电阻串联接在电路中，其阻值较大的电阻发热（　）。

A. 相同；　　B. 较大；

C. 较小；　　D. 无法比较。

答案：B

34. D5BJ00-Z11034. 要扩大直流电压表的量程，应采用（　）。

A. 分流电阻；　　B. 分压电阻；

C. 串联分压电阻；　　D. 并联分压电阻。

答案：C

35. D5BJ00-Z11035. 电路是电流的（　）。

A. 开路；　　B. 通路；

C. 回路；　　D. 短路。

答案：B

36. D5BJ00-Z11036. 直流电路中应用叠加定理时，每个电源单独作用时，其他电源应（　）。

A. 电压源作短路处理；

B. 电压源作开路处理；

C. 电流源作短路处理；

D. 不处理。

答案：A

37. D5BJ00-Z11037. 电导与电阻的关系为(　)。

A. 反比；　　B. 正比；

C. 函数关系；　　D. 倒数关系。

答案：D

38. D5BJ00-Z11038. 交流铁芯线圈采用软磁材料，目的是降低（　）。

A. 铜损；　　B. 涡流损耗；

C. 磁滞损耗；　　D. 铁损。

答案：B

39. D5BJ00-Z11039. 下列关于无功功率的叙述（　）说法正确。

A. 电路与电源能量交换的最大规模；

B. 单位时间放出热量；

C. 单位时间所做的功；

D. 视在功率与有功功率之差。

答案：A

40. D5BJ00-Z11040. 线圈中感应电动势的方向可以根据（　）定律，并应用右手螺旋定则来判定。

A. 欧姆；　　B. 基尔霍夫；

C. 楞次；　　D. 戴维南。

答案：C

41. D5BJ00-Z11041. 电感在直流电路中相当于（　）。

A. 开路；　　B. 短路；

C. 断路；　　D. 不存在。

答案：B

42. D5BJ00-Z11042. 叠加定理适用于复杂电路中

的（　　）。

A. 电路中的电压电流；

B. 线性电路中的电压电流；

C. 非线性电路中的电压电流功率；

D. 线性电路中的电压电流功率。

答案：B

43. D5BJ00-Z11043. 用电流表测量通过电灯的电流强度如图所示，接线正确的是（　　）。

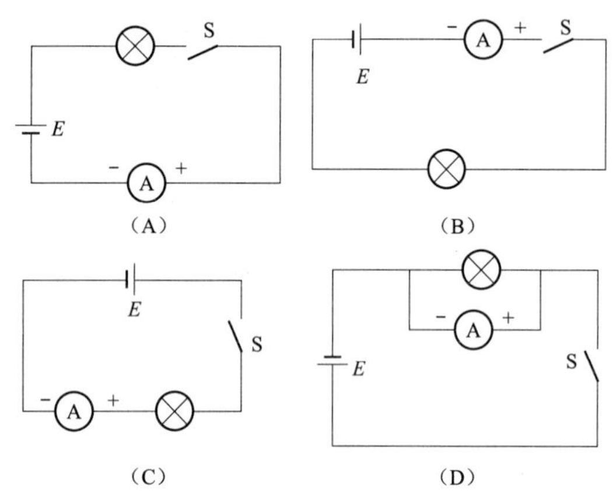

题 D5BJ00-Z11043 图

答案：C

44. D5BJ00-Z11044. 用电压表直接测量如图所示灯泡 L_1 两端电压，接线正确的是（　　）。

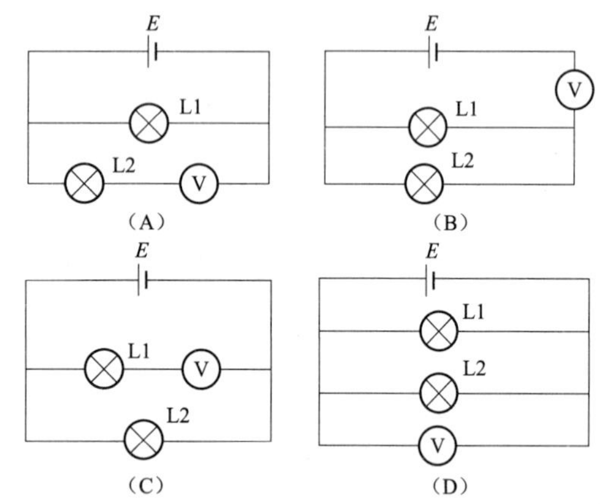

题 D5BJ00-Z11044 图

答案：D

45. D5BJ00-Z11045. 如图所示，$R_1=75\Omega$，$R_2=50\Omega$，$U_{AB}=120V$ 如果把电压表接到 CD 间，问电压表的读数是（　　）V。

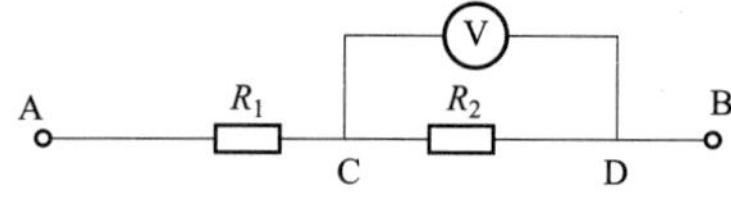

题 D5BJ00-Z11045 图

A. 48；　　B. 36；

C. 24；　　D. 50。

答案：A

46. D5BJ00-Z11046. 将整块的金属导体放于交变磁场中，将在金属块内产生闭合的旋涡状的感应电流，称之为（　　）。

A. 回流；　　B. 逆流；

C. 旋流；　　D. 涡流。

答案：D

47. D5BJ00-Z11047. a 点电位为 5V，b 点电位为 $-3V$，那么 $U_{ba}=$（　　）V。

A. 2；　　B. 8；

C. -8；　　D. -2。

答案：C

48. D5BJ00-Z11048. 如图所示的电路，电源电压保持不变，滑动电阻器 R 的滑动片由 b 经过 c 到 a 时，灯泡的亮度变化为（　　）。

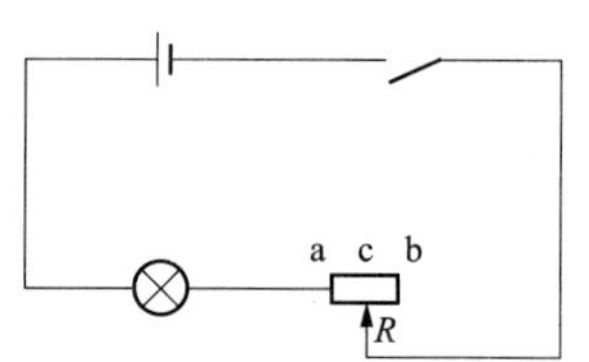

题 D5BJ00-Z11048 图

A. 由亮变暗；　　B. 由暗变亮；

C. 亮度不变；　　D. 无法确定。

答案：B

49. D5BJ00-Z11049. 如图所示，是四个用电流表和电压表测量电流和电压的电路图，正确的是（　　）。

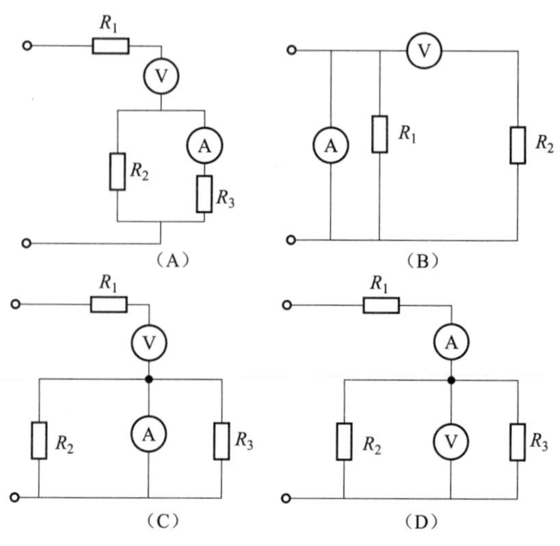

题 D5BJ00-Z11049 图

答案：D

50. D5BJ00-Z11050. 串联谐振的基本特征之一是（　　）。

A. 阻抗最大；　　B. 感抗最大；

C. 阻抗最小；　　D. 感抗最小。

答案：C

51. D5BJ00-Z11051. 下图中，电压 U 为（　　）V。

A. 4；　　B. 6；

C. 8；　　D. 10。

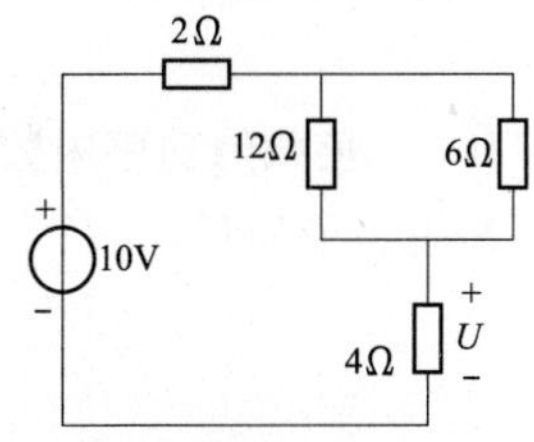

题 D5BJ00-Z11051 图

答案：A

52. D5BJ00-Z11052. 如果交流电流 i 通过某电阻，在一个周期时间内产生的热量，与某直流电流 I 在相同时间内通过该电阻所产生的热量相等，那么就把此直流 I 叫做交流电流 i 的（　　）。

A. 有效值；　　B. 最大值；

C. 最小值；　　D. 瞬时值。

答案：A

53. D5BJ00-Z11053. 电阻和电感串联电路中，用（　　）表示电阻、电感及阻抗之间的关系。

A. 电压三角形；　　B. 功率三角形；

C. 阻抗三角形；　　D. 电流三角形。

答案：C

54. D5BJ00-Z11054. 电容与电源之间进行能量交换的多少用（　　）表示。

A. 无功功率；

B. 有功功率；

C. 视在功率；

D. 无功功率加有功功率的和。

答案：A

55. D5BJ00-Z11055. 将交流电感元件的内阻 r 忽略不计时，其电路中的有功功率（　　）。

A. $P=UI$；　　B. $P=0$；

C. $P=\frac{U}{X_L}$；　　D. $P=\frac{U^2}{X_L}$。

答案：B

56. D5BJ00-Z11056. 交流电感元件电路中计算电感感抗的公式是（　　）。

A. $X_L=\frac{1}{\omega L}$；　　B. $X_L=\frac{1}{\pi fL}$；

C. $X_L=2\pi fL$；　　D. $X_L=\frac{1}{\pi L}$。

答案：C

57. D5BJ00-Z11057. 两个同频率正弦交流电的相位差等于 0°时，它们的相位关系是（　　）。

A. 同相；　　B. 反相；

C. 相等；　　D. 交叉。

答案：A

58. D5BJ00-Z11058. 阻值不随外加电压或电流的大小而改变的电阻叫（　　）。

A. 固定电阻；　　B. 可变电阻；

C. 线性电阻；　　D. 非线性电阻。

答案：C

59. D5BJ00-Z11059. 一电感线圈接到 $f=50$Hz 的交流电路中，感抗 $X_L=50\Omega$，若改接到 $f=150$Hz 的电源时，则感抗 X_L 为（　　）Ω。

A. 150；　　B. 250；

C. 10；　　D. 60。

答案：A

60. D5BJ00-Z11060. 纯电容电路的电压与电流频率相同，电流的相位超前于外加电压为（　　）。

A. 60°；　　B. 30°；

C. 90°；　　D. 180°。

答案：C

61. D5BJ00-Z11061. RLC 串联电路的复阻抗 $Z=$（　　）Ω。

A. $R+\omega L+1/\omega C$；

B. $R+L+1/C$；

C. $R+j\omega L+1/j\omega C$；

D. $R+j(\omega L+1/\omega c)$。

答案：C

62. D5BJ00-Z11062. 对称三相电路三角形连接时，线电流比对应的相电流（　　）。

A. 同相位；　　B. 超前 30°；

C. 滞后 30°；　　D. 滞后 120°。

答案：C

63. D5BJ00-Z11063. 三相对称交流电源的三相电动势的初相位互差（　　）。

A. 90°；　　B. 120°；

C. 180°；　　D. 240°。

答案：B

64. D5BJ00-Z11064. 当电源电压不变时，三相对称负载在星形连接时和三角形连接时有功功率之比等于（　　）。

A. 3∶1；　　B. $\sqrt{3}$∶1；

C. 1∶1；　　D. 1∶3。

答案：D

65. D5BJ00-Z11065. 三相对称负载三角形连接时，线电压是相电压的（　　）倍。

A. 1；　　B. $\sqrt{3}$；

C. $\sqrt{2}$；　　D. $\frac{1}{\sqrt{3}}$。

答案：A

66. D5BJ00-Z11066. 在三相四线制中，当三相负载不平衡时，三相电压相等，中性线电流（　　）。

A. 等于零；　　B. 不等于零；

C. 增大；　　D. 减小。

答案：B

67. D5BJ00-Z11067. 有一“三相四线制”电源线电压为380V，一组不对称负载额定电压为220V可接在其上使用的连接方法是（　　）。

A. 三角形连接；　　B. 星形连接无中线；

C. 星形连接有中线；　　D. B、C都可以。

答案：C

68. D5BJ00-Z11068. 对称三相负载Y连接时，已知相电压 $\dot{U}$B＝10 $\angle -30^\circ$ V，则线电压 $\dot{U}_{AB}$ 为（　　）。

A. $10\sqrt{3}\angle -60^\circ$ V；　　B. $10\angle -60^\circ$ V；

C. $10\sqrt{3}\angle 120^\circ$ V；　　D. $10\sqrt{3}\angle -90^\circ$ V。

答案：C

69. D5BJ00-Z11069. 在三相四线中性点接地供电系统中，线电压指的是（　　）的电压。

A. 相线之间；　　B. 零线对地间；

C. 相线对零线间；　　D. 相线对地间。

答案：A

70. D5BJ00-Z11070. 如图所示三相对称电路中，负载为△连接，三个灯泡的额定值相同，均为220V，100W，当A线发生断路时，三个灯泡的亮度为（　　）。

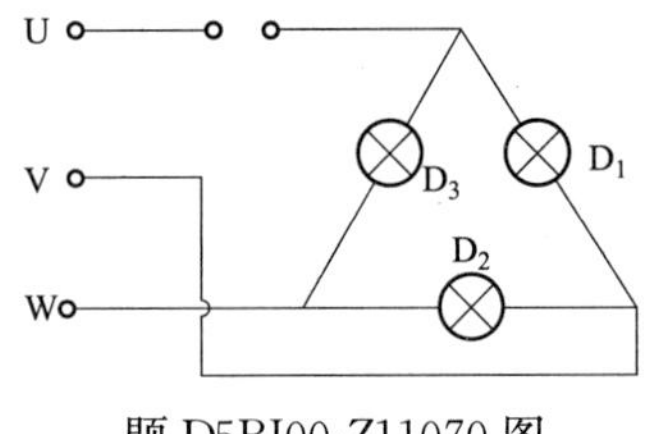

题 D5BJ00-Z11070 图

A. 一样亮；

B. D_1 与 D_3 一样亮，但比 D_2 暗；

C. 不确定；

D. D_1 与 D_3 一样亮，但比 D_2 亮。

答案：B

71. D5BJ00-Z11071. 负载的功率因数低，使线路电压（　　），降低电能质量。

A. 不变；

B. 增大；

C. 减小；

D. 可能增加也可能减小。

答案：B

72. D5BJ00-Z11072. 导电能力强的材料称为（　　）。

A. 绝缘体；　　B. 导体；

C. 半导体；　　D. 刚体。

答案：B

73. D5BJ00-Z11073. 电气设备在额定值下工作称为（　　）。

A. 欠载；　　B. 满载；

C. 过载；　　D. 负载。

答案：B

74. D5BJ00-Z11074. 负载或电源两端被电阻近于零的导体直接接通，称为（　　）。

A. 短路；　　B. 短接；

C. 断路；　　D. 开路。

答案：A

75. D5BJ00-Z11075. 其他条件不变，当变压器电源电压降低时，其空载损耗将（　　）。

A. 增大；　　B. 减小；

C. 不变；　　D. 不能确定。

答案：B

76. D5BJ00-Z11076. 变压器过载运行时，主磁通（　　）。

A. 增大；　　B. 基本不变；

C. 减小；　　D. 不能确定。

答案：B

77. D5BJ00-Z11077. 单相变压器空载运行，电源频率增大，空载电流会（　　）。

A. 增大；　B. 减小；

C. 不变；　D. 不能确定。

答案：B

78. D5BJ00-Z11078. 变压器空载运行时，空载电流的有功分量与无功分量的关系是（　　）。

A. 有功＜无功；　B. 有功＝无功；

C. 有功≪无功；　D. 有功＞无功。

答案：C

79. D5BJ00-Z11079. 变压器带额定负载运行若要达到最高效率则其（　　）。

A. 铜耗＞铁耗；　B. 铜耗＜铁耗；

C. 铜耗＝铁耗；　D. 铜耗＝0。

答案：C

80. D5BJ00-Z11080. Yd11 变压器中 11 表示（　　）30°。

A. $\dot{E}_{ab}$超前$\dot{E}_{AB}$；　B. $\dot{E}_{A}$超前$\dot{E}_{b}$；

C. $\dot{E}_{ab}$滞后$\dot{E}_{AB}$；　D. $\dot{E}_{ab}=\dot{E}_{AB}$。

答案：A

81. D5BJ00-Z11081. 在线性电路中，叠加原理不适用于（　　）计算。

A. 电压；　B. 功率；

C. 电流；　D. 电阻。

答案：B

82. D5BJ00-Z11082. 变压器线圈励磁涌流的主要危害是（　　）。

A. 引起继电保护误动作；

B. 绕组因过热而损坏；

C. 绕组因电磁力而损坏；

D. 造成瓦斯继电器动作。

答案：A

83. D5BJ00-Z11083. 变压器的分接开关一般装在（　　）。

A. 低压侧；　B. 中性点；

C. 高压侧；　D. 均可。

答案：C

84. D5BJ00-Z11084. 变压器的空载电流是（　　）。

A. 仅由无功分量组成；

B. 由感性无功和容性无功组成；

C. 仅有有功分量；

D. 由有功和无功两个分量组成。

答案：D

85. D5BJ00-Z11085. 一台单相变压器若其铁芯叠片减少，则其主磁通（　　）。

A. 增加；　B. 减少；

C. 基本不变；　D. 等于漏磁通。

答案：C

86. D5BJ00-Z11086. 在变压器中起能量传递媒介作用的磁通是（　　）。

A. 主磁通；　B. 原绕组漏磁通；

C. 副绕组漏磁通；　D. 漏磁通。

答案：A

87. D5BJ00-Z11087. 变压器的短路试验是计算（　　）。

A. 短路阻抗；　B. 励磁阻抗；

C. r_m 和 x_k；　D. Z_m。

答案：A

88. D5BJ00-Z11088. 当变比及容量均不等的两台变压器并联运行时我们要求（　　）。

A. 变比大的容量大；　B. 两台容量一样大；

C. 变比小的容量大；　D. 两台无环流。

答案：C

89. D5BJ00-Z11089. 双绕组变压器一、二次额定容量的关系为（　　）。

A. $S_{1N}=S_{2N}$；　B. $S_{1N}<S_{2N}$；

C. $S_{1N}>S_{2N}$；　D. $S_{1N}=S_{2N}/2$。

答案：A

90. D5BJ00-Z11090. 异步电动机带上机械负荷后，气隙中的合成磁势 Fm 是由（　　）建立的。

A. 定子电流 I_1；

B. 转子电流 I_2；

C. 定子电流 I_1 和转子电流 I_2；

D. 电机功率。

答案：A

91. D5BJ00-Z11091. 与逻辑为（　　）。

A. 全 0 为 0；　B. 全 0 为 1；

C. 全 1 为 1；　D. 全 1 为 0。

答案：C

92. D5BJ00-Z11092. 或逻辑为（　　）。

A. 全 0 为 0；　B. 全 0 为 1；

C. 全1为1；　　D. 全1为0。

答案：A

93. D5BJ00-Z11093. 与非逻辑为（　　）。

A. 全0为0；　　B. 全0为1；

C. 全1为1；　　D. 全1为0。

答案：D

94. D5BJ00-Z11094. 或非逻辑为（　　）。

A. 全0为0；　　B. 全0为1；

C. 全1为1；　　D. 全1为0。

答案：B

95. D5BJ00-Z11095. 在复式滤波电路中，下列哪种是不可能的电路（　　）。

A. $LC\Gamma$型；　　B. $LC\Pi$型；

C. $RL\Pi$型；　　D. $RC\Pi$型。

答案：C

96. D5BJ00-Z11096. 无论三相电路是Y连接或△连接，当三相电路负载对称时，其总功率为（　　）。

A. $P=3UI\cos\varphi$；　　B. $P=P_U+P_V+P_W$；

C. $P=\sqrt{3}UI\cos\varphi$；　　D. $P=\sqrt{2}UI\cos\varphi$。

答案：C

97. D5BJ00-Z11097. 数字信号与模拟信号下面正确的是（　　）。

A. 直流信号即为数字信号；

B. 交流信号即为模拟信号；

C. 数字信号随时间突变；

D. 交流信号随时间不变。

答案：C

98. D5BJ00-Z11098. 已知某元件的 $u=1002\sin(\omega t+30°)$ V，$i=102\sin(\omega t-60°)$ A，则该元件为（　　）。

A. 电阻；　　B. 电感；

C. 电容；　　D. 无法确定。

答案：B

99. D5BJ00-Z11099. 一个线性电感元件的感抗决定于（　　）。

A. 电路电压；　　B. 电路电流；

C. 自感系数；　　D. 自感系数和频率。

答案：D

100. D5BJ00-Z11100. 三相半波可控整流的移相角范围是（　　）。

A. 180°；　　B. 150°；

C. 120°；　　D. 90°。

答案：B

101. D5BJ00-Z11101. 我国交流电的频率为50Hz，其周期为（　　）s。

A. 0.01；　　B. 0.20；

C. 0.1；　　D. 0.02。

答案：D

102. D5BJ00-G11102. 当电力系统无功容量严重不足时，会使系统（　　）。

A. 稳定；　　B. 瓦解；

C. 电压质量下降；　　D. 电压质量上升。

答案：B

103. D5BJ00-Z11103. 凡是不能应用（　　）简化为无分支电路的电路，便是复杂直流电路。

A. 串并联电路；　　B. 欧姆定律；

C. 等效电流法；　　D. 等效电压法。

答案 A

104. D5BJ00-Z11104. 衡量电能质量的指标主要有电压、波形和（　　）。

A. 电流；　　B. 阻抗；

C. 功率；　　D. 频率。

答案：D

105. D5BJ00-Z11105. 影响系统频率的主要因素有（　　）。

A. 电流；　　B. 阻抗；

C. 无功；　　D. 有功。

答案：D

106. D5BJ00-Z11106. 为达到安装较少的补偿设备容量，选变压器分接头的情况应为（　　）。

A. 最小方式时电容器全部投入；

B. 最小方式时电容器全部退出；

C. 最大方式时电容器全部投入；

D. 最大方式时电容器全部退出。

答案：B

107. D5BJ00-Z11107. 为能在实际负荷超过预测值时及时向增加的负荷供电而设置的备用容量称为（　　）。

A. 国民经济备用；　　B. 负荷备用；

C. 检修备用；　　D. 事故备用。

答案：B

108. D5BJ00-Z11108. 潮流计算常用的方法是（　　）。

A. 解析法；　B. 迭代法和牛顿法；
C. 积分法；　D. 差分法。
答案：B

109. D5BJ00-Z11109. 简单的闭式网主要分为环网和（　）。
A. 放射网；　B. 两端供电网；
C. 干线式网；　D. 链式网。
答案：B

110. D5BJ00-Z11110. 有限个同频率正弦量相加的结果是一个（　）。
A. 同频率的交流量；
B. 另一频率的交流量；
C. 同频率的正弦量；
D. 另一频率的正弦量。
答案：C

111. D5BJ00-Z11111. 线路电压在 220kV 及以上时，采用分裂导线的目的是（　）。
A. 减少导线重量；
B. 增大导线应力；
C. 增大导线电容；
D. 较少电晕和线路电抗。
答案：D

112. D5BJ00-Z11112. 频率的一次调整是由（　）完成的。
A. 发电机组的调速器；
B. 调相机的励磁调节器；
C. 发电机组的调频器；
D. 静止无功补偿器。
答案：A

113. D5BJ00-Z11113. 一般机械加工和城镇用电属于（　）类负荷。
A. 一；　B. 二；
C. 三；　D. 四。
答案：C

114. D5BJ00-Z11114. 按规定，容量在（　）MW 及以上电网正常运行时，频率的偏移不能超过 0.2Hz。
A. 5000；　B. 3000；
C. 10 000；　D. 1500。
答案：B

115. D5BJ00-Z11115. 潮流计算中，一段输电线两端之间的功率角是（　）。
A. 线路两端的电压相角差；
B. 线路中负荷电流滞后于端电压的角度；
C. 线路中负荷电流超前于端电压的角度；
D. 线路中负荷电流等于端电压的角度。
答案：A

116. D5BJ00-Z11116. 下列故障形式中，对称的短路故障为（　）。
A. 单相接地短路；　B. 两相短路；
C. 三相短路；　D. 两相接地短路。
答案：C

117. D5BJ00-Z11117. 在下列各种故障类型中，属于纵向故障的是（　）。
A. 两相短路；　B. 两相断线；
C. 单相接地短路；　D. 两相短路接地。
答案：B

118. D5BJ00-Z11118. 无零序电流分量的不对称短路是（　）。
A. 三相接地短路；　B. 两相短路；
C. 单相接地短路；　D. 两相短路接地。
答案：B

119. D5BJ00-Z11119. 减小输电线路有功损耗可通过（　）。
A. 增大线路有功功率；
B. 增大线路无功功率；
C. 提高线路两端电压；
D. 增大输电线路电阻。
答案：C

120. D5BJ00-Z11120. 中性点不接地系统中发生单相接地时，接地点有电流流过，电流的通路是（　）。
A. 变压器和输电线；
B. 发电机；
C. 输电线和中性点；
D. 输电线路和线路对地电容。
答案：D

121. D5BJ00-Z11121. 关于电力系统等值电路参数计算时，变压器变比的选择，下列说法中正确的是（　）。
A. 精确计算时采用实际变比，近似计算时采用平均额定变比；
B. 近似计算时采用实际变比，精确计算时采用平均额定变比；

C. 不管精确计算还是近似计算都采用实际变比；
D. 不过精确计算还是近似计算都采用平均额定变比。

答案：A

122. D5BJ00-Z11122. 环形网络中自然功率的分布规律是（　　）。
A. 与支路电阻成反比；
B. 与支路电导成反比；
C. 与支路阻抗成反比；
D. 与支路电纳成反比。

答案：C

123. D5BJ00-Z11123. 系统参数在某一平均值附近做微小变化时，系统状态变量在某组平均值附近微小波动，此时电力系统运行状态属于（　　）。
A. 稳定运行；　　B. 电磁暂态过程；
C. 机电暂态过程；　　D. 波过程。

答案：A

124. D5BJ00-Z11124. 关于短路冲击电流，下列说法中错误的是（　　）。
A. 短路冲击电流是最恶劣短路条件下发生三相短路时，短路电流的最大瞬时值；
B. 短路冲击电流出现在短路发生后约二分之一周期时；
C. 短路回路阻抗角越大，则短路冲击系数越大；
D. 短路回路阻抗角越小，则短路冲击系数越大。

答案：D

125. D5BJ00-Z11125. 短路电流中一定存在零序分量的短路类型是（　　）。
A. 接地短路；　　B. 相间短路；
C. 不对称短路；　　D. 三相短路。

答案：A

126. D5BJ00-Z11126. 关于电力元件的正序阻抗、负序阻抗和零序阻抗，下列说法中错误的是（　　）。
A. 静止元件的正序阻抗等于负序阻抗；
B. 旋转元件的正序阻抗、负序阻抗和零序阻抗严格讲各不相同；
C. 静止元件的正序阻抗、负序阻抗和零序阻抗都不相同；
D. 电抗器正序阻抗、负序阻抗和零序阻抗相等。

答案：C

127. D5BJ00-Z11127. 关于架空输电线路的零序阻抗，下列说法中错误的是（　　）。
A. 输电线路的零序阻抗大于正序阻抗；
B. 双回输电线路的零序阻抗大于单回输电线路的零序阻抗；
C. 有架空地线的输电线路，其零序阻抗小于无架空地线的同类型架空线路的零序阻抗；
D. 架空地线的导电性能越好，输电线路的零序阻抗越大。

答案：D

128. D5BJ00-Z11128. 利用对称分量法分析不对称短路时，基本相的选择原则是（　　）。
A. 选择特殊相为基本相；
B. 选择 A 相为基本相；
C. 选择 B 相为基本相；
D. 选择 C 相为基本相。

答案：A

129. D5BJ00-Z11129. 在中性点不接地系统中，同一地点发生两相短路和两相短路接地时，关于短路点故障相短路电流有效值，下列说法正确的是（　　）。
A. 两种情况下短路电流大小相等；
B. 两相接地短路电流大于两相短路电流；
C. 两相接地短路电流小于两相短路电流；
D. 无法确定哪种情况下短路电流大。

答案：A

130. D5BJ00-Z11130. 所谓对称三相负载就是（　　）。
A. 三个相电流有效值相等；
B. 三个相电压相等且相位角互差 120°；
C. 三个相电流有效值相等，三个相电压相等且相位角互差 120°；
D. 三相负载阻抗相等，且阻抗角相等。

答案：D

131. D5BJ00-Z11131. 线路发生金属性三相短路时，保护安装处母线上的残余电压（　　）。
A. 最高；
B. 为故障点至保护安装处之间的线路压降；
C. 与短路点相同；
D. 不能判定。

答案：B

132. D5BJ00-Z11132.（　　）能反应各相电流和

各类型的短路故障电流。

A. 两相不完全星形接线； B. 三相星形接线；

C. 两相电流差接线； D. 三相零序接线。

答案：B

133. D5BJ00-Z11133. 在小电流接地系统中，某处发生单相接地时，母线电压互感器开口三角的电压为（ ）。

A. 故障点距母线越近，电压越高；

B. 故障点距母线越近，电压越低；

C. 不管距离远近，基本上电压一样高；

D. 不定。

答案：C

134. D5BJ00-Z11134. 在大接地电流系统中，线路发生接地故障时，保护安装处的零序电压（ ）。

A. 距故障点越远就越高；

B. 距故障点越近就越高；

C. 与距离无关；

D. 距故障点越近就越低。

答案：B

135. D5BJ00-Z11135. 用额定电压为220V的两只灯泡串联，一只为100W，另一只为40W，串联后加380V电压，则（ ）。

A. 100W灯泡烧坏；

B. 100W、40W灯泡都烧坏；

C. 两只灯泡全不烧坏；

D. 40W灯泡烧坏。

答案：D

136. D5BJ00-Z11136. 我国220kV及以上系统的中性点均采用（ ）。

A. 直接接地方式；

B. 经消弧线圈接地方式；

C. 经大电抗器接地方式；

D. 不接地方式。

答案：A

137. D5BJ00-Z11137. 对于大接地系统中，发生不对称接地故障时，零序电流与零序电压的夹角是（ ）。

A. 70°； B. 80°；

C. 60°； D. 110°。

答案：D

138. D5BJ00-Z11138. 在中性点不接地系统中发生单相接地故障时，流过故障线路始端的零序电流（ ）。

A. 超前零序电压90°；

B. 滞后零序电压90°；

C. 和零序电压同相位；

D. 滞后零序电压45°。

答案：B

139. D5BJ00-Z11139. 输电线路BC两相金属性短路时，短路电流I_{BC}（ ）。

A. 滞后于BC相间电压一个线路阻抗角；

B. 滞后于B相电压一个线路阻抗角；

C. 滞后于C相电压一个线路阻抗角；

D. 超前BC相间电压一个线路阻抗角。

答案：A

140. D5BJ00-Z11140. 相当于负序分量的高次谐波是（ ）谐波。

A. $3n$次；

B. $3n+1$次；

C. $3n-1$次（其中n为正整数）；

D. 上述三种以外的。

答案：C

141. D5BJ00-Z11141. 在短路故障发生后经过大约半个周期的时间，将出现短路电流的最大瞬时值，它是校验电气设备机械应力的一个重要参数，称此电流为（ ）。

A. 暂态电流； B. 次暂态电流；

C. 冲击电流； D. 稳态电流。

答案：C

142. D5BJ00-Z11142. 在电流互感器二次绕组接线方式不同的情况下，假定接入电流互感器二次导线电阻和继电器的阻抗均相同，二次计算负载以（ ）。

A. 两相电流差接线最大；

B. 三相三角形接线最大；

C. 三相全星形接线最大；

D. 不完全星形接线最大。

答案：A

143. D5BJ00-Z11143. 在电力系统中发生不对称故障时，短路电流中的各序分量，其中受两侧电动势相角差影响的是（ ）。

A. 正序分量； B. 负序分量；

C. 正序分量和负序分量； D. 零序分量。

答案：A

144. D5BJ00-Z11144. 中性点经消弧线圈接地的小电流接地系统中，消弧线圈采用（　　）方式。

A. 过补偿；　B. 欠补偿；

C. 完全补偿；　D. 三种都不是。

答案：A

145. D5BJ00-Z11145. 对于 Y，d11 接线变压器下列表示法正确的是（　　）。

A. $\dot{U}_{a}=\dot{U}_{A}e^{j60^{\circ}}$；　B. $\dot{U}_{ab}=\dot{U}_{AB}e^{j30^{\circ}}$；

C. $\dot{U}_{ab}=\dot{U}_{AB}e^{j0^{\circ}}$；　D. $\dot{U}_{a}=\dot{U}_{A}e^{j0^{\circ}}$。

答案：B

146. D5BJ00-Z11146. 电力系统出现两相短路时，短路点距母线的远近与母线上负序电压值的关系是（　　）。

A. 距故障点越远负序电压越高；

B. 距故障点越近负序电压越高；

C. 与故障点位置无关；

D. 距故障点越近负序电压越低。

答案：B

147. D5BJ00-Z11147. 载流导体周围的磁场方向与产生磁场的（　　）有关。

A. 磁场强度；　B. 磁力线的方向；

C. 电场方向；　D. 电流方向。

答案：D

148. D5BJ00-Z11148. 我们把提供电能的装置称为（　　）。

A. 电源；　B. 电动势；

C. 发电机；　D. 电压。

答案：A

149. D5BJ00-Z11149. 在感性负载两端并联容性设备是为了（　　）。

A. 增加电源无功功率；

B. 减少负载有功功率；

C. 提高负载功率因数；

D. 提高整个电路的功率因数。

答案：D

150. D5BJ00-Z11150. 一台单相变压器变比为 2，当高压侧电压为 200V 时，低压侧电压为（　　）V。

A. 400；　B. 800；

C. 100；　D. 200。

答案：C

151. D5BJ00-Z11151. 半导体元件一般是用下列哪种材料制成？（　　）

A. 纯净半导体；　B. P 型半导体；

C. N 型半导体；　D. PN 型半导体。

答案：D

152. D5BJ00-Z11152. 整流电路是利用整流元件的（　　）工作的。

A. 单向导电性；　B. 稳压特性；

C. 非线性；　D. 双向导电特性。

答案：A

153. D5BJ00-Z11153. P 型半导体中的多数载流子是（　　）。

A. 自由电子；　B. 空穴；

C. 正电子；　D. 自由电子空穴对。

答案：B

154. D5BJ00-Z11154. PN 结最重要的特性是（　　）导电性。

A. 电阻；　B. 电感；

C. 电容；　D. 单向。

答案：D

155. D5BJ00-Z11155. 整流的主要目的是(　　)。

A. 将交流电变为直流电；

B. 正弦波变为方波；

C. 将高频信号变为低频信号；

D. 将低频信号变为高频信号。

答案：A

156. D5BJ00-Z11156. 三极管工作在饱和区的条件是（　　）。

A. 极电结反偏，发射结反偏；

B. 极电结正偏，发射结正偏；

C. 极电结正偏，发射结反偏；

D. 极电结反偏，发射结正偏。

答案：B

157. D5BJ00-Z11157. 三极管工作在放大区的条件是（　　）。

A. 极电结反偏，发射结反偏；

B. 极电结正偏，发射结正偏；

C. 极电结正偏，发射结反偏；

D. 极电结反偏，发射结正偏。

答案：D

158. D5BJ00-Z11158. 晶闸管由关断状态到导通

状态电压的条件是（　　）。

A. 阴阳极间反偏，门极反偏；

B. 阴阳极间反偏，门极正偏；

C. 阴阳极间正偏，门极正偏；

D. 阴阳极间正偏，门极反偏。

答案：C

159. D5BJ00-Z11159. 三极管工作在截止区的条件是（　　）。

A. 极电结反偏，发射结反偏；

B. 极电结正偏，发射结正偏；

C. 极电结正偏，发射结反偏；

D. 极电结反偏，发射结正偏。

答案：A

160. D5BJ00-Z11160. 串联型稳压电路是指（　　）和负载串联。

A. 稳压二极管；　B. 三极管；

C. 三极管的 E 端；　D. 限流电阻。

答案：C

161. D5BJ00-Z11161. 晶闸管由关断状态到导通状态电压的条件是（　　）。

A. 阴阳极间反偏，门极反偏；

B. 阴阳极间反偏，门极正偏；

C. 阴阳极间正偏，门极正偏；

D. 阴阳极间正偏，门极反偏。

答案：C

162. D5BJ00-Z11162. 单相桥式可控整流电路接大电感负载，导致晶闸管（　　）。

A. 提前关断；　B. 正常关断；

C. 延迟关断；　D. 无法工作。

答案：C

163. D5BJ00-Z11163. 电容滤波电路中，电容与负载连接关系及对电压的影响为（　　）。

A. 串联，升高电压；　B. 串联，降低电压；

C. 并联，升高电压；　D. 并联，降低电压。

答案：C

164. D5BJ00-Z11164. 电感滤波电路中，电感与负载连接关系及对电压的影响为（　　）。

A. 串联，升高电压；　B. 串联，降低电压；

C. 并联，升高电压；　D. 并联，降低电压。

答案：D

165. D5BJ00-Z11165. 电容滤波电路中，电容与负载连接关系及带负荷的能力为（　　）。

A. 串联，带负荷能力强；

B. 串联，带负荷能力弱；

C. 并联，带负荷能力强；

D. 并联，带负荷能力弱。

答案：D

166. D5BJ00-Z11166. 放大器设置静态工作点的目的是为了（　　）。

A. 能用图解法作出交流负载线；

B. 解决失真问题；

C. 提高电压放大倍数；

D. 提高电流放大倍数。

答案：B

167. D5BJ00-Z11167. 三极管的电流放大作用体现在（　　）。

A. $I_c > I_B$；　B. $I_e > I_c > I_b$；

C. $\Delta I_c > \Delta I_B$；　D. $I_e > I_c$。

答案：C

168. D5BJ00-Z11168. 电压互感器与电力变压器的区别在于（　　）。

A. 电压互感器有铁芯，变压器无铁芯；

B. 变压器的额定电压比电压互感器高；

C. 电压互感器主要用于测量和保护；

D. 变压器用于不同电压等级电能传递。

答案：C

169. D5BJ00-Z11169. 变压器的绝缘用以承受正常、雷电的过电压，主要分为（　　）。

A. 主绝缘和纵绝缘；　B. 内绝缘和外绝缘；

C. 主绝缘和内绝缘；　D. 主绝缘和外绝缘。

答案：B

170. D5BJ00-Z11170. 电压互感器低压侧一相电压为零，两相不变，线电压两个降低，一个不变，说明（　　）。

A. 低压侧两相熔断器断；

B. 低压侧一相熔断器断；

C. 高压侧一相熔断器断；

D. 高压侧两相熔断器断。

答案：B

171. D5BJ00-Z11171. 过负荷是指发电机、变压器及线路的电流超过额定值或规定的（　　）。

A. 允许值；　B. 15%；

C. 20%；　D. 30%。

答案：A

172. D5BJ00-Z11172. 电流互感器二次侧接地是为了（　　）。

A. 测量用；　　B. 工作接地；

C. 保护接地；　　D. 节省导线。

答案：C

173. D5BJ00-Z11173. 电流互感器二次侧不允许（　　）。

A. 开路；　　B. 短路；

C. 接仪表；　　D. 接保护。

答案：A

174. D5BJ00-Z11174. 对变压器绝缘强度影响最大的是（　　）。

A. 温度；　　B. 水分；

C. 杂质；　　D. 纯度。

答案：B

175. D5BJ00-Z11175. 电容器不允许在（　　）额定电压下长期运行。

A. 100%；　　B. 110%；

C. 120%；　　D. 130%。

答案：B

176. D5BJ00-Z11176. 直流电动机的额定功率是指（　　）。

A. 转轴上吸收的机械功率；

B. 转轴上输出的机械功率；

C. 电枢端口吸收的电功率；

D. 电枢端口输出的电功率。

答案：B

177. D5BJ00-Z11177. 电力系统中应用最广的是（　　）。

A. 三相壳式变压器；　　B. 三相芯式变压器；

C. 三相组式变压器；　　D. 单相芯式变压器。

答案：B

178. D5BJ00-Z11178. 各类整流电路中，其输出直流电压脉动最小的是（　　）整流电路。

A. 单相半波；　　B. 单相全波；

C. 单相桥式；　　D. 三相桥式。

答案：D

179. D5BJ00-Z11179. 电容器的无功输出功率与电容器的电容（　　）。

A. 成反比；　　B. 成正比；

C. 成比例；　　D. 不成比例。

答案：B

180. D5BJ00-Z11180. 直流电动机采用降低电源电压的方法起动，其目的是（　　）。

A. 为了使起动过程平稳；

B. 为了减小起动电流；

C. 为了减小起动转矩；

D. 增大起动转矩。

答案：B

181. D5BJ00-Z11181. 电压互感器二次短路会使一次（　　）。

A. 电压升高；　　B. 电压降低；

C. 熔断器熔断；　　D. 不变。

答案：C

182. D5BJ00-Z11182. 变压器空载投入时的励磁涌流最大可达到（　　）。

A. （5～8）I_n；　　B. （10～20）I_n；

C. （20～30）I_n；　　D. （15～25）I_n。

答案：A

183. D5BJ00-Z11183. 单相变压器必须标明（　　）。

A. 相位；　　B. 相序；

C. 极性；　　D. 调压方式。

答案：C

184. D5BJ00-Z11184. 在一般情况下，变压器分接抽头常设置在（　　）。

A. 低压绕组侧；　　B. 高压绕组侧；

C. 高低压绕组均有；　　D. 无分接头。

答案：B

185. D5BJ00-Z11185. 在感性负载两端并联容性设备是为了（　　）。

A. 增加电源无功功率；

B. 减少负载有功功率；

C. 提高负载功率因数；

D. 提高整个电路的功率因数。

答案：D

186. D5BJ00-Z11186. 计算有功功率 P 的标幺值时应选（　　）作为基值。

A. P_n；　　B. S_n；

C. Q_n；　　D. Z_n。

答案：B

187. D5BJ00-Z11187. 忽略空载电流，变压器一次、二次边电流相位（　　）。

A. 同相；　　B. 反向；

C. 相差 90°；　　D. 相差 180°。

答案：B

188. D5BJ00-Z11188. 异步电动机起动瞬间，转差率为（　　）。

A. 1；　　B. 接近于 1；

C. 接近于 0；　　D. 2。

答案：B

189. D5BJ00-Z11189. 电气设备的外壳接地属于（　　）。

A. 工作接地；　　B. 保护接地；

C. 防雷接地；　　D. 防静电接地。

答案：B

190. D5BJ00-Z11190. 一台三相鼠笼式异步电动机带恒力矩负载运行，保持气隙磁通不变，降低频率调速时，电动机的（　　）。

A. 同步转速不变，机械特性变软；

B. 同步转速下速，机械特性硬度不变；

C. 同步转速下降，机械特性硬度不变；

D. 同步转速上升，机械特性硬度不变。

答案：B

191. D5BJ00-Z11191. 三相系统的电压互感器二次侧相电压，一般为（　　）V。

A. 100；　　B. 57.73；

C. $100/\sqrt{2}$；　　D. 1000。

答案：B

192. D5BJ00-Z11192. 中性点不接地电力系统发生单相接地时，有接地电流从接地点流过，当接地电流达到一定值时就要在接地点产生（　　），使系统产生过电压。

A. 零序电压；　　B. 跨步电压；

C. 电容电流；　　D. 间歇性电弧。

答案：D

193. D5BJ00-Z11193。远距离输送电能时，首先要将发电机的输出电压通过升压变压器升高到几万伏或几十万伏，以减小输电线上的（　　）。

A. 电阻；　　B. 能量损耗；

C. 电感；　　D. 电晕损耗。

答案：B

194. D5BJ00-Z11194. 变压器空载运行时，空载电流（　　）励磁电流。

A. 大于；　　B. 等于；

C. 小于；　　D. 2 倍于。

答案：B

195. D5BJ00-Z11195. 变压器铁芯中产生的涡流损耗和磁滞损耗之和称为（　　）。

A. 短路损耗；　　B. 铜耗；

C. 铁耗；　　D. 有功损耗。

答案：C

196. D5BJ00-Z11196. 磁滞损耗与磁场交变频率、铁芯体积和磁滞回线的面积成（　　）。

A. 反比；　　B. 正比；

C. 相等；　　D. 指数关系。

答案：B

197. D5BJ00-Z11197. 正序的顺序是（　　）。

A. U—V—W；　　B. V—U—W；

C. U—W—V；　　D. W—V—U。

答案：A

198. D5BJ00-Z11198. 铁耗与磁通密度幅值的 2 次方、铁芯重量和（　　）1、3 次方成正比。

A. 频率；　　B. 电压；

C. 电流；　　D. 铁芯磁阻。

答案：A

199. D5BJ00-Z11199. 他励直流电动机拖动恒转矩负载进行串电阻调速，设调速前、后的电枢电流分别为 I_1 和 I_2，那么（　　）。

A. $I_1<I_2$；　　B. $I_1=I_2$；

C. $I_1>I_2$；　　D. $I_1\gg I_2$。

答案：B

200. D5BJ00-Z11200. 一台变压器在（　　）时效率最高。

A. $\beta=1$；　　B. $P_0/P_S=$常数；

C. $P_{Cu}=P_{Fe}$；　　D. $S=S_N$。

答案：C

201. D5BJ00-Z11201.《中华人民共和国安全生产法》规定：因生产安全事故受到损害的从业人员除依法享有工伤社会保险外，（　　）。

A. 有权向本单位提出赔偿要求；

B. 可以解除劳动合同；

C. 提出对责任人的处理要求；

D. 无权向本单位提出赔偿要求。

答案：A

202. D5BJ00-Z11202.《中华人民共和国安全生产法》规定：从业人员发现事故隐患或者其他不安全因素，（　　）。

A. 不得直接向本单位负责人报告；
B. 只向现场安全管理人员报告；
C. 直接向本单位负责人和现场安全管理人员报告；
D. 可以暂时不报告，继续观察事故发展情况。
答案：C

203. D5BJ00-Z11203.《中华人民共和国安全生产法》规定：生产经营单位与从业人员订立的劳动合同，应当载明有关保障从业人员劳动安全，防止（　　）的事项，以及依法为从业人员办理工伤社会保险的事项。
A. 危害；　B. 人生危害；
C. 职业危害；　D. 意外伤害。
答案：C

204. D5BJ00-Z11204.《中华人民共和国安全生产法》规定：生产经营单位的从业人员有权(　　)其作业场所和工作岗位存在的危险因素、防范措施及事故应急措施，有权对本单位的安全生产工作提出建议。
A. 知晓；　B. 知道；
C. 了解；　D. 掌握。
答案：C

205. D5BJ00-Z11205.《中华人民共和国安全生产法》规定：从业人员有权对本单位安全生产工作中存在的问题提出批评、检举、控告；有权拒绝（　　）和强令冒险作业。
A. 违章指挥；　B. 违章作业；
C. 指挥；　D. 不合理工作安排。
答案：A

206. D5BJ00-Z11206.《中华人民共和国安全生产法》规定：从业人员在作业过程中，应当严格遵守本单位的安全生产规章制度和（　　），服从管理，正确佩戴和使用劳动防护用品。
A. 操作规程；　B. 规程；
C. 规定；　D. 规范。
答案：A

207. D5BJ00-Z11207.《中华人民共和国安全生产法》规定：任何单位和个人不得阻挠和（　　）对事故的依法调查处理。
A. 干扰；　B. 干涉；
C. 不配合；　D. 打扰。
答案：B

208. D5BJ00-Z11208.《中华人民共和国安全生产法》规定：生产经营单位的特种作业人员必须按照国家有关规定经专门的安全（　　），取得特种作业操作资格证书，方可上岗作业。
A. 培训；　B. 作业培训；
C. 训练；　D. 教育。
答案：B

209. D5BJ00-Z11209.《中华人民共和国电力法》中，未经批准或者未采取安全措施在电力设施周围或者在依法划定的电力设施保护区内进行作业，危及电力设施安全的，应由（　　）责令停止作业，恢复原状并赔偿损失。
A. 电力管理部门；　B. 行政部门；
C. 司法部门；　D. 当地公安部门。
答案：A

210. D5BJ00-Z11210.《中华人民共和国电力法》规定：任何（　　）和个人不得非法占用变电设施用地、输电线路走廊和电缆通道。
A. 单位；　B. 企业；
C. 外商；　D. 国家。
答案：A

211. D5BJ00-Z11211.《中华人民共和国电力法》开始实施的日期是（　　）。
A. 1996 年 4 月 1 日；　B. 1997 年 4 月 1 日；
C. 1998 年 4 月 1 日；　D. 1999 年 4 月 1 日。
答案：A

212. D5BJ00-Z11212.《中华人民共和国电力法》规定：电力设施受（　　）保护。
A. 群众；　B. 国家；
C. 省级人民政府；　D. 本企业。
答案：B

213. D5BJ00-Z11213.《中华人民共和国电力法》规定：电网运行应当（　　）、稳定、保证供电可靠性。
A. 平衡；　B. 高效；
C. 连续；　D. 正常。
答案：C

214. D5BJ00-Z11214.《中华人民共和国电力法》已由中华人民共和国第八届全国人民代表大会常务委员会第十七次会议于（　　）通过。
A. 1994 年 12 月 28 日；　B. 1995 年 12 月 28 日；
C. 1996 年 12 月 28 日；　D. 1997 年 12 月 28 日。
答案：B

215. D5BJ00-Z11215.《中华人民共和国安全生产法》规定：因生产安全事故受到损害的从业人员除依法享有工伤社会保险外，（　　）。

A. 有权向本单位提出赔偿要求；

B. 可以解除劳动合同；

C. 有权提出对责任人的处理要求；

D. 无权向本单位提出赔偿要求。

答案：A

216. D5BJ00-Z11216. 任何单位和个人需要在依法划定的电力设施保护区内进行可能危及电力设施安全的作业时，正确的做法是（　　）。

A. 经电力管理部门批准并采取安全措施后，方可进行作业；

B. 采取相应安全措施后，方可进行作业；

C. 经电力管理部门批准后，方可进行作业；

D. 只要注意安全，就可以进行作业。

答案：A

217. D5BJ00-Z11217. 按照《中华人民共和国安全生产法》的规定，生产经营单位委托工程技术人员提供安全生产管理服务的，保证安全生产的责任由（　　）负责。

A. 工程技术人员；

B. 委托单位；

C. 工程技术人员所在单位；

D. 政府部门。

答案：B

218. D5BJ00-Z11218. 电力设施与公用工程、绿化工程和其他工程在新建、改建或者扩建中互相妨碍时，正确的解决办法是（　　）。

A. 其他工程一律让位于电力设施；

B. 重新设计以互不妨碍；

C. 电力设施要让位于公用工程；

D. 协商达成解决互相妨碍的协议。

答案：D

219. D5BJ00-Z11219. 临时用电工程必须由（　　）施工。

A. 安全人员；　　B. 项目施工人员；

C. 持证电工；　　D. 当地供电部门。

答案：C

220. D5BJ00-Z11220.《中国南方电网公司事故（事件）调查规程（试行）》中规定发生事故（一、二级事件）的生产部门（车间、工区、现场项目部等）负责人、发包单位业主项目部接到报告后应在事故或事件发生后（　　）h向本单位安全监察部门、有关职能管理部门电话报告。

A. 3；　　B. 1；

C. 0.5；　　D. 2。

答案：B

221. D5BJ00-Z11221. 用电计量装置的设计应征得当地供电部门认可，施工单位应严格按施工设计图纸进行安装，安装完毕应由（　　）检查确认。

A. 总承包单位；

B. 施工单位持证电工；

C. 供电部门；

D. 设计人员。

答案：C

222. D5BJ00-Z11222.《中华人民共和国安全生产法》规定：生产经营单位应当在有较大危险因素的生产经营场所和有关设施、设备上，（　　）明显的安全警示标志。

A. 设置；　　B. 悬挂；

C. 放置；　　D. 摆放。

答案：A

223. D5BJ00-Z11223.《中国南方电网公司事故（事件）调查规程（试行）》中定义，电力事故包括电力人身伤亡事故、（　　）和电力安全事故。

A. 设备事故；　　B. 电网事故；

C. 交通事故；　　D. 雷击事故。

答案：A

224. D5BJ00-Z11224. 国家实行生产安全事故（　　）制度，依照本法和有关法律、法规的规定，追究生产安全事故责任人员的法律责任。

A. 责任追究；　　B. 调查；

C. 行为追究；　　D. 举报。

答案：A

225. D5BJ00-Z11225.《中华人民共和国电力法》规定：电力建设项目不得使用国家明令淘汰的电力（　　）和技术。

A. 设备；　　B. 设施；

C. 设计；　　D. 工器具。

答案：A

226. D5BJ00-Z11226. 一次事故造成10人以上30人以下死亡（包括急性工业中毒）为（　　）。

A. 特别重大事故；　　B. 重大事故；

C. 一般事故；　　D. 三级事件。

答案：B

227. D5BJ00-Z11227.《中华人民共和国电力法》规定，电力企业应当加强安全生产管理，建立、健全安全生产（　　）制。

A. 承包；　　B. 责任；

C. 奖励；　　D. 惩罚。

答案：B

228. D5BJ00-Z11228. 下列不属于事故调查“四不放过”的是（　　）。

A. 事故原因不清楚不放过；

B. 没有采取防范措施不放过；

C. 事故损失不清楚不放过；

D. 事故责任者没有受到处罚不放过，事故责任者和应受教育者没有受到教育不放过。

答案：C

229. D5BJ00-Z11229. 电力安全事故（事件）中，电网负荷 20 000MW 以上者（区域性电网），造成电网减供负荷 2%以上 3%以下，应定为(　　)。

A. 二级事件；　　C. 一级事件；

B. 三级事件；　　D. 一般事故。

答案：A

230. D5BJ00-Z11230. 电力安全事故（事件）中，电网负荷 20 000MW 以上者（区域性电网），造成电网减供负荷 4%以上 7%以下，应定为(　　)。

A. 二级事件；　　C. 一级事件；

B. 三级事件；　　D. 一般事故。

答案：D

二、多选题：D5BJ00-Z12001 ～ D5BJ00-Z12060（每小题 2 分）

1. D5BJ00-Z12001. 在电阻、电感和电容组成的交流电路中，储能的元件是（　　）。

A. 电阻；　　B. 电感；

C. 电容；　　D. 导线。

答案：BC

2. D5BJ00-Z12002. 电阻和电容串联的交流电路中的有功功率计算公式是（　　）。

A. $P=UI$；　　B. $P=UI\cos\varphi$；

C. $P=UI\sin\varphi$；　　D. $P=S\cos\varphi$。

答案：BD

3. D5BJ00-Z12003. 磁场力的大小与（　　）有关。

A. 磁感应强度；　　B. 导线粗细；

C. 通过导体的电流；　　D. 导线长度。

答案：ACD

4. D5BJ00-Z12004. 根据图示电路，选择正确的表达式。将它的编号填写在括号内（　　）。

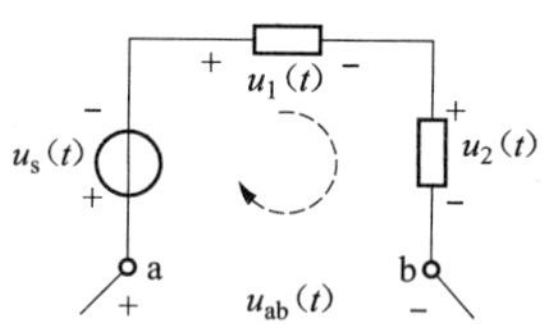

题 D5BJ00-Z12004 图

A. $u_1(t)+u_2(t)-u_{ab}(t)=u_s(t)$；

B. $\dot{U}_1+\dot{U}_2-\dot{U}_{ab}+\dot{U}_s=0$；

C. $U_2+U_1-U_{ab}+U_s=0$；

D. $u_1(t)+u_2(t)-u_{ab}(t)=-u_s(t)$。

答案：BD

5. D5BJ00-Z12005. 动态电路换路瞬间下列关系成立的是（　　）。

A. 换路前后电容电压相等；

B. 换路前后电容电流相等；

C. 换路前后电感电压相等；

D. 换路前后电感电流相等。

答案：AD

6. D5BJ00-Z12006. 在正弦交流纯电感电路中，电压与电流的关系是（　　）。

A. $\dot{U}=jX_L\dot{I}$；　　B. $I=U/\omega C$；

C. $I=U/L$；　　D. $I=\dfrac{U}{\omega L}$。

答案：AD

7. D5BJ00-Z12007. 在正弦交流纯电容电路中，电压与电流的关系是（　　）。

A. $I=u/\omega C$；　　B. $\dot{U}=-jX_C\dot{I}$；

C. $I=U/C$；　　D. $I=U\omega C$。

答案：BD

8. D5BJ00-Z12008. 在纯电阻电路中，下列各式正确的为（　　）。

A. $\dot{U}=R\dot{I}$；　　B. $u=Ri$；

C. $I_m=\dfrac{U_m}{R}$；　　D. $I=U/R$。

答案：ABCD

9. D5BJ00-Z12009. 串联电路具有以下特点（　　）。

A. 串联电路中各电阻两端电压相等；

B. 各电阻上分配的电压与各自电阻的阻值成正比；

C. 各电阻上消耗的功率与各自电阻的阻值成正比；
D. 流过每一个电阻的电流相等。
答案：BCD

10. D5BJ00-Z12010. 对称三相电压在任一瞬间的（　　）等于零。
A. 相量和；　　B. 波形；
C. 角度；　　D. 代数和。
答案：AD

11. D5BJ00-Z12011. 变压器的绕组标号 Y，d11 表示（　　）。
A. 变压器高压侧绕组为星形接法；
B. 变压器高压侧绕组为三角形接法；
C. 变压器高压侧绕组的线电压超前低压绕组相对应的线电压 30°；
D. 变压器高压侧绕组的线电压滞后低压绕组相对应的线电压 30°。
答案：AD

12. D5BJ00-Z12012. 变压器空载实验时，为减小实验误差，应采用（　　）方法。
A. 电流表靠近实验电源；
B. 电流表靠近实验变压器；
C. 电压表靠近实验电源；
D. 电压表靠近实验变压器。
答案：BC

13. D5BJ00-Z12013. 从变压器型号中可表示出变压器的（　　）。
A. 额定容量；　　B. 低压侧额定电压；
C. 高压侧额定电压；　　D. 高压侧额定电流。
答案：AC

14. D5BJ00-Z12014. 变压器调压是改变（　　）。
A. 绕组的匝数；
B. 一、二次侧的电压比；
C. 输入电压；
D. 输出电压。
答案：ABD

15. D5BJ00-Z12015. 变压器并联运行，应满足的条件有（　　）。
A. 电压相等，即变比相等；
B. 连接组别相同；
C. 短路阻抗标幺值相等；
D. 大小一致。
答案：ABC

16. D5BJ00-Z12016. 与门的逻辑表达式及功能，下述正确的是（　　）。
A. $Y=A+B$；
B. 有 1 出 1，全 0 出 0；
C. $Y=A \cdot B$；
D. 有 0 出 0，全 1 出 1。
答案：CD

17. D5BJ00-Z12017. 或门的逻辑表达式及功能，下述正确的是（　　）。
A. $Y=A+B$；
B. 有 1 出 1，全 0 出 0；
C. $Y=A \cdot B$；
D. 有 0 出 0，全 1 出 1。
答案：AB

18. D5BJ00-Z12018. 电力系统中性点的运行方式主要有（　　）。
A. 中性点不接地；
B. 中性点不直接接地；
C. 中性点直接接地；
D. 中性点经消弧线圈接地。
答案：ABCD

19. D5BJ00-Z12019. 发生短路的原因有（　　）。
A. 电气设备或载流导体的绝缘损伤引起短路；
B. 气候变化引起短路；
C. 运行人员误操作引起短路；
D. 鸟兽跨接裸导线引起短路。
答案：ABCD

20. D5BJ00-Z12020. 电力系统的调压措施主要有（　　）。
A. 改变发电机端电压；
B. 改变变压器变比；
C. 改变网络中无功功率分布；
D. 在电力线路上串联电容器。
答案：ABCD

21. D5BJ00-Z12021. 电力系统发生短路时，通常有（　　）。
A. 电流增大；
B. 电压降低；
C. 有功、无功下降；
D. 电流与电压间相位角发生改变。
答案：ABD

22. D5BJ00-Z12022. 电力系统中的无功电源有

（　　）。

A. 变压器；　B. 调相机；

C. 电容器；　D. 同步发电机。

答案：BCD

23. D5BJ00-Z12023. 电力系统中采用（　　）作为防止直击雷对一次设备产生威胁的保护措施。

A. 避雷器；　B. 避雷针；

C. 避雷线；　D. 设备外壳接地。

答案：BC

24. D5BJ00-Z12024. 电力网是由（　　）组成的网络。

A. 输电设备；　B. 变电设备；

C. 配电设备；　D. 发电厂。

答案：ABC

25. D5BJ00-Z12025. 供电可靠率是指供电企业某一统计期内对用户停电的（　　），直接反映供电企业的持续供电能力。

A. 面积大小；　B. 时间；

C. 次数；　D. 功率损耗。

答案：BC

26. D5BJ00-Z12026. 电气主接线主要是指在（　　）中，为满足预定的功率传送和运行等要求而设计的，表明高压电气设备之间相互连接关系的传送电能的电路。

A. 发电厂；　B. 变电站；

C. 电力系统；　D. 电力网。

答案：ABC

27. D5BJ00-Z12027. 电力系统短路故障分为（　　），其中破坏力最大的是三相短路。

A. 单相接地短路；

B. 两相（接地）短路；

C. 三相（接地）短路；

D. 三相短路。

答案：ABCD

28. D5BJ00-Z12028. 系统发生短路的原因很多，主要有（　　）。

A. 电气设备、元件的损坏；

B. 自然的原因；

C. 人为事故；

D. 雷击事故。

答案：ABCD

29. D5BJ00-Z12029. 10kV 线路发生单相全接地时（　　）。

A. 非故障相电压升高；

B. 非故障相电压不变；

C. 零序电压升高到 100V 左右；

D. 故障相电压为 0。

答案：ACD

30. D5BJ00-Z12030. 半导体特性有（　　）。

A. 热敏性；　B. 声敏性；

C. 光敏性；　D. 电敏性。

答案：AC

31. D5BJ00-Z12031. 对 N 型半导体，下列说法正确的是（　　）。

A. 本征半导体加少量硼；

B. 本征半导体加少量磷；

C. 空穴为多数载流子；

D. 电子为多数载流子。

答案：BD

32. D5BJ00-Z12032. 对 P 型半导体，下列说法正确的是（　　）。

A. 本征半导体加少量硼；

B. 本征半导体加少量磷；

C. 空穴为多数载流子；

D. 电子为多数载流子。

答案：AC

33. D5BJ00-Z12033. 在滤波电路中，电容及电感的连接，正确的是（　　）。

A. 电容与负载串联；　B. 电感与负载串联；

C. 电容与负载并联；　D. 电感与负载并联。

答案：BC

34. D5BJ00-Z12034. 能用于整流的半导体器件有（　　）。

A. 二极管；　B. 三极管；

C. 晶闸管；　D. 场效应管。

答案：AC

35. D5BJ00-Z12035. 三极管断脚后，可当普通二极管使用的处理方法，正确的是（　　）。

A. 断 b 脚后，可当二极管用；

B. 断 c 脚后，可当二极管用；

C. 断 e 脚后，可当二极管用；

D. 断任意脚后，都不能当二极管用。

答案：BC

36. D5BJ00-Z12036. 关于单相整流，下列说法正

确的有（　　）。

A. 半波整流的输出电压平均值为 $0.9U_2$；

B. 半波整流的输出电压平均值为 $0.45U_2$；

C. 桥式整流的输出电压平均值为 $0.9U_2$；

D. 桥式整流的输出电压平均值为 $0.45U_2$。

答案：BC

37. D5BJ00-Z12037. 关于晶闸管的导通与关断，下列说法正确的有（　　）。

A. 导通晶闸管，门极则失去控制；

B. 同时加正向阳极电压及正向门极电压，才导通；

C. 正向阳极电压过零，晶闸管就关断；

D. 阳极电流减小到零，晶闸管就关断。

答案：ABD

38. D5BJ00-Z12038. 变压器忽然短路时，对漏磁场绕组受的电磁力，正确论述有（　　）。

A. 漏磁场轴向分量大于径向分量；

B. 电磁力轴向分量大于径向分量；

C. 轴向电磁力的破坏作用大；

D. 径向电磁力破坏作用大。

答案：AC

39. D5BJ00-Z12039. 并励直流电机的损耗包括（　　）。

A. 定子绕组和转子绕组的铜耗；

B. 定子铁芯的铁耗；

C. 机械损耗和杂散损耗；

D. 转子铁芯的铁耗。

答案：ACD

40. D5BJ00-Z12040. 关于变压器承受大气过电压，正确的论述有（　　）。

A. 电压数值大，作用时间短，等效于给变压器施加高频高压；

B. 在动态分析时，主要考虑高压侧绕组的对地电容和匝间电容；

C. 在动态过程的初始阶段，绕组电感可以认为是开路的；

D. 低压侧绕组因靠近铁芯，对地电容大，可以认为是接地短路的。

答案：ABCD

41. D5BJ00-Z12041. 变压器承受大气过电压时，正确的论述有（　　）。

A. 高压侧绕组各匝的对地电容越大，则各匝间承受电压越均匀；

B. 高压侧绕组雷电进入的一端（首端或尾端），匝间承受的初始电压最大；

C. 加强绕组首端、尾端的匝间绝缘可以保护变压器；

D. 加强高压绕组绝缘可以保护变压器。

答案：BCD

42. D5BJ00-Z12042. 关于凸极同步发电机短路，正确的论述有（　　）。

A. 正序阻抗是固定的；

B. 不对称短路时，负序阻抗本质上是周期变化的；

C. 短路电流大于稳定短路电流；

D. 对称短路时，电流为直轴去磁。

答案：ABCD

43. D5BJ00-Z12043. 感应电机多为隐极，关于其有关电感的论述，正确的有（　　）。

A. 定子两相间的互感不随时间变化；

B. 定子自感不随时间变化；

C. 转子两相间的互感不随时间变化；

D. 转子自感不随时间变化。

答案：ABCD

44. D5BJ00-Z12044. 变压器的冷却方式主要有（　　）。

A. 油浸自冷；　　B. 油浸风冷；

C. 强油风冷；　　D. 导向强油风冷。

答案：ABCD

45. D5BJ00-Z12045. 对于凸极同步电机，关于其有关电感的论述，正确的有（　　）。

A. 定子两相之间的互感是时变的；

B. 定子自感是时变的；

C. 定转子间的互感是时变的；

D. 转子自感是时变的。

答案：ABC

46. D5BJ00-Z12046. 两台变比不相等的变压器并联运行时，会使（　　）。

A. 一、二次侧出现环流；

B. 增加变压器铜损耗；

C. 出现励磁涌流；

D. 使变压器振动。

答案：AB

47. D5BJ00-Z12047. 按照作用的不同，接地可分为（　　）。

A. 工作接地；　　B. 保护接地；

C. 防雷接地； D. 直接接地。
答案：ABC

48. D5BJ00-Z12048. 电力电缆线路试验项目有（ ）。
A. 绝缘电阻测量； B. 交流耐压；
C. 直流耐压； D. 泄漏电流。
答案：ABCD

49. D5BJ00-Z12049. 采用发电机零起升流融冰方案，交流方式融冰方案的起始融冰电流是指（ ）推算的融冰电流。
A. 环温－3℃； B. 风速 3m/秒；
C. 覆冰 10mm； D. 融冰时间 1h。
答案：ABCD

50. D5BJ00-Z12050. 影响电缆长期允许载流量与（ ）因素有关。
A. 电缆导体的工作温度；
B. 电缆各部分的损耗和热阻；
C. 敷设方式；
D. 环境温度和散热条件。
答案：ABCD

51. D5BJ00-Z12051. 生产经营单位不得因从业人员对本单位安全生产工作提出（ ）、（ ）、（ ）或者拒绝违章指挥、强令冒险作业而降低其工资、福利等待遇或者解除与其订立的劳动合同。
A. 批评； B. 检举；
C. 控告； D. 抗拒。
答案：ABC

52. D5BJ00-Z12052.《中华人民共和国电力法》适用于中华人民共和国境内的电力（ ）活动。
A. 生产； B. 建设；
C. 使用； D. 供应。
答案：ABCD

53. D5BJ00-Z12053. DL 409—1991《电业安全工作规程（电力线路部分）》规定：装设接地线必须（ ），（ ），且必须接触良好；拆接地线顺序与此相反。
A. 先装中相后装两边相；
B. 先装两边相后装中相；
C. 先装接地端；
D. 后接导体端。
答案：CD

54. D5BJ00-Z12054. DL 409—1991《电业安全工作规程》规定：在室外高压设备上工作，应在工作地点四周装设遮栏，遮栏出入口要围至（ ），并设有（ ）的标示牌。
A. 临近道路旁边； B. 从此进出；
C. 围栏起始端； D. 止步，高压危险。
答案：AB

55. D5BJ00-Z12055. DL 409—1991《电业安全工作规程》规定：若以下设备（ ）同时停、送电，可填用一张电气第一种工作票：
A. 属于同一电压等级，位于同一平面场所，工作中不会触及带电导体的几个电气连接部分；
B. 一台变压器停电检修，其断路器也配合检修；
C. 全站停电；
D. 主变压器和主变压器断路器的检修。
答案：ABC

56. D5BJ00-Z12056. DL 409—1991《电业安全工作规程》规定：检修工作结束以前，若需将设备试加工作电压，应按以下要求进行：（ ）。
A. 全体工作人员撤离工作地点；
B. 收回该系统的所有工作票，拆除临时遮栏、接地线和标示牌，恢复常设遮栏；
C. 应在工作负责人和运行人员全面检查无误后，由运行人员进行加压试验；
D. 由检修人员自行试验。
答案：ABC

57. D5BJ00-Z12057. DL 409—1991《电业安全工作规程》规定：在同一电气连接部分，许可（ ）前，应将其他（ ）暂停；试验完成前不应许可其他工作。
A. 一种工作票； B. 高压试验；
C. 检修工作； D. 二种工作票。
答案：BC

58. D5BJ00-Z12058. 下列属于《防止电力生产重大事故二十五项重点要求》防止枢纽变电站全停事故，对直流系统的要求是（ ）。
A. 枢纽变电站直流系统宜采用两组蓄电池，三台充电装置的方案，每组蓄电池和充电装置应分别接于一段直流母线上，第三台充电装置（备用充电装置）可在两段母线之间切换；
B. 直流母线应采用分段运行的方式，每段母线应分别采用独立的蓄电池组供电，并在两段直流母线之间设置联络断路器；

C. 直流熔断器应按有关规定分级配置，加强直流熔断器的管理。

答案：ABC

59. D5BJ00-Z12059.《中华人民共和国电力法》规定，应当依照规定的程序办理手续的有（　　）情况。

A. 申请新装用电；　　B. 改变用电电压；

C. 终止用电；　　D. 申请临时用电。

答案：ACD

60. D5BJ00-Z12060. 下面选项中，属于电力设施的是（　　）。

A. 发电设施；　　B. 变电设施；

C. 电力线路设施；　　D. 用电设备。

答案：ABC

三、判断题：D5BJ00-Z13001 ～ D5BJ00-Z13230（每小题1分）

1. D5BJ00-Z13001. 电容 C_1 和电容 C_2 并联，则其总电容是 $C=C_1+C_2$。

答案：√

2. D5BJ00-Z13002. 从能量的观点来看，电源就是其他形式的能量转化为电能的装置。

答案：√

3. D5BJ00-Z13003. 描述磁场中某一面积上磁场强弱的物理量叫磁通，符号是Φ，单位是韦伯。

答案：×

4. D5BJ00-Z13004. 直流电路中，某点电位上的高低与参考点的选择有关，该点的电位等于该点与参考点之间的电压。

答案：√

5. D5BJ00-Z13005. 在一段电路中，流过电路的电流与电路两端的电压成正比，与该段电路的电阻成反比。

答案：√

6. D5BJ00-Z13006. 电力线上某点的切线方向就是该点电场强度的方向。

答案：√

7. D5BJ00-Z13007. 当电源内阻为零时，电源电动势的大小等于电源的端电压。

答案：√

8. D5BJ00-Z13008. 几个电阻并联的总电阻值一定小于其中任何一个电阻值。

答案：√

9. D5BJ00-Z13009. 根据电功率 $P=U^2/R$ 可知在串联电路中各电阻消耗的电功率与它的电阻成反比。

答案：×

10. D5BJ00-Z13010. 将220V，60W的灯泡接到电压为220V，功率为125W的电源上，灯泡一定会烧毁。

答案：×

11. D5BJ00-Z13011. A灯额定值为220V，60W，B灯额定值为110V，40W串接后接到220V电源上，B灯比A灯消耗的电能更多。

答案：×

12. D5BJ00-Z13012. 在正弦交流电路中，电阻组件上的电压与电流同相，说明总电路电压和电流的初相一定为零。

答案：×

13. D5BJ00-Z13013. 在 LC 振荡电路中，当电容器极板上的电荷放完瞬时，电路中的电流量最大。

答案：√

14. D5BJ00-Z13014. 有两只电容器，一只电容为0.25μF，耐压为250V，另一只电容为0.5μF，耐压为500V，串联后的耐压值为375V。

答案：√

15. D5BJ00-Z13015. 欧姆定律适用于金属和电解液导电，但不适用于气体导电。

答案：√

16. D5BJ00-Z13016. RLC 串联电路中，当感抗 X_L 等于容抗 X_C 时，电路中电流、电压的关系为 $I=U/R$。在相位上电流与电压的关系为同相。当电阻电压 U 与外加电压 U 同相时，这种现象为谐振。

答案：√

17. D5BJ00-Z13017. 三相电源作星形连接且电压对称时，线电压和相电压的量值关系是：$U_1=1.732U_{ph}$，三相电压互差120°。

答案：√

18. D5BJ00-Z13018. 所谓正弦量的三要素即为最大值、平均值和有效值。

答案：×

19. D5BJ00-Z13019. 电位高低的含义，是指该点对参考点间的电流大小。

答案：×

20. D5BJ00-Z13020. 最大值是正弦交流电在变化过程中出现的最大瞬时值。

答案：√

21. D5BJ00-Z13021. 加在电阻上的电压增大到原来的 2 倍时，它所消耗的电功率也增大到原来的 2 倍。

答案：×

22. D5BJ00-Z13022. 自感电动势的方向总是与产生它的电流方向相反。

答案：×

23. D5BJ00-Z13023. 一段电路的电压 $U_{ab}=-10V$，该电压实际上是 a 点电位高于 b 点电位。

答案：×

24. D5BJ00-Z13024. 正弦量可以用相量表示，所以正弦量也等于相量。

答案：×

25. D5BJ00-Z13025. 如果把一个 24V 的电源正极接地，则负极的对地电位是－24V。

答案：√

26. D5BJ00-Z13026. 电路图中参考点改变，任意两点间的电压也随之改变。

答案：×

27. D5BJ00-Z13027. 电阻两端的交流电压与流过电阻的电流相位相同，在电阻一定时，电流与电压成正比。

答案：√

28. D5BJ00-Z13028. 正弦交流电中的角频率就是交流电的频率。

答案：×

29. D5BJ00-Z13029. 负载电功率为正值表示负载吸收电能，此时电流与电压降的实际方向一致。

答案：√

30. D5BJ00-Z13030. 人们常用“负载大小”来指负载电功率大小，在电压一定的情况下，负载大小是指通过负载的电流的大小。

答案：√

31. D5BJ00-Z13031. 由电阻定律 $R=\rho L/S$ 可知，导体的电阻率可表示为 $\rho=RS/L$。因此，导体电阻率的大小和导体的长度及横截面积有关。

答案：×

32. D5BJ00-Z13032. 一个实际的电压源，不论它是否接负载，电压源端电压恒等于该电源电动势。

答案：×

33. D5BJ00-Z13033. 如果选定电流的参考方向为从标有电压“＋”端指向“－”端，则称电流与电压的参考方向为关联参考方向。

答案：√

34. D5BJ00-Z13034. 最大值是正弦交流电在变化过程中出现的最大瞬时值。

答案：√

35. D5BJ00-Z13035. 一只 220V，1kW 的电炉，若每天用电 1h，则 30 天用电 7.2kWh。

答案：×

36. D5BJ00-Z13036. 所谓交流电就是指电流（或电压、电动势）的大小随时间作周期性变化，它是交流电流、交流电压、交流电动势的总称。

答案：√

37. D5BJ00-Z13037. 在 RL 串联电路中，总电压超前总电流的相位角就是阻抗角，也就是功率因数角。

答案：√

38. D5BJ00-Z13038. 在对称三相电路中，负载作三角形连接时，线电流是相电流的$\sqrt{3}$倍，线电流的相位滞后相应的相电流 30°。

答案：√

39. D5BJ00-Z13039. 在交流电路中，电压与电流的相位差为零，该电路必定是纯电阻电路。

答案：×

40. D5BJ00-Z13040. 在负载对称的三相电路中，无论是星形连接，还是三角形连接，电路的平均功率为 $P=IU$。

答案：×

41. D5BJ00-Z13041. 交流电路电压、电流的相位差为正值时，电路称为容性电路。

答案：×

42. D5BJ00-Z13042. 当电源电压不变时，三相对称负载三角形连接比星形连接时的有功功率小。

答案：×

43. D5BJ00-Z13043. 在三相四线制不对称的电路中，一相负荷接地或断开，另两相负荷仍能工作一段时间。

答案：√

44. D5BJ00-Z13044. 线圈本身的电流变化引起的在线圈内部产生电磁感应的现象，叫做互感现象。

答案：×

45. D5BJ00-Z13045. 一个线圈电流变化而在另一个线圈产生电磁感应的现象，叫做自感现象。

答案：×

46. D5BJ00-Z13046. 电动势是反映外力克服电场力做功的概念，而电压反映电场力做功的概念。

答案：√

47. D5BJ00-Z13047. 在三相四线制低压供电网中，三相负载越接近对称，其中性线电流就越小。

答案：√

48. D5BJ00-Z13048. 三相负载作星形连接时，线电压必等于相电压。

答案：×

49. D5BJ00-Z13049. 三相电路中的线电流就是流过每根端线或火线中的电流。

答案：√

50. D5BJ00-Z13050. 在三相四线制电路中，为了防止三相短路，应该在三个相线和中线装设熔丝。

答案：×

51. D5BJ00-Z13051. 每相负载的端电压叫负载的相电压。

答案：√

52. D5BJ00-Z13052. 电器设备功率大，功率因数就大。

答案：×

53. D5BJ00-Z13053. 降低功率因数，对保证电力系统的经济运行和供电质量十分重要。

答案：×

54. D5BJ00-Z13054. 从中性点引出的导线叫中性线，又叫零线，当中性线直接接地时称为地线。

答案：√

55. D5BJ00-Z13055. 有中性线的三相供电方式叫三相四线制，它常用于低压配电系统。

答案：√

56. D5BJ00-Z13056. 不引出中性线的三相供电方式叫三相三线制，一般用于高压输电系统。

答案：√

57. D5BJ00-Z13057. 对于三相三线制电路不论其对称与不对称，都可用两表法测功率。

答案：√

58. D5BJ00-Z13058. 在三相四线制电路中，不能在中线上装设熔丝或开关。

答案：√

59. D5BJ00-Z13059. 三相交流对称电路中，如采用星形接线时，线电流等于相电流的$\sqrt{3}$倍。

答案：×

60. D5BJ00-Z13060. 中线的作用在于使星形连接的不对称负载的相电压对称。

答案：√

61. D5BJ00-Z13061. 串联谐振时，电路的阻抗最小，电流最大。

答案：√

62. D5BJ00-Z13062. 导磁性能较强的物质就称为铁磁物质。

答案：√

63. D5BJ00-Z13063. 实验证明，磁滞回线所包围的面积越小，磁滞损耗就越大。

答案：×

64. D5BJ00-Z13064. 一个元件经测量，其电阻为10MΩ，则该元件为绝缘体。

答案：×

65. D5BJ00-Z13065. 某表达式 $i=\sin(1000t+30°)$ 中，电流的瞬时值是1000A。

答案：×

66. D5BJ00-Z13066. 高斯定理：通过任意闭合曲面的电通量等于该闭合曲面所包围的所有电荷量的代数和与电常数之比。

答案：√

67. D5BJ00-Z13067. 两根平行放置导线，通过同向的直流电流时，两根导线会相互吸引。

答案：√

68. D5BJ00-Z13068. 欧姆定律是表示电压、电流、电阻三者之间关系的基本定律。

答案：√

69. D5BJ00-Z13069. 交流电压表可以用来测量相同的直流电压。

答案：×

70. D5BJ00-Z13070. 导体就是自由电子在物体中移动没有受到其他电子的阻碍，所以有良好的导电性能。

答案：×

71. D5BJ00-Z13071. 电机是一种进行机电能量转换或将电压、电流等级转换成另外一种电压、电流等级的装置。

答案：√

72. D5BJ00-Z13072. 变压器的效率在铁耗与铜耗相等时，达到最大值。

答案：√

73. D5BJ00-Z13073. 变压器一次侧接额定电压不变，则负载的主磁通比空载主磁通略大。

答案：×

74. D5BJ00-Z13074. 三相变压器绕组采用 Yd 连接时，共有 1，3，5，7，9，11 六个组号。

答案：√

75. D5BJ00-Z13075. 考虑到磁路的饱和时，如果变压器主磁通为正弦波，则产生主磁通励磁电流也是正弦波。

答案：×

76. D5BJ00-Z13076. 变压器的接线组别是表示高低压绕组之间相位关系的一种方法。

答案：√

77. D5BJ00-Z13077. 电流互感器一次和二次绕组间的极性，应按加极性原则标注。

答案：×

78. D5BJ00-Z13078. 三相五柱式电压互感器一般有两个二次绕组，一个接成星形，一个接成开口三角形。

答案：√

79. D5BJ00-Z13079. 变压器是一个很大的电感元件，运行时绕组中储藏电能，当切断空载变压器时，变压器中的电能将在断路器上产生一个过电压。

答案：√

80. D5BJ00-Z13080. 变压器的短路电压百分数，实际上此电压是变压器通电侧和短路侧的漏抗在额定电流下的压降。

答案：√

81. D5BJ00-Z13081. 电力系统中变压器和线路电阻中产生的损耗称可变损耗，它与负荷大小的平方成正比。

答案：√

82. D5BJ00-Z13082. 非常规互感器有两种基本类型：一种是电子式互感器；一种是光电效应的互感器。后者常用于数字化变电站中。

答案：√

83. D5BJ00-Z13083. 在空载投入变压器或外部故障切除后恢复供电等情况下，有可能产生很大的励磁涌流。

答案：√

84. D5BJ00-Z13084. 在大接地电流系统中，变压器中性点接地的数量和变压器在系统中的位置，是经综合考虑变压器的绝缘水平、降低接地短路电流、保证继电保护可靠动作等要求而决定的。

答案：√

85. D5BJ00-Z13085. 设 K 为电流互感器的变比，无论电流互感器是否饱和，其一次电流 I_1 与二次电流 I_2 始终保持 $I_2=I_1/K$ 的关系。

答案：×

86. D5BJ00-Z13086. 在带电的电压互感器二次回路上工作，应采取下列安全措施：①严格防止电压互感器二次侧短路或接地。工作时应使用绝缘工具，戴手套，必要时停用有关保护装置。②二次侧接临时负载，必须装有专用的刀开关和熔断器。

答案：√

87. D5BJ00-Z13087. 变压器各侧电流互感器型号不同，变流器变比与计算值不同，变压器调压分接头不同，所以在变压器差动保护中会产生暂态不平衡电流。

答案：×

88. D5BJ00-Z13088. 对 Y，d11 接线的变压器，当变压器 d 侧出口故障，Y 侧绕组低电压保护接相间电压，不能正确反映故障相间电压。

答案：√

89. D5BJ00-Z13089. 对三绕组变压器的差动保护各侧电流互感器的选择，应按各侧的实际容量来选择电流互感器的变比。

答案：×

90. D5BJ00-Z13090. 考虑铁耗时，变压器的励磁电流同其产生的主磁通同相位。

答案：×

91. D5BJ00-Z13091. 逻辑函数 Y＝A＋B，读作：函数 Y 等于 A 或 B。

答案：√

92. D5BJ00-Z13092. 逻辑函数 Y＝A·B，读作：函数 Y 等于 A 与 B。

答案：√

93. D5BJ00-Z13093. 逻辑函数 Y＝A＋B，读作：函数 Y 等于 A 与 B。

答案：×

94. D5BJ00-Z13094. 水能、风能、潮汐能和太阳能等属于可再生能源。

答案：√

95. D5BJ00-Z13095. 变电站内的变压器将系统电压升高或降低，以便于输送或利用。

答案：√

96. D5BJ00-Z13096. 把电能分别送到多个用户的线路网络，称为电力网。

答案：×

97. D5BJ00-Z13097. 电力系统的电气接线图，就是以规定符号代表电力系统的元件实际地理位置。

答案：√

98. D5BJ00-Z13098. 受电器的额定电压比电力线路的额定电压低5%。

答案：×

99. D5BJ00-Z13099. 输电线路的参数有电阻、电抗、电纳和电导等。

答案：√

100. D5BJ00-Z13100. 系统无功管理采用就地平衡的原则。

答案：√

101. D5BJ00-Z13101. 只有在系统无功充足时，才能通过变压器的调压开关调整电压。

答案：√

102. D5BJ00-Z13102. 发电机额定电压按规定应高于同级电网额定电压5%。

答案：√

103. D5BJ00-Z13103. 串联在线路上的补偿电容器是为了补偿无功。

答案：×

104. D5BJ00-Z13104. 正序电压是越靠近故障点，数值越小，负序电压和零序电压是越靠近故障点数值越大。

答案：√

105. D5BJ00-Z13105. 系统振荡时，线路发生断相，零序电流与两侧电势角差的变化无关，与线路负荷电流的大小有关。

答案：×

106. D5BJ00-Z13106. 在大接地电流系统中，线路始端发生两相金属性短路接地时，零序方向电流保护中的方向元件将因零序电压为零而拒动。

答案：×

107. D5BJ00-Z13107. 当选择不同的电位参考点时，各点的电位值是不同的值，两点间的电位差是不变的。

答案：√

108. D5BJ00-Z13108. Yn，d11接线的变压器低压侧发生bc两相短路时，高压侧B相电流是其他两相电流的2倍。

答案：×

109. D5BJ00-Z13109. 电流互感器不完全星形接线，不能反映所有的接地故障。

答案：√

110. D5BJ00-Z13110. 电压互感器开口三角形绕组的额定电压，在大接地系统中为100/3V。

答案：×

111. D5BJ00-Z13111. 由于助增电流（排除外汲情况）的存在，使距离保护的测量阻抗增大，保护范围缩小。

答案：√

112. D5BJ00-Z13112. 电流互感器完全星形接线，在三相和两相短路时，零导线中有不平衡电流存在。

答案：√

113. D5BJ00-Z13113. 小接地系统发生单相接地时，故障相电压为0，非故障相电压上升为线电压。

答案：√

114. D5BJ00-Z13114. 零序电流的分布，与系统的零序网络无关，而与电源的数目有关。

答案：×

115. D5BJ00-Z13115. 当线路出现不对称断相时，因为没有发生接地故障，所以线路没零序电流。

答案：×

116. D5BJ00-Z13116. 在串联谐振电路中，电感和电容的电压数值相等，方向相反。

答案：√

117. D5BJ00-Z13117. 对称分量法就是将一组不对称的三相电压或电流分解为正序、负序和零序三组对称的电压或电流，例如：

$$\dot{U}_A = \dot{U}_{A1} + \dot{U}_{A2} + \dot{U}_{A0}$$

$$\dot{U}_B = \alpha^2\dot{U}_{A1} + \alpha\dot{U}_{A2} + \dot{U}_{A0}$$

$$\dot{U}_C = \alpha\dot{U}_{A1} + \alpha^2\dot{U}_{A2} + \dot{U}_{A0}$$

其中 α 是运算子，表示将某相量反时针旋转 120°。

答案：√

118. D5BJ00-Z13118. 电力系统发生振荡时，任一点电流与电压的大小，随着两侧电动势周期性的变化而变化。当变化周期小于该点距离保护某段的整定时间时，则该段距离保护不会误动作。

答案：√

119. D5BJ00-Z13119. 当 Y，d 接线的变压器三角形侧发生两相短路时，变压器另一侧三相电流是不相等的，其中两相的只为第三相的一半。

答案：√

120. D5BJ00-Z13120. 在大接地电流系统中，线路的相间电流速断保护比零序速断保护的范围大得多，这是因为线路的正序阻抗值比零序阻抗值小得多。

答案：×

121. D5BJ00-Z13121. 如果不考虑电流和线路电阻，在大电流接地系统中发生接地短路时，零序电流超前零序电压 90°。

答案：√

122. D5BJ00-Z13122. 在系统振荡过程中，系统电压最高点叫振荡中心，它位于系统综合阻抗的 1/2 处。

答案：×

123. D5BJ00-Z13123. Y，yn 接线变压器的零序阻抗比 Yn，d 接线的大得多。

答案：√

124. D5BJ00-Z13124. 空载长线路充电时，末端电压会升高。这是由于对地电容电流在线路自感电抗上产生了压降。

答案：√

125. D5BJ00-Z13125. 在负序网络或零序网络中，只在故障点有电动势作用于网络，所以故障点有时称为负序或零序电流的发生点。

答案：√

126. D5BJ00-Z13126. 故障点零序综合阻抗小于正序综合阻抗（负序综合阻抗等于正序综合阻抗）时，单相接地电流大于三相短路电流。

答案：√

127. D5BJ00-Z13127. 电力系统的负荷是指在各种用电设备中消耗的有功功率。

答案：×

128. D5BJ00-Z13128. 造成用户电压偏低的原因之一是无功功率不足。

答案：√

129. D5BJ00-Z13129. 电力系统的负荷是指在各种用电设备中消耗的有功功率。

答案：×

130. D5BJ00-Z13130. 维持电力系统正常工作状态的措施是：①安装继电保护装置；②安装自动装置。

答案：√

131. D5BJ00-Z13131. 绝缘材料在电场作用下，尚未发生绝缘结构的击穿时，其表面或与电极接触的空气中发生的放电现象，称为绝缘闪络。

答案：√

132. D5BJ00-Z13132. 爬电距离指沿绝缘表面测得的两个导电器件之间或导电器件与设备界面之间的最短距离。

答案：√

133. D5BJ00-Z13133. 系统发生单相接地故障时，不能进行自动跟踪接地补偿装置的调节操作，禁止对接地变压器进行投、切操作。

答案：√

134. D5BJ00-Z13134. 系统无功功率不足，电网频率就会降低。

答案：×

135. D5BJ00-Z13135. 电网电压的质量与电力系统的无功功率有关。

答案：√

136. D5BJ00-Z13136. 小电流接地系统中的并联电容器可采用中性点不接地的星形接线。

答案：√

137. D5BJ00-Z13137. 电力系统在很小的干扰下，能独立恢复到原状态的能力，称为静态稳定。

答案：√

138. D5BJ00-Z13138. 在大接地电流系统中，任何一点发生单相接地短路，便会出现零序电流和零序电压。

答案：√

139. D5BJ00-Z13139. 运行经验表明，在各项短路中，三相短路故障最多。

答案：×

140. D5BJ00-Z13140. 负荷曲线是指把有功和无功负荷随时间的变化情况用图形来表示。

答案：√

141. D5BJ00-Z13141. 无功功率的并联补偿设备主要有静止电容器、调相机等。

答案：√

142. D5BJ00-Z13142. 系统的电压稳定即负荷的稳定问题属于暂态稳定问题。

答案：×

143. D5BJ00-Z13143. 在环形网络潮流中，其有功分点与无功分点总是重合的。

答案：×

144. D5BJ00-Z13144. 所用电流互感器和电压互感器的二次绕组应有永久性的、可靠的保护接地。

答案：√

145. D5BJ00-Z13145. 油浸式变压器中变压器油的作用仅仅是绝缘。

答案：×

146. D5BJ00-Z13146. 吸湿器中盛装硅胶等吸附剂，用以过滤吸入储油柜内空气中的杂质和水分。

答案：√

147. D5BJ00-Z13147. 变压器按磁路的结构分类为芯式变压器和组式变压器。

答案：√

148. D5BJ00-Z13148. 气体继电器安装在储油柜与油箱之间的联通管里，是变压器内部故障的保护装置。

答案：√

149. D5BJ00-Z13149. 气体（瓦斯）继电器既能反应油箱内部故障又能反应油箱外的部分故障。

答案：×

150. D5BJ00-Z13150. 对于中小型变压器，投入运行后每隔 3 年应大修一次。

答案：×

151. D5BJ00-Z13151. 变压器上所有管路阀门在变压器运行时应处于关闭状态。

答案：×

152. D5BJ00-Z13152. 变压器中的油起传输电能及冷却的作用。

答案：×

153. D5BJ00-Z13153. 变压器装设防爆管是为了防止变压器带负荷后油位过高。

答案：×

154. D5BJ00-Z13154. 为了使变压器铁芯可靠接地，可以增装接地点。

答案：×

155. D5BJ00-Z13155. 电流互感器二次回路开路，可能会在二次绕组两端产生高压，危及人身安全。

答案：√

156. D5BJ00-Z13156. 电流互感器极性接反，将可能发生误测，继电保护误动或拒动。

答案：√

157. D5BJ00-Z13157. 电压互感器的二次不允许接地。

答案：×

158. D5BJ00-Z13158. 单相半波整流电路中，二极管承受的电流，等于负载电流。

答案：√

159. D5BJ00-Z13159. 单相桥式整流电路中，二极管承受的电流，等于负载电流 1/2。

答案：√

160. D5BJ00-Z13160. 单相桥式整流电路中，二极管承受的电流，等于负载电流。

答案：×

161. D5BJ00-Z13161. 晶闸管的门极，既可控制导通，也可控制关断。

答案：×

162. D5BJ00-Z13162. 晶闸管的门极，只可控制导通，不可控制关断。

答案：√

163. D5BJ00-Z13163. 三极管属于电流控制的电流源。

答案：√

164. D5BJ00-Z13164. 三极管属于电压控制的电流源。

答案：×

165. D5BJ00-Z13165. 三极管工作在饱和区，输出电流与输入电流无关。

答案：√

166. D5BJ00-Z13166. 电容滤波适合于负载变动不大，电流较小的场合。

答案：√

167. D5BJ00-Z13167. 电感滤波适合于负载变动较大，电流较大的场合。

答案：√

168. D5BJ00-Z13168. *LC* Ⅱ型滤波电路中，*L* 与负载串联，*C* 与负载并联。

答案：√

169. D5BJ00-Z13169. *LC* Γ型滤波电路中，*L* 与负载串联，*C* 与负载并联。

答案：√

170. D5BJ00-Z13170. 本征半导体掺杂少量三价元素，形成 P 型半导体。

答案：√

171. D5BJ00-Z13171. 本征半导体掺杂少量五价元素，形成 P 型半导体。

答案：×

172. D5BJ00-Z13172. P 型半导体中，电子为多数载流子。

答案：×

173. D5BJ00-Z13173. N 型半导体中，空穴为多数载流子。

答案：×

174. D5BJ00-Z13174. 二极管的导电特性，即是 PN 结的单向导电性。

答案：√

175. D5BJ00-Z13175. 当 P 区接高电位，N 区接低电位，二极管导通。

答案：√

176. D5BJ00-Z13176. 当 P 区接低电位，N 区接高电位，二极管导通。

答案：×

177. D5BJ00-Z13177. 电动机的额定功率是指额定运行时从电源输入的电功率。

答案：×

178. D5BJ00-Z13178. 一台并励直流电动机，若改变电源极性，则电机转向也改变。

答案：×

179. D5BJ00-Z13179. 三相异步电动机的旋转方向决定于定子绕组中通入的三相电流的相序。

答案：√

180. D5BJ00-Z13180. 与同容量的变压器相比较，异步电动机的空载电流小。

答案：×

181. D5BJ00-Z13181. Y-D 降压起动适用于正常运行时定子绕组为星形接线的笼型异步电动机。

答案：×

182. D5BJ00-Z13182. 变极调速时必须同时改变加在定子绕组上电源的相序。

答案：√

183. D5BJ00-Z13183. 变频调速过程中按 $U_1/f_1=$ 常数的控制方式进行控制，可以实现恒功率调速。

答案：×

184. D5BJ00-Z13184. 异步电动机的功率小于 7.5kW 时都允许直接起动。

答案：√

185. D5BJ00-Z13185. 变压器的二次额定电压是指当一次侧加额定电压，二次侧开路时的空载电压值。

答案：√

186. D5BJ00-Z13186. 变压器在一次侧外加额定电压不变的条件下，二次侧电流大，导致一次侧电流也大，因此变压器的主磁通也大。

答案：×

187. D5BJ00-Z13187. 直流电动机的电磁转矩是驱动性质的，因此稳定运行时，大的电磁转矩对应的转速就高。

答案：×

188. D5BJ00-Z13188. 三相异步电动机当转子不动时，转子绕组电流的频率与定子电流的频率相同。

答案：√

189. D5BJ00-Z13189. 三相绕线转子异步电动机转子回路串入电阻可以增大起动转矩，串入电阻值越大，起动转矩也越大。

答案：×

190. D5BJ00-Z13190. 接地装置的接地电阻值越小越好。

答案：√

191. D5BJ00-Z13191. 避雷器的均压环，主要以其对各节法兰的电容来实现均压的。

答案：√

192. D5BJ00-Z13192. 避雷针与接地网连接点至变压器与接地网的地下连接点沿接地体的距离不得小于 1m。

答案：×

193. D5BJ00-Z13193. 绝缘子按结构可分为柱式（支柱）绝缘子、悬式绝缘子、防污型绝缘子和套管绝缘子。

答案：√

194. D5BJ00-Z13194. 消弧线圈的作用是当电网发生单相接地故障后，提供一电感电流，补偿接地电容电流，使接地电流减小。

答案：√

195. D5BJ00-Z13195. P 型半导体中，空穴为多数载流子。

答案：√

196. D5BJ00-Z13196. 硅胶变成红色，表示吸潮达到饱和状态。

答案：√

197. D5BJ00-Z13197. 变压器油枕中油面高度应超过箱盖和套管的高度。

答案：√

198. D5BJ00-Z13198. 电流互感器一次匝数很多，二次匝数很少。

答案：×

199. D5BJ00-Z13199. 电压互感器的低压熔断器是防止电压互感器本身短路的。

答案：×

200. D5BJ00-Z13200. 三相异步电动机的变极调速只能用在笼型转子电动机上。

答案：√

201. D5BJ00-Z13201.《中华人民共和国安全生产法》规定：生产经营单位的主要负责人对本单位的安全生产工作全面负责。

答案：√

202. D5BJ00-Z13202. 任何生产经营单位的从业人员，未经安全生产培训合格，均不得上岗作业。

答案：√

203. D5BJ00-Z13203. 所有生产经营单位都必须将本单位的重大危险源报当地人民政府负责安全生产监督管理的部门备案。

答案：√

204. D5BJ00-Z13204. 不依法进行安全评价的企业，不能获得安全生产许可证。

答案：√

205. D5BJ00-Z13205. 生产经营单位的次要负责人对本单位的安全生产工作全面负责。

答案：×

206. D5BJ00-Z13206. 生产经营单位发生生产安全事故后，事故现场有关人员应当立即调查后报告本单位负责人。

答案：×

207. D5BJ00-Z13207. 电力生产与电网运行应当遵循安全、可靠的原则。电网运行应当保证供电可靠性。

答案：√

208. D5BJ00-Z13208. 电力企业应当加强安全生产管理，坚持"安全第一、预防为主"的方针，建立、健全安全生产责任制度。

答案：√

209. D5BJ00-Z13209. 电力发展规划应当根据国民经济和社会发展的需要制定，并纳入国民经济和社会发展计划。电力发展规划，应当体现合理利用能源、电源与电网配套发展，提高经济效益和有利于环境保护的原则。

答案：√

210. D5BJ00-Z13210. 电网运行实行统一调度、分级管理。任何单位和个人不得非法干预电网调度。

答案：√

211. D5BJ00-Z13211. 国家对电力供应和使用，实行安全用电、节约用电、计划用电的管理原则。电力供应与使用办法由各级政府依照本法的规定制定。

答案：×

212. D5BJ00-Z13212. 电力供应与使用双方应当根据平等自愿、协商一致的原则，按照国务院制定的电力供应与使用办法签订供用电合同，确定双方的权利和义务。

答案：√

213. D5BJ00-Z13213. 供电企业和用户应当遵守国家有关规定，采取有效措施，做好安全用电、节约用电和计划用电工作。

答案：√

214. D5BJ00-Z13214. 任何单位不得超越电价管理权限制定电价。供电企业可以变更电价。

答案：×

215. D5BJ00-Z13215. 电力设施与公用工程、绿化工程和其他工程在新建、改建或者扩建中相互

妨碍时，有关单位应当按照国家有关规定协商，达成协议后方可施工。

答案：√

216. D5BJ00-Z13216. 电力管理部门依法对电力企业和用户执行电力法律、行政法规的情况进行监督检查。

答案：√

217. D5BJ00-Z13217. 工作票应使用统一的票面格式。

答案：√

218. D5BJ00-Z13218. 工作票一份交工作负责人，另一份交工作票签发人。

答案：×

219. D5BJ00-Z13219. 在电气设备上工作，保证安全的技术措施由运行人员或有操作资格的人员执行。

答案：√

220. D5BJ00-Z13220.《中华人民共和国安全生产法》所说的“负有安全生产监督管理职责的部门”就是指各级安全生产监督管理部门。

答案：×

221. D5BJ00-Z13221.《中华人民共和国安全生产法》规定国家实行生产安全事故责任追究制度，依照《中华人民共和国安全生产法》和有关法律、法规的规定追究生产安全事故责任人的行政责任。

答案：×

222. D5BJ00-Z13222. 禁止任何单位和个人危害电力设施安全或者非法侵占、使用电能。

答案：√

223. D5BJ00-Z13223. 按照部颁反措要点要求，保护跳闸连接片的安装方法是：处于跳闸位置时，连接片的开口端应该装在上方，保护装置的出口跳闸接点回路应接至连接片的下方。

答案：√

224. D5BJ00-Z13224. 用户用电不得危害供电、用电安全和扰乱供电、用电秩序。

答案：√

225. D5BJ00-Z13225. 工作许可人在完成施工作业现场的安全措施后，即可许可工作。

答案：×

226. D5BJ00-Z13226. 电力生产单位开展安全性评价时，对现有评价标准没有覆盖到的生产现场运行设备、各项反事故措施、运行规程和规定等内容可不用管。

答案：×

227. D5BJ00-Z13227. 在高压回路上工作，需要拆除部分接地线应征得运行人员或值班调度员的许可，工作完毕后立即恢复。

答案：√

228. D5BJ00-Z13228. 若室外只有个别地点设备带电，可在其四周装设全封闭遮栏，遮栏上悬挂适当数量朝向外面的“止步，高压危险！”标示牌。

答案：√

229. D5BJ00-Z13229. 雷雨天气严禁巡视室外高压设备。

答案：×

230. D5BJ00-Z13230. 对危害供电、用电安全和扰乱供电、用电秩序的，供电企业有权停电。

答案：×

四、计算题：D5BJ00-Z14001～D5BJ00-Z14030

1. D5BJ00-Z14001. 一星形三线制电路中 $Z_A=Z_B=Z_C=100\Omega$，线电压为 380V，现 Z_A 被短路。试求此时流过 Z_B 和 Z_C 的电流。(10 分)

解：由于 Z_A 短路，故 Z_B 和 Z_C 的电压变为线电压，则（2 分）

$$I_B=I_C=\frac{U_l}{Z_B}=\frac{U_l}{Z_C}=\frac{380}{100}=3.8(\text{A})\quad(6\text{ 分})$$

答：此时流过 Z_B 和 Z_C 的电流是 3.8A。(2 分)

2. D5BJ00-Z14002. 一对称三相四线制电路，每相负载阻抗 $Z=40+j30\Omega$，端线阻抗不计，电源线电压为 380V。试求三相负载的相电压、相电流及线电流。(10 分)

解：$|Z|=\sqrt{R^2+X_L^2}=\sqrt{40^2+30^2}=50$（Ω）（4 分）

$$U_P=\frac{U_l}{\sqrt{3}}=\frac{380}{\sqrt{3}}=220(\text{V})\quad(2\text{ 分})$$

$$I_l=I_P=\frac{U_P}{|Z|}=\frac{220}{50}=4.4(\text{A})\quad(2\text{ 分})$$

答：三相负载的相电压 220V，相电流与线电流相等为 4.4A。(2 分)

3. D5BJ00-Z14003. 有一铜导线，其长度 $L=10\text{km}$，截面 $S=20\text{mm}^2$，经查表知铜在温度 20℃ 时的电阻率为 $0.0175\Omega\cdot\text{mm}^2/\text{m}$，试求此导线在温度 30℃时的电阻值是多少（铜的温度系数为

0.004/℃)。

解:铜导线在20℃时的电阻值为多少?(10分)

$$R_{20}=\rho\frac{L}{S}=0.0175\frac{10\times10^3}{20}=8.75(\Omega)\quad(4分)$$

在30℃时铜导线的电阻值为

$$R_{30}=R_{20}[1+\alpha(t_2-t_1)]\quad(2分)$$
$$=8.75\times[1+0.004\times(30-20)]$$
$$=9.1(\Omega)\quad(2分)$$

答:电阻值为9.1Ω。(2分)

4. D5BJ00-Z14004. 已知电路如图所示,其中电阻以及电流的数值和方向都标注在图中。若设 $U_E=0V$,试求 U_A、U_B、U_C 为多少V?(10分)

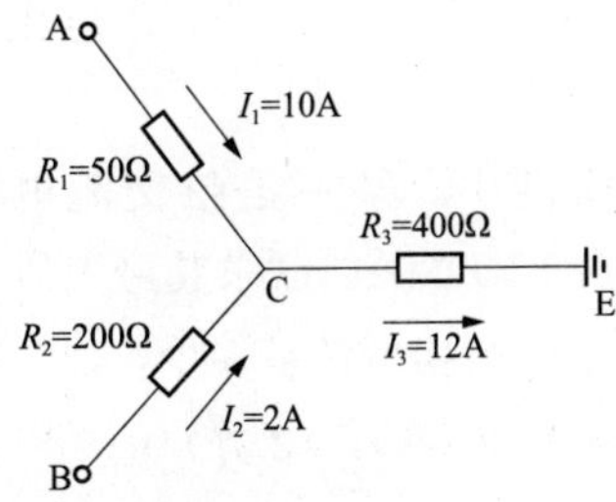

题D5BJ00-Z14004图

解:因为 $U_E=0$,则

$$U_C=R_3I_3\quad(2分)$$
$$=400\times12=4800(V)\quad(1分)$$
$$U_B=U_C+R_2I_2\quad(2分)$$
$$=4800+200\times2\quad(1分)$$
$$=5200(V)$$
$$U_A=U_C+I_1R_1\quad(2分)$$
$$=4800+50\times10\quad(1分)$$
$$=5300(V)$$

答:U_A 为5300V,U_B 为5200V,U_C 为4800V。(1分)

5. D5BJ00-Z14005. 求下图电路的等效电阻值。(10分)

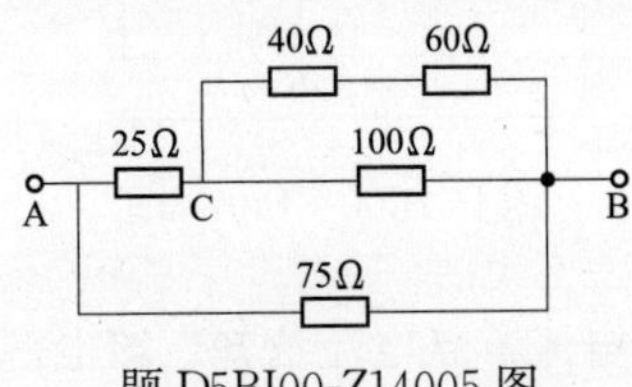

题D5BJ00-Z14005图

解:$R_{CB}=\frac{(40+60)\times100}{40+60+100}=50\ (\Omega)$ (4分)

$$R_{AB}=\frac{(50+25)\times75}{50+25+75}=37.5\ (\Omega)\quad(4分)$$

答:等效电阻为37.5Ω。(2分)

6. D5BJ00-Z14006. 在图中,若 $E_1=12V$,$E_2=10V$,$R_1=2\Omega$,$R_2=1\Omega$,$R_3=2\Omega$,求 R_3 中的电流。(10分)

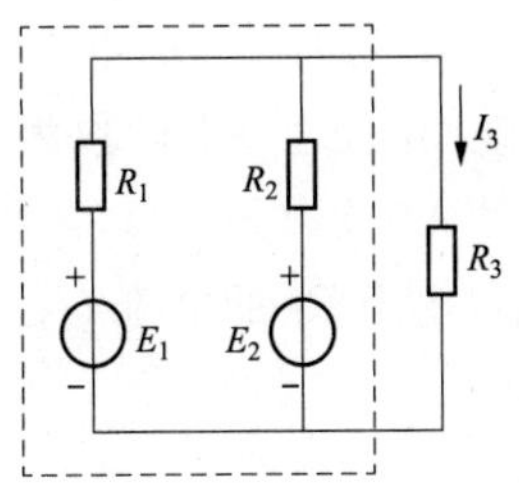

题D5BJ00-Z14006图

解:将 R_3 开断,求 R_3 两端空载电压 U_0。

因为 $E_1-E_2=IR_1+IR_2$ (1分)

$$I=\frac{E_1-E_2}{R_1+R_2}=\frac{2}{3}(A)\quad(2分)$$

故 $U_0=E_1-IR_1$ (1分)

$$=12-2\times\frac{2}{3}$$
$$=10.67\ (V)\quad(1分)$$

等效内阻 $R_n=\frac{R_1R_2}{R_1+R_2}=\frac{2}{3}=0.67\ (\Omega)$ (2分)

R_3 中电流 $I_3=\frac{10.67}{2.67}\approx4\ (A)$ (2分)

答:R_3 中电流为4A。(1分)

7. D5BJ00-Z14007. 若 $U=220V$,$E=214V$,$r=0.003\Omega$,其接线如图所示,试确定在正常状态下和短路状态下的电流。(10分)

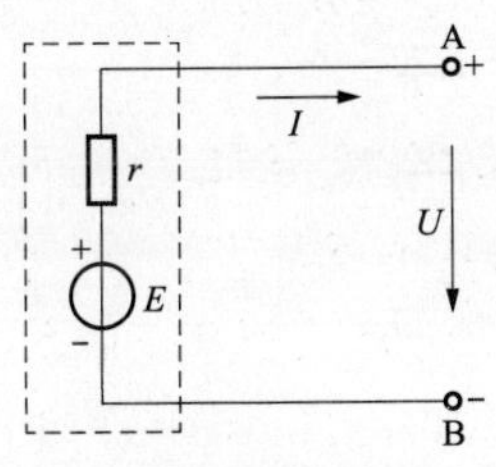

题D5BJ00-Z14007图

解:当正常工作时,因外电压 $U=220V$,其高于电动势 E,故电池正处于充电状态,充电电流为图中所示的反方向,其值为

$$I=\frac{U-E}{r}=\frac{220-214}{0.003}=2000(A)\quad(4分)$$

当A、B间发生短路时,$U=0$,电池正处于放电状态,短路电流 I_k 的方向与图中电流 I 的方向相

同，I_k 的数值为

$$I_k = \frac{E}{r} = \frac{214}{0.003} = 7.13(\text{kA}) \quad (4\text{分})$$

答：正常状态下电流为 2000A，短路状态下为 7.13kA。(2 分)

8. D5BJ00-Z14008. 如图所示电路。已知 $R_1=6\Omega$，$R_2=3.8\Omega$。电流表 A1 读数为 3A（内阻为 0.2Ω），电流表 A2 读数为 9A（内阻为 0.19Ω）。试求：(1) 流过电阻 R_1 的电流 I_1；(2) 电阻 R_3 和流过它的电流 I_3。(10 分)

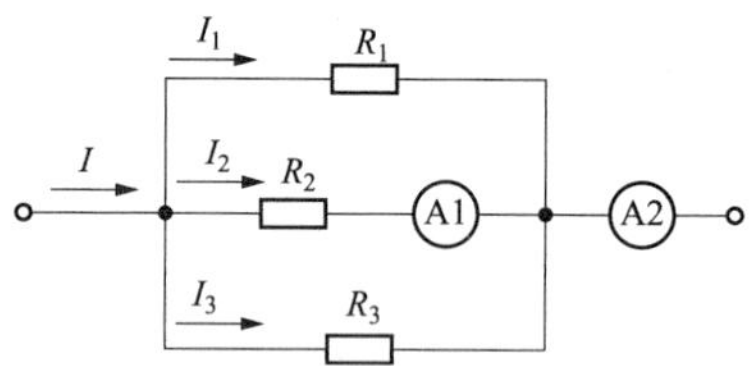

题 D5BJ00-Z14008 图

解：(1) 因为并联电路两端的电压为 U，则

$U=I_2(R_2+0.2)=3\times(3.8+0.2)=12(\text{V})$ (2 分)

所以，$I_1=U/R_1=12/6=2$ (A) (2 分)

(2) 流过电阻 R_3 的电流为

$I_3=9-(I_1+I_2)=9-(2+3)=4(\text{A})$ (2 分)

$R_3=U/I_3=12/4=3$ (Ω) (2 分)

答：I_1 为 2A，I_3 为 4A，R_3 为 3Ω。(2 分)

9. D5BJ00-Z14009. 如图所示，$R_1=R_2=R_3=R_4$，求等效电阻 R。(10 分)

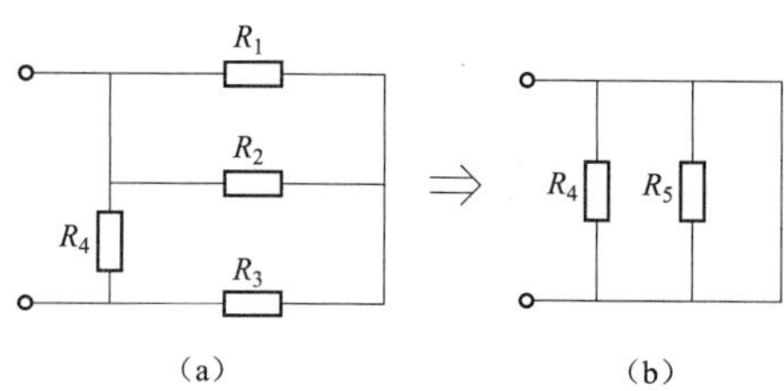

题 D5BJ00-Z14009 图

解：图（a）的等效电路为图（b），由图（b）可得

$R_5 = R_1\times R_2/(R_1+R_2)+R_3 = (3/2)R_1$ (4 分)

$R = R_5\times R_4/(R_5+R_4) = 3/5R_1$ (4 分)

答：等效电阻为 $0.6R_1$。(2 分)

10. D5BJ00-Z14010. 某导体在 5min 内均匀流过的电量 Q 为 4.5C，其电流强度 I 是多少？(10 分)

解：根据电流强度计算公式 (2 分)

$I=Q/t=4.5/5\times60=0.015$ (A) (6 分)

答：电流强度是 0.015A。(2 分)

11. D5BJ00-Z14011. 有一电源的电动势 $E=3\text{V}$，内阻 $r_0=0.4\Omega$，外电路电阻 $R=9.6\Omega$，求电源内部电压降 U_0 和端电压 U。(10 分)

解：根据全电路欧姆定律

$$I = E/(r_0+R) = 3/(0.4+9.6) = 0.3(\text{A}) \quad (2\text{分})$$

则内部电压降 U_0 为

$$U_0 = Ir_0 = 0.3\times0.4 = 0.12(\text{V}) \quad (3\text{分})$$

端电压 $U=IR=0.3\times9.6=2.88(\text{V})$ (3 分)

答：电源内部电压降为 0.12V，端电压为 2.88V。(2 分)

12. D5BJ00-Z14012. 某一正弦交流电的表达式 $i=\sin(1000t+30°)$ A，试求其最大值、有效值、角频率、频率和初相角各是多少？(10 分)

解：最大值 $i_m=1$ (A) (2 分)

有效值 $I=\frac{i_m}{\sqrt{2}}=\frac{1}{\sqrt{2}}=0.707$ (A) (2 分)

角频率 $\omega=1000$ (rad/s) (2 分)

频率 $f=\frac{\omega}{2\pi}=\frac{1000}{2\pi}(\text{Hz})=159$ (Hz) (2 分)

初相角 $\phi=30°$ (1 分)

答：该交流电的最大值为 1A、有效值为 0.707A、角频率为 1000rad/s、频率为 159Hz、初相角为 30°。(1 分)

13. D5BJ00-Z14013. 如图所示，已知 $E_1=4\text{V}$，$E_2=2\text{V}$，$R_1=R_2=10\Omega$，$R_3=20\Omega$，计算电路中 I_1、I_2、I_3 各等于多少？(10 分)

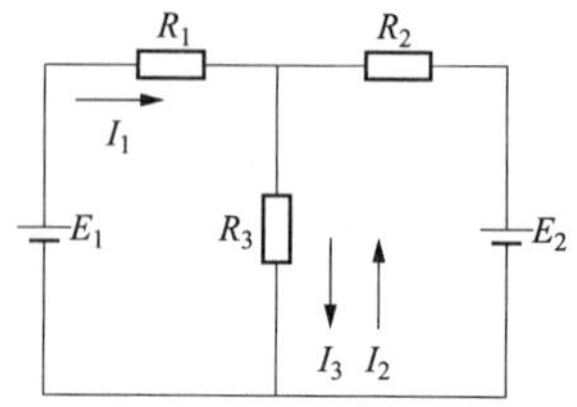

题 D5BJ00-Z14013 图

解：据回路电流节点电流法知，该电源的方向与图中方向一致，

$$\text{列方程：}\begin{cases} I_1+I_2=I_3 \\ E_1-I_1R_1-I_3R_3=0 \\ E_2-I_2R_2-I_3R_3=0 \end{cases} \quad (4\text{分})$$

代入数值解方程得：$\begin{cases} I_1=0.16\ (A) \\ I_2=-0.04\ (A)\ (4分) \\ I_3=0.12\ (A) \end{cases}$

答：电路中 I_1 为 0.16A，I_2 为 −0.04A，I_3 为 0.12A。(2 分)

14. D5BJ00-Z14014. 有一功率 P 为 400kW 的负载，功率因数 $\cos\varphi$ 为 0.8，试求该负载在 $t=0.25$h 内所消耗的电能 A、视在功率 S 和无功功率 Q。(10 分)

解：$A=Pt=400\times0.25=100$(kWh) (1 分)

$S=\dfrac{P}{\cos\varphi}=\dfrac{400}{0.8}=500$(kVA) (4 分)

$Q=\sqrt{S^2-P^2}=\sqrt{500^2-400^2}$

$=300$(kvar) (4 分)

答：所消耗的电能为 100kWh，视在功率为 500kVA，无功功率为 300kvar。(1 分)

15. D5BJ00-Z14015. 有一线圈，若将它接在电压 U 为 220V，频率 f 为 50Hz 的交流电源上，测得通过线圈的电流 I 为 5A，求线圈的电感 L 的值。(10 分)

解：感抗 $X_L=U/I=220/5=44$ (Ω) (4 分)

$L=X_L/2\pi f=44/2\times3.14\times50=0.14$ (H) (4 分)

答：线圈的电感 L 为 0.14H。(2 分)

16. D5BJ00-Z14016. 有一线圈与一块交、直流两用电流表串联，在电路两端分别加 $U=100$V 的交、直流电压时，电流表指示分别为 $I_1=20$A 和 $I_2=25$A，求该线圈的电阻值和电抗值。(10 分)

解：加交流电压时的阻抗 $Z=U/I_1=100/20=5$ (Ω) (2 分)

加直流电压时的电阻 $R=U/I_2=100/25=4$ (Ω) (2 分)

则电抗 $X_L=\sqrt{Z^2-R^2}=\sqrt{5^2-4^2}=3$ (Ω) (4 分)

答：该线圈的电阻值和电抗值分别为 4Ω 和 3Ω。(2 分)

17. D5BJ00-Z14017. 已知某一正弦交流电流，在 $t=0.1$s 时，其瞬时值为 2A，初相角为 60°，有效值 I 为 $\sqrt{2}$A，求此电流的周期 T 和频率 f。(10 分)

解：最大值 $I_m=\sqrt{2}I=\sqrt{2}\times\sqrt{2}=2$ (A) (1 分)

因为 $2=2\sin(0.1\omega+60°)$ (1 分)

所以 $\sin(0.1\omega+60°)=1$ (2 分)

$\omega=\pi/0.6$ (1 分)

而 $\omega=2\pi f$ (1 分)

所以 $f=\omega/2\pi=0.833$ (Hz) (2 分)

周期 $T=1/f=1/0.833=1.2$ (s) (1 分)

答：此电流的周期和频率分别为 1.2s 和 0.833Hz。(1 分)

18. D5BJ00-Z14018. 如图所示的电磁机构控制回路，灯电阻、附加电阻、防跳电流线圈电阻、电缆二次线圈电阻总和即为总电阻 R_Σ。该总电阻上分配到的电源电压 U_1 为 187V，电源电压 U_Σ 为 220V，计算跳闸线圈电阻上的电压 U_2 为多少？该开关能否跳闸？(10 分)

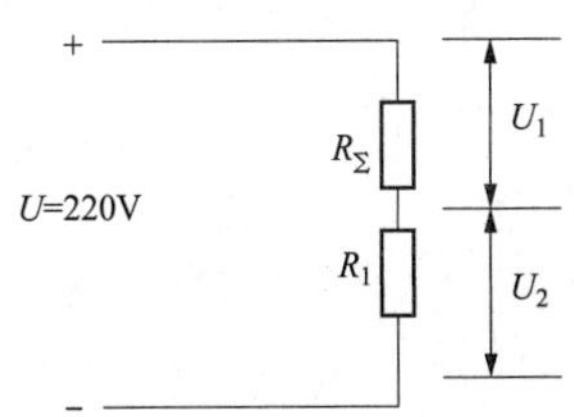

题 D5BJ00-Z14018 图

解：因为在串联电路中 $U_\Sigma=U_1+U_2$ (1 分)

所以 $U_2=U_\Sigma-U_1=220-187=33$ (V) (4 分)

根据规程规定，跳闸线圈最高不动作电压 U_1 为电源电压 U 的 30%，则 $U'=220\times30\%=66$ (V)

而 $U_2=33\text{V}<U'$ 故该开关不能跳闸。(4 分)

答：跳闸线圈电阻上电压为 33V，该开关不能跳闸。(1 分)

19. D5BJ00-Z14019. 在电容 C 为 50μF 的电容器上加电压 U 为 220V、频率 f 为 50Hz 的交流电，求无功功率 Q 为多少？(10 分)

解：容抗 $X_C=1/(2\pi fC)=1/(2\times3.14\times50\times50\times10^{-6})=63.69$ (Ω) (4 分)

$Q=U^2/X_C=220^2/63.69=759.9$ (var) (4 分)

答：无功功率为 759.9var。(2 分)

20. D5BJ00-Z14020. 一台交流接触器在交流电路中，电压 U 为 220V，电流 I 为 5A，功率 P 为 940W，求：(1) 电路功率因数 $\cos\varphi$；(2) 电路中无功功率 Q；(3) 电阻 R 和电感 L。(10 分)

解：(1) 因为视在功率 $S=UI=220\times5=1100$ (VA) (1 分)

所以 $\cos\varphi=P/S=940/1100=0.85$ (1 分)

(2) $Q=\sqrt{S^2-P^2}=\sqrt{1100^2-940^2}=571$ (var) (1 分)

(3) 因为 $P=I^2R$ (1 分)

所以 $R=P/I^2=940/5^2=37.6$（Ω）（1分）

又 $Q=I^2X_L$（1分）

所以感抗 $X_L=Q/I^2=571/5^2=22.84$（Ω）（1分）

而 $X_L=2\pi fL$（1分）

所以 $L=X_L/(2\pi f)=22.84/(2\times3.14\times5)=22.84/314=0.073$（H）（1分）

答：功率因数为0.85；无功功率为571var；电阻为37.6Ω，电感为0.073H。（1分）

21. D5BJ00-Z14021. 有一台电动机功率 P 为1.1kW，接在 $U=220$V 的工频电源上，工作电流 I 为10A，试求电动机的功率因数 $\cos\varphi$ 是多少？若电动机两端并联上一只 $C=79.5\mu$F 的电容器，试求功率因数 $\cos\varphi_1$。（10分）

解：$\cos\varphi=\dfrac{p}{S}=\dfrac{p}{UI}=\dfrac{1.1\times10^3}{220\times10}=0.5$（1分）

所以 $\varphi=60°$（1分）

根据公式 $C=\dfrac{p}{2\pi fU^2}(\tan\varphi-\tan\varphi_1)$（1分）

则 $\tan\varphi-\tan\varphi_1=\dfrac{2\pi fU^2C}{P}$（1分）

又 $\tan\varphi=\tan60°=1.732$（1分）

所以 $\tan\varphi_1=\tan\varphi-\dfrac{2\pi fU^2C}{P}$（1分）

$=1.732-\dfrac{2\times50\times3.14\times220^2\times79.5\times10^{-6}}{11\times10^3}$

$=0.634$（1分）

$\varphi_1=32.4°$（1分）

$\cos\varphi_1=\cos32.4°=0.84$（1分）

答：电动机的功率因数为0.5，并入电容后为0.84。（1分）

22. D5BJ00-Z14022. 有一台容量为2kVA的单相变压器，一次绕组电压 $U_1=380$V，频率 $f=50$Hz，二次绕组空载电压 $U_{20}=40$V。如果已知铁芯中磁通最大值 $\Phi_m=60\times10^{-4}$Wb，求一、二次绕组匝数 N_1 和 N_2。（10分）

解：一次绕组匝数

$$N_1=\frac{E_1}{4.44f\Phi_m}=\frac{U_1}{4.44f\Phi_m}$$

$$=\frac{380}{4.44\times50\times60\times10^{-4}}=285(\text{匝})\quad(4.5\text{分})$$

二次绕组匝数

$$N_2=\frac{E_2}{4.44f\Phi_m}=\frac{U_{20}}{4.44f\Phi_m}=\frac{40}{4.44\times50\times60\times10^{-4}}$$

$=30$（匝）（4.5分）

答：一、二次绕组匝数 N_1 和 N_2 分别为285匝和30匝。（1分）

23. D5BJ00-Z14023. 一台铭牌为10kV、80kvar的电力电容器，当测量电容器的电容量时，200V工频电压下电流为180mA，求实测电容值。（10分）

解：根据铭牌计算其标准电容量为

$C_N=Q/(U^2\omega)$（1.5分）

$=(80\times10^3)/(10\,000^2\times100\pi)\times10^6$（2分）

$=2.54(\mu\text{F})$（1分）

根据测试结果，实测电容量为

$C=I/(U\omega)$（1.5分）

$=180\times10^3/(200\times100\pi)\times10^6$（2分）

$=2.86(\mu\text{F})$（1分）

答：实测电容值为2.86μF。（1分）

24. D5BJ00-Z14024. 一台三相电力变压器，$S_N=100$kVA，$U_{1N}/U_{2N}=10\,000/400$V，Yd连接组，求一、二次侧额定电流及额定相电流。（10分）

解：原、副边额定电流：

$$I_{1N}=\frac{S_N}{\sqrt{3}U_{1N}}=\frac{100\,000}{\sqrt{3}\times10\,000}=5.77(\text{A})\quad(2.5\text{分})$$

$$I_{2N}=\frac{S_N}{\sqrt{3}U_{2N}}=\frac{100\,000}{\sqrt{3}\times400}=144.25(\text{A})\quad(2.5\text{分})$$

一、二次侧额定相电流：

$I_{1N\varphi}=5.77(\text{A})$（2分）

$I_{2N\varphi}=144.25/\sqrt{3}=83.3(\text{A})$（2分）

答：原、副边额定电流及额定相电流为5.77A、144.25A、5.77A、83.3A。（1分）

25. D5BJ00-Z14025. 起吊一台变压器的大罩，其质量 Q 为11t，钢丝绳扣与吊钩垂线成30°，四点起吊，求钢丝绳受多大的力？（10分）

解：根据题意，钢绳受力为

$$S=\frac{Q}{4\cos\varphi}=\frac{11\times10^3\times9.8}{4\times\cos30°}$$

$$=\frac{11\,000\times9.8}{2\times\sqrt{3}}\quad(7\text{分})$$

$=31\,119(\text{N})=31(\text{kN})$（2分）

答：钢丝绳受31kN的力。（1分）

26. D5BJ00-Z14026. 聚氯乙烯绝缘软铜线的规格为 $n=7$ 股，每股线径 D 为1.7mm，长度 L 为200m，求其电阻是多少（铜的电阻率 $\rho=1.84\times10^{-8}$Ωm）？（10分）

解：铜线截面积

$S=n(\pi r^2)=7\times3.14\times\left(\frac{1.7}{2}\right)^2$ （3.5 分）

$=15.88(mm^2)$ （1 分）

$R=\frac{L}{S}\rho=\frac{200}{15.88\times10^{-6}}\times1.84\times10^{-8}$（3.5 分）

$=0.23(\Omega)$（1 分）

答：软铜线电阻为 0.23Ω。（1 分）

27. D5BJ00-Z14027. 二次回路电缆全长 L 为 200m，电阻系数 ρ 为 1.75×10^{-8} Ωm，母线电压 U 为 220V，电缆允许压降为 5%，合闸电流 I 为 100A，求合闸电缆的截面积 S 为多少？（10 分）

解：因为电缆允许压降 $\Delta U=220\times5/100=11$（V）（3.5 分）

电缆电阻 $R=\rho L/S$（1 分）

$\Delta U=IR=I\rho L/S$（1 分）

所以 $S=IL\rho/\Delta U=100\times200\times1.75\times10^{-8}\times10^6/11\approx32$（$mm^2$）（3.5 分）

答：合闸电缆截面积为 $32mm^2$。（1 分）

28. D5BJ00-Z14028. 断路器铭牌上表示的额定电压 U 为 110kV，遮断容量 S 为 3500MVA，若使用在电压 $U_1=60$kV 的系统上，遮断容量为多少？（10 分）

解：因为遮断容量 $S=\sqrt{3}UI$ （2 分）

$I=S/(\sqrt{3}U)=3\,500\,000/(\sqrt{3}\times110)=18\,370$（A）（3 分）

使用在 60kV 系统上时 $S'=\sqrt{3}U_1I=\sqrt{3}\times60\times18\,370$（3 分）

$=1909$（MVA）（1 分）

答：使用在 60kV 系统上的遮断容量为 1909MVA。（1 分）

29. D5BJ00-Z14029. 在倾斜角 $\alpha=30°$的斜面上，放置一个质量 m 为 100kg 的设备，在不计算摩擦力的情况下，斜面所承受的垂直压力 P 是多少？沿斜面下滑力 S 是多少？（10 分）

解：物体受力情况如图所示

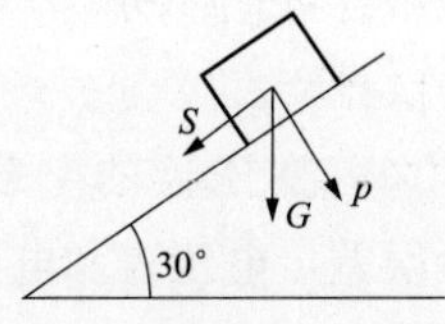

题 D5BJ00-Z14029 图

物体重力 $G=mg=100\times10=1000$（N） （3 分）

$P=G\cos30°=1000\times1.732=866$（N） （3 分）

$S=G\sin30°=1000/2=500$（N） （3 分）

答：斜面所承受的垂直压力 866N，沿斜面下滑力为 500N。（1 分）

30. D5BJ00-Z14030. 一台单相变压器，电压为 35/10kV，低压绕组匝数 N_1 是 126 匝，计算高压绕组匝数 N_2。

解：已知 $U_1=35$kV，$U_2=10$kV，据公式 $U_1/U_2=N_1/N_2$ （3 分）

$35/10=N_1/126$ （3 分）

所以 $N_1=35\times126/10=441$（匝） （3 分）

答：高压绕组匝数为 441 匝。（1 分）

五、简答题：D5BJ00-Z15001～D5BJ00-Z15065

1. D5BJ00-Z15001. 电路由哪几部分组成？各部分在电路中起什么作用？（5 分）

答：电路由 4 部分组成：（1 分）

电源：指发电设备或其他电源，作用是把其他形式的能转变为电能。（1 分）

负载：指用电设备，作用是把电能转变为其他形成的能。（1 分）

辅助设备：如断路器、线路保护等设备，起控制保护等作用。（1 分）

导线：连接电源、负载、辅助设备等而构成电路。（1 分）

2. D5BJ00-Z15002. 什么是电流？其方向是如何规定的？（5 分）

答：在电场力的作用下，电荷有规则地定向移动形成电流，正电荷移动的方向作为电流的正方向。（5 分）

3. D5BJ00-Z15003. 何谓正弦交流电？（5 分）

答：电路中的电流、电压、电动势的大小和方向均随着时间按正弦函数规律变化。这种随着时间作正弦周期变化的电流、电压和电动势叫做正弦交流电。（5 分）

4. D5BJ00-Z15004. 何谓交流电的周期、频率、角频率？（5 分）

答：交流电完成一次全循环所需要的时间叫做周期，用 T 表示，单位是秒（s）。（1 分）

在单位时间内（1s）交流电完成全循环的次数叫做频率，用 f 表示，单位是赫兹（Hz）。（2 分）

在单位时间内，交流电变化的电气角度叫做角频率，用 ω 表示，单位是 rad/s。（2 分）

5. D5BJ00-Z15005. 交流电和直流电有何区别？（5 分）

答：直流电是方向不随时间变化的电流（2 分）。

交流电是大小和方向随时间作周期性变化的电流。（3 分）

6. D5BJ00-Z15006. 什么叫三相交流电？（5 分）

答：三相交流电是三个最大值相等，角频率相同，彼此相互差 120°的电动势、电压和电流的统称。（5 分）

7. D5BJ00-Z15007. 什么是功率因数？提高功率因数有何重要意义？（5 分）

答：在交流电路中，有功功率与视在功率的比值，即 $p/s=\cos\varphi$，叫功率因数。（2 分）

提高 $\cos\varphi$ 意义在于：在总功率不变的条件下，功率因数越大，则电源供给的有功功率越大。

提高功率因数，可以充分利用输电与发电设备。（3 分）

8. D5BJ00-Z15008. 什么叫支路？什么叫节点？（5 分）

答：由二端元件及其串联构成的无分支电路，叫支路；（2 分）

三条以上支路的连接点，叫节点。（3 分）

9. D5BJ00-Z15009. 变压器理想并联运行的条件有哪些？（5 分）

答：（1）各变压器高、低压边的额定电压分别相等，即各变压器的变比相等；（2 分）

（2）各变压器的联结组相同；（2 分）

（3）各变压器的短路阻抗标幺值 $Z_k{}^*$ 相等，且短路电抗与短路电阻之比相等。（2 分）

10. D5BJ00-Z15010. 简述电压源的特点。（5 分）

答：电压恒定不变，不随电流和负载的影响而改变。（5 分）

11. D5BJ00-Z15011. 简述电流源的特点。（5 分）

答：电流恒定不变，不随电压和负载的影响而改变。（5 分）

12. D5BJ00-Z15012. 简述什么叫二端有源网络。（5 分）

答：网络中含有电源，而对外联络端只有二个端子的电路。（5 分）

13. D5BJ00-Z15013. 求二端有源网络的等效电阻时，网络中的电压源及电流源做怎样的处理？（5 分）

答：电压源短路，电流源开路。（5 分）

14. D5BJ00-Z15014. 解释一阶电路三要素法中的三要素。（5 分）

答：$f(0_+)$ 表示换路后的初始值（它等于换路前的稳态值）；（2 分）

$f(\infty)$ 表示换路后的稳态值；

τ 表示电路的时间常数，对于 RC 电路 $\tau=RC$，对于 RC 电路 $\tau=\dfrac{L}{R}$。（3 分）

15. D5BJ00-Z15015. 简述什么叫换路，写出换路定律表达式。（5 分）

答：指电路由一种稳态改变为另一种稳态的现象。（2 分）

换路定律：$u_C(0_+)=u_C(0_-)$，$i_L(0_+)=i_L(0_-)$。（3 分）

16. D5BJ00-Z15016. 什么是磁场？（5 分）

答：在磁极或任何电流回路的周围以及被磁化后的物体内外，都对磁针或运动电荷具有磁力作用，这种有磁力作用的空间称为磁场。它和电场相似，也具有力和能的特性。（5 分）

17. D5BJ00-Z15017. 变压器并联运行应满足哪三个条件？（5 分）

答：一次、二次电压应分别相等，即变比相等；（2 分）

联结组别相同；（1 分）

短路阻抗标幺值相等，短路阻抗角相同。（2 分）

18. D5BJ00-Z15018. 简述变压器绕组折算的原则。（5 分）

答：保持一次、二次功率不变；（3 分）

保持二次磁动势不变。（2 分）

19. D5BJ00-Z15019. 简述变压器并联运行的优越性。（5 分）

答：可以提高供电可靠性；（2 分）

可以提高供电经济性；（1 分）

可以减少备用容量；（1 分）

可以减少初次投资。（1 分）

20. D5BJ00-Z15020. 变压器的空载和短路实验中，为减小实验误差，电压表和电流表应靠近电源还是变压器？（5 分）

答：空载实验时，电压表靠近电源，电流表靠近变压器（因为空载电流小）；（3 分）

短路实验时，电流表靠近电源，电压表靠近变压器（因为实验电压低）。(2 分)

21. D5BJ00-Z15021. 变压器能改变直流电压吗？为什么？(5 分)

答：不能。(1 分）加上直流电后，铁芯中的磁通为恒定磁通，其变化率为零，二次侧不感应电动势；另原边电流过大，可能烧坏变压器。(4 分)

22. D5BJ00-Z15022. 变压器并联运行若不满足并列运行的条件会出现什么后果？(5 分)

答：条件不满足的后果：

(1) 电压比不等的两台变压器，二次侧会产生环流，增加损耗，占据容量。在任何一台都不会过负荷的情况下，可以并联运行。(1 分)

(2) 如果两台接线组别不一致的变压器并联运行，二次回路中将会出现相当大的电压差。由于变压器内阻很小，将会产生几倍于额定电流的循环电流，使变压器烧坏。(2 分)

(3) 如果两台变压器的阻抗电压（短路电压）百分数不等，则变压器所带负载不能按变压器容量的比例分配。例如，若电压百分数大的变压器满载，则电压百分数小的变压器将过载。只有当并联运行的变压器任何一台都不会过负荷时，才可以并联运行。(2 分)

23. D5BJ00-Z15023. 一台 220/110V 的变压器，能否一次绕组用 2 匝，二次绕组用 1 匝，为什么？(5 分)

答：不能。(1 分）由 $U_1=4.44fN\Phi_m$ 可知，由于匝数太少，主磁通将剧增，磁通密度过大，磁路过于饱和，产生该磁通的励磁电流必将大增。(2 分）磁密过大，导致铁耗大增，铜损耗也显著增大，变压器发热严重，可能损坏变压器。(2 分)

24. D5BJ00-Z15024. 简述电子回路电容滤波的特点。(5 分)

答：电压高、成本低，但带负荷的能力较差。(5 分)

25. D5BJ00-Z15025. 串联稳压电路，主要由哪几个部分组成？(5 分)

答：由取样电路、比较放大、基准电压及调整环节四个部分组成。(5 分)

26. D5BJ00-Z15026. 什么是电力系统？(5 分)

答：电力系统是指由生产、输送、分配电能的设备和使用电能的设备以及测量、继电保护、控制装置、能量管理系统所组成的统一整体。(5 分)

27. D5BJ00-Z15027. 对电力系统的基本要求是什么？(5 分)

答：(1) 可靠发电、持续供电。(2 分)

(2) 合格的电能质量。(1 分)

(3) 电力系统运行的经济性要好。(2 分)

28. D5BJ00-Z15028. 电力系统的故障种类有哪些？(5 分)

答：电力系统的故障可分为简单故障和复合故障两大类（2 分）；简单故障是指电力系统中某一处发生短路或断相故障的情况，而复合故障则是指两个以上简单故障的组合。(3 分)

29. D5BJ00-Z15029. 什么是电力系统中大电流接地系统？(5 分)

答：在电力系统中，中性点直接接地或中性点经小阻抗（小电阻）接地的系统称为大电流接地系统。(5 分)

30. D5BJ00-Z15030. 电力系统中小电流接地系统是指什么？(5 分)

答：在电力系统中，中性点不接地或中性点经消弧线圈接地的系统称为小电流接地系统。(5 分)

31. D5BJ00-Z15031. 什么叫电枢反映？电枢反应对气隙磁场有什么影响？(5 分)

答：电机负载运行，电枢绕组中有了电流，电枢电流也产生磁动势称为电枢磁动势，电枢磁动势的出现，必然会对空载时只有励磁磁动势单独作用所产生的磁场有一定影响，我们把电枢磁动势对励磁磁动势所产生的磁场的影响成为电枢反应，电枢磁动势也称为电枢反应磁动势。(2 分)

影响：(1) 使气隙磁场发生畸变；(1 分)

(2) 使物理中性线位移；(1 分)

(3) 在磁场饱和的情况下，呈现一定的去磁作用。(1 分)

32. D5BJ00-Z15032. 三相异步电动机的调速方法有哪些？(5 分)

答：(1) 变极调速；(1 分)

(2) 变频调速；(1 分)

(3) 降低定子电压调速；(1 分)

(4) 绕线式三相异步电动机电动势转子回路串电阻调速；(1 分)

(5) 三相异步电动机的串级调速及双馈调速；(0.5 分)

（6）电磁转差离合器调速。（0.5分）

33. D5BJ00-Z15033. 简述异步电动机的基本工作原理。（5分）

答：异步电动机运行时，定子绕组接到交流电源上，转子绕组自身短路，由于电磁感应的关系，在转子绕组中感应电动势产生电源，从而产生电磁转矩，所以异步电机又叫感应电机。（5分）

34. D5BJ00-Z15034. 潮湿对绝缘材料有何影响？（5分）

答：绝缘材料有一定的吸潮性，由于潮气中含有大量的水分，绝缘材料吸潮后将使绝缘性能大大恶化。（2分）这是由于水的相对介电常数很大，致使绝缘材料的介电常数、导电损耗和介质性能角的 $\tan\delta$ 增大，导致强度降低，有关性能遭到破坏。（2分）因此对每一种绝缘材料必须规定其严格的含水量。（1分）

35. D5BJ00-Z15035. 绝缘子发生闪络放电现象的原因是什么？如何处理？（5分）

答：原因：

（1）绝缘子表面和瓷裙内落有污秽，受潮以后耐压强度降低，绝缘子表面形成放电回路，使泄漏电流增大，当达到一定值时，造成表面击穿放电。（1分）

（2）绝缘子表面落有污秽虽然很小，但由于电力系统中发生某种过电压，在过电压的作用下使绝缘子表面闪络放电。（1分）

处理方法：绝缘子发生闪络放电后，绝缘子表面绝缘性能下降很大，应立即更换，并对未闪络放电绝缘子进行清洁处理。（3分）

36. D5BJ00-Z15036. 影响载流体接头接触电阻的主要因素是什么？（5分）

答：影响接触电阻的主要因素有以下几个方面：

（1）施工时接头的结构是否合理。（1分）

（2）使用材料的导电性能是否良好；接触性能是否良好（严格按工艺制作）。（2分）

（3）所用材料与接触压力是否合适，接触面的氧化程度如何等，都是影响接触电阻的因素。为防止接头发热，在设计和施工中应尽量减少以上几方面的影响。（2分）

37. D5BJ00-Z15037. 并励发电机的自励条件是什么？（5分）

答：（1）电机必须有剩磁。（2分）

（2）励磁绕组的接线与电枢旋转方向必须正确配合，以使励磁电流产生的磁场方向与剩磁方向一致。（2分）

（3）励磁回路的电阻应小于与电机运行转速相对应的临界电阻。（1分）

38. D5BJ00-Z15038. 消弧线圈的作用是什么？（5分）

答：在中性点不接地系统发生单相接地故障时，有很大的电容性电流流经故障点，使接地电弧不易熄灭，有时会扩大为相间短路。（3分）因此，常在系统中性点加装消弧线圈，用电感电流补偿电容电流，使故障电弧迅速熄灭。（2分）

39. D5BJ00-Z15039. 常用的电压调整措施有哪些？（5分）

答：（1）改变发电机端电压 U_G 调压。（1分）

（2）改变变压器的电压比调压。（1分）

（3）改变网络中无功功率分布调压。（1分）

（4）改变输电线路参数调压。（2分）

40. D5BJ00-Z15040. 出现最大冲击电流的条件是什么？（5分）

答：在电源电压及短路点不变的情况下，要使短路电流达到最大值，需具备以下的条件：

（1）短路前为空载；（1分）

（2）电路的感抗 X 比电阻 R 大得多；（1分）

（3）短路发生于某相电压瞬时值过零时。（3分）

41. D5BJ00-Z15041. 提高静态稳定性的措施有哪些？（7分）

答：（1）减小系统电抗 X_Σ ①采用分裂导线；（1分）②采用串联电容补偿；（1分）③改善系统结构及设置中间补偿设备。（1分）

（2）提高系统电压 U（提高系统电压包括提高系统运行电压和提高电压等级两个方面）。（2分）

（3）提高发电机电势 E_G。（2分）

42. D5BJ00-Z15042. 电力系统运行的特点是什么？（5分）

答：（1）电能与国民经济各部门联系密切。（1分）

（2）电能不能大量储存。（1分）

（3）生产、输送、消费电能各环节所组成的统一整体不可分割。（1分）

（4）电能生产、输送、消费工况的改变十分

迅速。(1分)

(5)对电能质量的要求颇为严格。(1分)

43. D5BJ00-Z15043. 电力系统的接线方式有哪些？各自的优缺点有哪些？(6分)

答：接线方式：有备用接线和无备用接线。(2分)

有备用接线优点：提高供电可靠性，电压质量高。缺点：不够经济。(2分)

无备用接线优点：简单，经济，运行方便。缺点：供电可靠性差。(2分)

44. D5BJ00-Z15044. 电力系统中无功功率电源有哪些？其分别的工作原理是什么？(8分)

答：(1)发电机，是最基本的无功功率电源。(2分)

(2)电容器和调相机，电容器只能向系统供应感性无功，其感应的无功功率与其端电压的平方成正比，调相机是只能发出无功功率的发电机。(2分)

(3)静止补偿器和静止调相机，依靠的仍是其中的电容器。(2分)

(4)并联电抗器，它不是电源而是负荷，用以吸取轻载和空载线路过剩的感性无功，它对高压远距离输电线路起到提高输送能力，降低过电压等作用。(2分)

45. D5BJ00-Z15045. 简述运算曲线法计算三相短路电流步骤。(5分)

答：(1)化简网络，得到各电源电动势与短路节点间的转移电抗。(1分)

(2)求各电源的计算电抗。(1分)

(3)按时刻 t 和计算电抗查运算曲线，得到各电源送至短路点的短路电流标幺值。(2分)

(4)求(3)中各电流的有铭值，其和即为短路电流的有铭值。(1分)

46. D5BJ00-Z15046. 简述 SF_6 组合电器的结构特点。(5分)

答：将断路器、隔离开关、母线、接地开关、互感器、出线套管或电缆终端头等分别装在各自密封间中集中组成一个整体外壳，充 SF_6 作为绝缘介质。(5分)

47. D5BJ00-Z15047. 电流互感器有什么用途？(5分)

答：电流互感器把大电流按一定比例变为小电流，提供各种仪表使用和继电保护用的电流，并将二次系统与高电压隔离，它不仅保护了人身和设备的安全，也使仪表和继电器的制造简单化、标准化，提高了经济效益。(5分)

48. D5BJ00-Z15048. 电流互感器有哪几种基本接线方式？(5分)

答：电流互感器的基本接线方式有：

(1)完全星形接线；(1分)

(2)两相不完全星形接线；(1分)

(3)两相电流差接线；(1分)

(4)三角形接线；(1分)

(5)三相并接以获得零序电流。(1分)

49. D5BJ00-Z15049. 变压器内部故障主要类型有哪些？(5分)

答：变压器内部故障为变压器油箱内发生的各种故障，其主要类型有：

(1)各相绕组之间发生的相间短路；(1分)

(2)绕组的线匝之间发生的匝间短路；(1分)

(3)绕组或引出线通过外壳发生的接地故障等。(3分)

50. D5BJ00-Z15050. 防雷的主要措施是什么？(5分)

答：避雷针、避雷线、避雷器与良好的接地装置联合使用，起到了很好的防雷作用。直击雷的防雷措施一般采用避雷针和避雷线。(3分)限制雷电浸入波动防雷措施一般采用避雷器，它使雷电浸入波动幅值限制在被保护电气设备耐受雷电冲击水平以下。(2分)

51. D5BJ00-Z15051.《中华人民共和国电力法》中对电力发展规划的要求是什么？(5分)

答：电力发展规划应当根据国民经济和社会发展的需要制定，并纳入国民经济和社会发展计划。(3分)电力发展规划应当体现合理利用能源、电源与电网配套发展，提高经济效益和有利于环境保护的原则。(2分)

52. D5BJ00-Z15052. 安全生产监督检查人员的基本执法准则和要求是什么？(5分)

答：安全生产监督检查人员应当忠于职守，坚持原则，秉公执法。(5分)

53. D5BJ00-Z15053. 当从业人员遇到单位负责人强令冒险作业时，应当如何对待？(5分)

答：行使《中华人民共和国安全生产法》赋予的拒绝权，以保护自己的生命安全。（5分）

54. D5BJ00-Z15054. 生产经营单位确保安全生产的要求是什么？（5分）

答：生产经营单位必须遵守《中华人民共和国安全生产法》和其他有关安全生产的法律法规，加强安全生产管理，建立、健全安全生产责任制度，完善安全生产条件，确保安全生产。（5分）

55. D5BJ00-Z15055. 发生事故后，生产经营单位主要负责人应当采取什么措施？（5分）

答：（1）迅速采取有效措施，组织抢救；（2分）

（2）按规定如实向当地负有安全生产监督管理职责的部门报告；（2分）

（3）不得故意破坏事故现场，毁灭有关证据。（1分）

56. D5BJ00-Z15056. 电力生产与电网运行应当遵循的原则是什么，对电网运行的要求是什么？（5分）

答：电力生产与电网运行应当遵循安全、优质、经济的原则。电网运行应当连续、稳定，保证供电可靠性。（5分）

57. D5BJ00-Z15057. 国家对电力供应和使用，实行怎样的管理原则，电力供应与使用办法由什么部门规定？（5分）

答：国家对电力供应和使用，实行安全用电、节约用电、计划用电的管理原则。（3分）电力供应与使用办法由国务院依照本法的规定制定。（2分）

58. D5BJ00-Z15058. 电力监督检查人员的权力是什么？（5分）

答：电力监督检查人员进行监督检查时，有权向电力企业或者用户了解有关执行电力法律、行政法规的情况，查阅有关资料，并有权进入现场进行检查。（3分）电力企业和用户对执行监督检查任务的电力监督检查人员应当提供方便。电力监督检查人员进行监督检查时，应当出示证件。（2分）

59. D5BJ00-Z15059.《电业安全工作规程》系列标准对工作人员的要求有哪些？（5分）

答：（1）经医师鉴定，无妨碍工作的病症（体格检查至少每两年一次）。（1分）

（2）具备必要的安全生产知识和技能，从事电气作业的人员应掌握触电急救等救护法。（2分）

（3）具备必要的安全生产知识和业务技能，熟悉电气设备及其系统。（2分）

60. D5BJ00-Z15060.《电业安全工作规程》系列标准中作业措施是指什么？（5分）

答：（1）在电气设备上工作应有保证安全的制度措施，可包含工作申请、工作布置、书面安全要求、工作许可、工作监护，以及工作间断、转移和终结等工作程序。（2分）

（2）在电气设备上进行全部停电或部分停电工作时，应向设备运行维护单位提出申请，由调度机构管辖的需事先向调度机构提出停电申请，同意后方可安排检修工作。（2分）

（3）在检修工作前应进行工作布置，明确工作地点、工作任务、工作负责人、作业环境、工作方案和书面安全要求，以及工作班成员的任务分工。（1分）

61. D5BJ00-Z15061. 安全组织措施作为保证安全的制度措施包含的内容有哪些？（5分）

答：包括工作票、工作的许可、监护、间断、转移和终结等。（2分）工作票签发人、工作负责人（监护人）、工作许可人、专责监护人和工作班成员在整个作业流程中应履行各自的安全职责。（3分）

62. D5BJ00-Z15062.《电业安全工作规程》中运用中的电气设备是指什么？（5分）

答：全部带有电压、一部分带有电压或一经操作即带有电压的电气设备。（5分）

63. D5BJ00-Z15063.《电业安全工作规程》中在低压回路停电工作的安全措施是指什么？（5分）

答：（1）停电、验电、接地、悬挂标示牌或采用绝缘遮蔽措施；（2分）

（2）邻近的有电回路、设备加装绝缘隔板或绝缘材料包扎等措施；（2分）

（3）停电更换熔断器后恢复操作时，应戴手套和护目眼镜。（1分）

64. D5BJ00-Z15064. 什么是《中华人民共和国电力法》的法律体系？体系分为哪几个层次？（5分）

答：《中华人民共和国电力法》的法律体系是指《中华人民共和国电力法》及国务院根据该法制

定的各实施条例和细则，以及国务院有关部门和省、直辖市、自治区人民政府颁布的实施该法的规定和办法。(2分)

体系分为：电力法、电力法规和电力规章三个层次。(3分)

65. D5BJ00-Z15065.《中华人民共和国安全生产法》对事故调查处理提出了哪些要求？(5分)

答：事故调查处理应当按照实事求是、尊重科学的原则，及时、准确地查清事故原因，查明事故性质和责任，总结事故教训，提出整改措施，并对事故责任者提出处理意见。(5分)

第二节 专业知识

一、单选题：D5BJ04-G11001～D5BJ04-G11180（每小题1分）

1. D5BJ04-G11001. 高频保护用的同轴电缆屏蔽层应（　　）。

A. 两端接地；　　B. 不接地；

C. 一端接地。

答案：A

2. D5BJ04-G11002. 某一套独立的保护装置由保护主机及出口继电器两部分组成，分装于两面保护屏上，其出口继电器部分（　　）。

A. 必须与保护主机部分由同一专用端子对取得正、负直流电源；

B. 应由出口继电器所在屏上的专用端子对取得正、负直流电源；

C. 为提高保护装置抗干扰能力，应由另一对直流熔断器提供电源。

答案：A

3. D5BJ04-G11003. BP-2B母线保护装置的母联失灵电流定值按（　　）整定。

A. 母联间隔的变比；

B. 装置中用的最多变比；

C. 装置中用的最少变比；

D. 装置的基准变比。

答案：D

4. D5BJ04-G11004. 根据规程要求。用于远后备保护中的零序功率方向元件，在下一线路末端接地短路时。灵敏度 $K_{sen}\geqslant$ (A) 用于近后备保护时 $K_{sen}\geqslant$（　　）。

A. 1.5 2；　　B. 1 2；

C. 1.5 3；　　D. 2 2。

答案：A

5. D5BJ04-G11005. 零序功率方向继电器的最大灵敏角是（　　）。

A. 70°；　　B. 80°；

C. 90°；　　D. 110°。

答案：A

6. D5BJ04-G11006. 专用高频通道，应保证收发信机接收对端信号时的通道裕量不低于（　　）dB，否则不允许将保护投入运行。

A. 8.686；　　B. 4.0；

C. 18.686；　　D. 20.0。

答案：A

7. D5BJ04-G11007. 当主接线为一个半断路器接线时，每回线路宜装设（　　）变压器回路和母线宜装设（　　），若不能满足继电保护要求时，也可装设一组三相电压互感器。

A. 一组三相电压互感器；

B. 一相电压互感器；

C. 二相电压互感器；

D. 不装设电压互感器。

答案：B

8. D5BJ04-G11008. 变压器差动保护防止穿越性故障情况下误动的主要措施是（　　）。

A. 间断角闭锁；　　B. 二次谐波制动；

C. 比率制动。

答案：C

9. D5BJ04-G11009. 母差保护动作，对线路开关的重合闸（　　）。

A. 闭锁；　　B. 不闭锁；

C. 仅闭锁单相重合闸；　　D. 不一定。

答案：A

10. D5BJ04-G11010. 充电保护投入时刻为（　　）。

A. 充电压板投入；

B. 母联电流大于充电过流定值；

C. 充电保护过流延时大于充电延时定值；

D. 充电过程中，母联电流由无至有瞬间。

答案：D

11. D5BJ04-G11011. 按照我国的四统一要求，距离继电器的振荡闭锁使用方法是（　　）。

A. 由大阻抗圆至小阻抗圆的动作时差大于设定

时间值即进行闭锁；

B. 由故障起动对Ⅰ、Ⅱ段短时开放，超时不动闭锁保护；

C. 整组靠负序与零序电流分量起动。

答案：B

12. D5BJ04-G11012. 当单相故障，单跳故障相，故障相单相重合；当相间故障，三跳，不重合，是指（　　）。

A. 单重方式；　　B. 三重方式；

C. 综重方式。

答案：A

13. D5BJ04-G11013. 在高频保护的通道加工设备中的（　　）主要是起到阻抗匹配的作用，防止反射，以减少衰耗。

A. 阻波器；

B. 结合电容器；

C. 结合滤波器。

答案：C

14. D5BJ04-G11014.《变压器、高压并联电抗器和母线保护及辅助装置标准化设计规范》中对操作箱的要求说法正确的是（　　）。

A. 两组操作电源应设置两组操作电源的切换回路；

B. 操作箱应设有断路器合闸位置、跳闸位置和电源指示灯；

C. 两组操作电源的直流空气开关应分别设在两套电气量保护屏（柜）内；

D. 操作箱的防跳功能应方便取消，跳闸位置监视与合闸回路的连接不应断开，否则不便于监视合闸回路。

答案：B

15. D5BJ04-G11015. 双母线接线，变压器保护启动失灵和解除电压闭锁采用（　　），启动失灵和解除电压闭锁应采用不同继电器的跳闸接点，在线路支路有高抗等需要三跳启动失灵时，采用（　　）启动失灵保护，独立于母线保护的母联（分段）充电过流保护，采用（　　）启动失灵保护。

A. 操作箱内 TJR 触点，操作箱内 TJR 接点，保护跳闸接点；

B. 操作箱内 TJR 触点，保护跳闸接点，操作箱内 TJR 接点；

C. 保护跳闸触点，操作箱内 TJR 接点，操作箱内 TIR 接点；

D. 保护跳闸触点，操作箱内 TJR 接点，保护跳闸接点。

答案：C

16. D5BJ04-G11016. 高抗保护配置要求规定：高抗保护应配置双重化的主、后备保护一体、高抗电气量保护和一套非电量保护，其中主保护包括以下哪些保护（　　）。

A. 主电抗器差动保护、主电抗器零序差动保护；

B. 主电抗器差动保护、主电抗器零序差动保护、主电抗器匝间保护；

C. 主电抗器差动保护、主电抗器零序差动保护、主电抗器匝间保护、主电抗器过电流保护；

D. 主电抗器差动保护、主电抗器零序差动保护、主电抗器匝间保护、主电抗器过电流保护、主电抗器零序过流保护。

答案：B

17. D5BJ04-G11017.《变压器、高压并联电抗器和母线保护及辅助装置标准化设计规范》中关于高抗主保护技术原则要求说法正确的是（　　）。

A. 除差动保护外，不需要差动速断功能；

B. 具有 TA 断线告警功能，且同时闭锁差动保护；

C. 零序电流差动保护能灵敏地反映电抗器内部接地故障；

D. 匝间保护能灵敏地反映电抗器内部相间和匝间故障。

答案：C

18. D5BJ04-G11018.《变压器、高压并联电抗器和母线保护及辅助装置标准化设计规范》中关于双母线接线的断路器失灵保护的技术原则说法错误的是（　　）。

A. 失灵保护应与母差保护共用出口回路；

B. 含母线故障变压器断路器失灵保护功能；

C. “启动失灵”、“解除失灵保护电压闭锁”开入异常时应告警；

D. 为缩短失灵保护切除故障的时间，失灵保护宜同时跳母联（分段），延时跳其他断路器。

答案：D

19. D5BJ04-G11019.《变压器、高压并联电抗器和母线保护及辅助装置标准化设计规范》中关于母联（分段）充电过流保护的配置要求说法正确的是（　　）。

A. 母联（分段）断路器应采用母线保护的充电过流保护装置，充电过流保护应具有两段过流和一段零序过流功能；

B. 母联（分段）断路器应采用母线保护的充电过流保护装置，充电过流保护应具有一段过流和两段零序过流功能；

C. 母联（分段）断路器应配置独立于母线保护的充电过流保护装置，充电过流保护应具有两段过流和一段零序过流功能；

D. 母联（分段）断路器应配置独立于母线保护的充电过流保护装置，充电过流保护应具有一段过流和两段零序过流功能。

答案：C

20. D5BJ04-G11020.《变压器、高压并联电抗器和母线保护及辅助装置标准化设计规范》中关于母联（分段）充电过流保护的配置要求或技术原则说法错误的是（　　）。

A. 母联（分段）断路器应配置独立于母线保护的充电过流保护装置；

B. 充电过流保护应具有一段过流和两段零序过流功能；

C. 母联（分段）充电过流保护跳闸；

D. 母联（分段）充电过流保护应启动母联（分段）失灵保护。

答案：B

21. D5BJ04-G11021.《变压器、高压并联电抗器和母线保护及辅助装置标准化设计规范》中关于对断路器的要求说法错误的是（　　）。

A. 三相不一致保护功能应由断路器本体机构实现；

B. 断路器防跳功能应由断路器本体机构实现；

C. 断路器跳、合闸压力异常闭锁功能应由断路器本体机构实现，应能提供两组完全独立的压力闭锁接点；

D. 500kV 变压器低压侧断路器宜为双跳闸线圈分相断路器。

答案：D

22. D5BJ04-G11022. 根据《十八项电网重大反事故措施》，断路器三相位置不一致保护应采用（　　）。

A. 断路器本体的；　　B. 保护的；

C. A或B任选。

答案：A

23. D5BJ04-G11023. 高压开关控制回路中防跳继电器的动作电流应不大于开关跳闸电流的（　　），线圈压降应小于10%额定电压。

A. 1/2；　　B. 1/3；

C. 2/3；　　D. 1。

答案：A

24. D5BJ04-G11024. 按照部颁反措要点的要求，保护跳闸连接片（　　）。

A. 开口应装在上方，接到断路器的跳闸线圈回路；

B. 开口应装在下方，接到断路器的跳闸线圈回路；

C. 开口应装在上方，接到保护的跳闸出口回路。

答案：A

25. D5BJ04-G11025. 330～500kV 系统主保护的双重化是指两套不同原理的主保护的（　　）彼此独立。

A. 交流电流；

B. 交流电压；

C. 直流电源；

D. 交流电流、交流电压、直流电源。

答案：D

26. D5BJ04-G11026. 下面的说法中正确的是（　　）。

A. 系统发生振荡时电流和电压值都往复摆动，并且三相严重不对称；

B. 零序电流保护在电网发生振荡时容易误动作；

C. 有一电流保护其动作时限为 4.5s，在系统发生振荡时它不会误动作；

D. 距离保护在系统发生振荡时容易误动作，所以系统发生振荡时应断开距离保护投退压板。

答案：C

27. D5BJ04-G11027. 下属说法正确的是（　　）。

A. 振荡时系统各点电压和电流的有效值随 δ 的变化一直在做往复性的摆动，但变化速度相对较慢，而短路时，在短路初瞬电压、电流是突变的，变化量较大，但短路稳态时电压、电流的有效值基本不变；

B. 振荡时阻抗继电器的测量阻抗随 δ 的变化，幅值在变化，但相位基本不变，而短路稳态时阻

抗继电器测量阻抗在幅值和相位上基本不变；

C. 振荡时只会出现正序分量电流、电压，不会出现负序分量电流、电压，而发生接地短路时只会出现零序分量电压、电流，不会出现正序和负序分量电压电流；

D. 振荡时只会出现正序分量电流、电压，不会出现负序分量电流、电压，而发生接地短路时不会出现正序分量电压电流。

答案：A

28. D5BJ04-G11028. 下列关于电力系统振荡和短路的描述哪些是不正确的？（　　）

A. 短路时电流、电压值是突变的，而系统振荡时系统各点电压和电流值均作往复性摆动；

B. 振荡时系统任何一点电流和电压之间的相位角都随着功角 δ 的变化而变化；

C. 系统振荡时，将对以测量电流为原理的保护形成影响，如：电流速断保护、电流纵联差动保护等；

D. 短路时电压与电流的相位角是基本不变的。

答案：C

29. D5BJ04-G11029. 自耦变压器中性点必须接地，这是为了避免当高压侧电网发生单相接地故障时（　　）。

A. 中压侧出现过电压；

B. 高压侧出现过电压；

C. 低压侧出现过电压。

答案：A

30. D5BJ04-G11030. 我国 220kV 及以上系统的中性点均采用（　　）。

A. 直接接地方式；

B. 经消弧线圈接地方式；

C. 经大电抗器接地方式；

D. 经大电阻接地。

答案：A

31. D5BJ04-G11031. 在下述（　　）信号性质下要求纵联方向保护中的正方向方向元件具有方向性，且在本线路全长范围内短路都能可靠动作。

A. 在闭锁信号和允许信号中都要求；

B. 仅在闭锁信号中有此要求；

C. 仅在允许信号中有此要求。

答案：A

32. D5BJ04-G11032. 高频阻波器的作用是（　　）。

A. 阻止高频信号流入母线，工频电流可畅通无阻；

B. 阻止工频电流流入母线，高频信号可畅通无阻；

C. 限制故障时的短路电流。

答案：A

33. D5BJ04-G11033. 高频保护采用闭锁式或允许式信号方式，通道中断时以下说法正确的是（　　）。

A. 通道中断时，不会造成保护误动或拒动；

B. 通道中断时，闭锁式和允许式保护可能出现区外故障时误动；

C. 通道中断时，闭锁式保护可能出现区外故障时误动，允许式保护出现区内故障时拒动；

D. 通道中断时，允许式保护可能出现区外故障时误动，闭锁式保护出现区内故障时拒动。

答案：C

34. D5BJ04-G11034. 高频闭锁方向保护，采用 F＋、F－两个方向元件，是为了（　　）。

A. 等待对端闭锁信号带来，防止区外故障时误动；

B. 防止区外故障时，功率倒向而误动；

C. 防止区内故障时，保护拒动；

D. 防止区外故障时的暂态过程而误动。

答案：B

35. D5BJ04-G11035. 线路采用单相重合闸方式时，当发生 B 相永久性接地故障时，保护和重合闸的动作顺序是（　　）。

A. 三相跳闸，重合三相，后加速跳三相；

B. B 相跳闸，重合 B 相，后加速跳三相；

C. B 相跳闸，重合 B 相；

D. 三相跳闸不重合。

答案：B

36. D5BJ04-G11036. 电力系统不允许长期非全相运行，为了防止断路器一相断开后，长时间非全相运行，应采取措施断开三相，并保证选择性。其措施是装设（　　）。

A. 断路器失灵保护；

B. 零序电流保护；

C. 过流速断保护；

D. 断路器三相不一致保护。

答案：D

37. D5BJ04-G11037. 双母线系统中，当Ⅰ母上隔离开关辅助触点出错，（　　）可能出现较大的差流。

A. Ⅰ母小差；　　　　　B. 大差；

C. Ⅰ母小差和大差同时。

答案：A

38. D5BJ04-G11038. 对于220kV线路光纤电流差动保护保护，将永跳继电器TJR接点引入“远跳”开入的作用是（　　）。

A. 防止TV断线保护误动；

B. 防止TA断线保护拒动；

C. 确保对侧光纤电流差动保护正确动作。

答案：C

39. D5BJ04-G11039. 断路器失灵保护动作的必要条件是（　　）。

A. 失灵保护电压闭锁回路开放，本站有保护装置动作且超过失灵保护整定时间仍未返回；

B. 失灵保护电压闭锁回路开放，故障元件的电流持续时间超过失灵保护整定时间仍未返回，且故障元件的保护装置曾动作；

C. 失灵保护电压闭锁回路开放，本站有保护装置动作，且该保护装置和与之相对应的失灵电流判别元件持续动作时间超过失灵保护整定时间仍未返回。

答案：C

40. D5BJ04-G11040. 对于双母线接线形式的变电站，当某一联接元件发生故障且断路器拒动时，失灵保护动作应首先跳开（　　）。

A. 拒动断路器所在母线上的所有断路器；

B. 母联断路器；

C. 故障元件的其他断路器。

答案：B

41. D5BJ04-G11041. 请问以下哪项定义不是接地距离保护的优点。（　　）

A. 接地距离保护的Ⅰ段范围固定；

B. 接地距离保护比较容易获得有较短延时和足够灵敏度的Ⅱ段；

C. 接地距离保护Ⅲ段受过渡电阻影响小，可作为经高阻接地故障的可靠的后备保护。

答案：C

42. D5BJ04-G11042. 请问以下哪项定义不是零序电流保护的优点？（　　）

A. 结构及工作原理简单、中间环节少、尤其是近处故障动作速度快；

B. 不受运行方式影响，能够具备稳定的速动段保护范围；

C. 保护反应零序电流的绝对值，受过渡电阻影响小，可作为经高阻接地故障的可靠的后备保护。

答案：B

43. D5BJ04-G11043. 工频变化量阻抗继电器在整套保护中最显著的优点是（　　）。

A. 反应过渡电阻能力强；

B. 出口故障时高速动作；

C. 出口故障时高速动作，反应过渡电阻能力强。

答案：C

44. D5BJ04-G11044. 方向闭锁高频保护发信机起动后当判断为外部故障时（　　）。

A. 两侧立即停信；

B. 两侧继续发信；

C. 正方向一侧发信，反方向一侧停信；

D. 反方向一侧发信，正方向一侧停信。

答案：D

45. D5BJ04-G11045. 过渡电阻对距离继电器工作的影响是（　　）。

A. 只会使保护区缩短；

B. 只会使继电器超越；

C. 视条件可能会失去方向性，也可能使保护区缩短，也可能超越或拒动。

答案：C

46. D5BJ04-G11046. 对采用单相重合闸的线路，当发生永久性单相接地故障时，保护及重合闸的动作顺序为（　　）。

A. 三相跳闸不重合；

B. 单相跳闸，重合单相，后加速跳三相；

C. 三相跳闸，重合三相，后加速跳三相；

D. 选跳故障相，瞬时重合单相，后加速跳三相。

答案：B

47. D5BJ04-G11047. 超范围式纵联保护可保护本线路全长的（　　）。

A. 80%～85%；　　　B. 100%；

C. 115%～120%；　　D. 180%～185%。

答案：B

48. D5BJ04-G11048. 配有重合闸后加速的线路，当重合到永久性故障时（　　）。

A. 能瞬时切除故障；

B. 不能瞬时切除故障；

C. 具体情况具体分析，故障点在Ⅰ段保护范围内时，可以瞬时切除故障故障。点在Ⅱ段保护范围内时，则需带延时切除。

答案：A

49. D5BJ04-G11049. 系统发生振荡时，（　　）可能发生误动作。

A. 电流差动保护；　B. 零序电流保护；

C. 电流速断保护；　D. 暂态方向保护。

答案：C

50. D5BJ04-G11050. 交流电压二次回路断线时不会误动的保护为（　　）。

A. 距离保护；

B. 电流差动保护；

C. 零序电流方向保护。

答案：B

51. D5BJ04-G11051. 相—地制高频通道组成元件中，阻止高频信号外流的元件是（　　）。

A. 高频阻波器；

B. 耦合电容器；

C. 结合滤波器。

答案：A

52. D5BJ04-G11052. 高频通道中结合滤波器与耦合电容器共同组成带通滤波器，其在通道中的作用是（　　）。

A. 使输电线路和高频电缆的连接成为匹配连接；

B. 使输电线路和高频电缆的连接成为匹配连接，同时使高频收发信机和高压线路隔离；

C. 阻止高频电流流到相邻线路上去。

答案：B

53. D5BJ04-G11053. 具有相同的整定值的全阻抗继电器、方向阻抗继电器、偏移圆阻抗继电器、四边形方向阻抗继电器，受系统振荡影响最大的是（　　）。

A. 全阻抗继电器；

B. 方向阻抗继电器；

C. 偏移圆阻抗继电器；

D. 四边形方向阻抗继电器。

答案：A

54. D5BJ04-G11054. 纵联保护相—地制电力载波通道由（　　）部件组成。

A. 输电线路、高频阻波器、连接滤波器、高频电缆；

B. 高频电缆、连接滤波器、耦合电容器、高频阻波器、输电线路；

C. 收发信机、高频电缆、连接滤波器、保护间隙、接地开关、耦合电容器、高频阻波器、输电线路。

答案：C

55. D5BJ04-G11055. 相差高频保护在做通道余量试验时，收信侧的收发信机应处在（　　）状态。

A. 起动不发信；　B. 不起动不发信；

C. 起动发信；　D. 不起动发信。

答案：A

56. D5BJ04-G11056. 双母线差动保护的复合电压（U_0、U_1、U_2）闭锁元件还要求闭锁每一断路器失灵保护，这一做法的原因是（　　）。

A. 断路器失灵保护原理不完善；

B. 断路器失灵保护选择性能不好；

C. 防止断路器失灵保护误动作；

D. 为了以上三种原因。

答案：C

57. D5BJ04-G11057. 零序电流滤过器输出 $3I_0$ 时是（　　）。

A. 通入三相正序电流；

B. 通入三相负序电流；

C. 通入三相零序电流；

D. 通入三相正序或负序电流。

答案：C

58. D5BJ04-G11058. 在大接地电流系统中，线路发生接地故障时，保护安装处的零序电压（　　）。

A. 距故障点越远就越高；

B. 距故障点越近就越高；

C. 与距离无关；

D. 距故障点越近就越低。

答案：B

59. D5BJ04-G11059. 在中性点不接地系统中发生单相接地故障时，流过故障线路始端的零序电流（　　）。

A. 超前零序电压 90°；

B. 滞后零序电压 90°；

C. 和零序电压同相位；

D. 滞后零序电压45°。

答案：B

60. D5BJ04-G11060. 小接地电流系统单相接地故障时，非故障线路 $3I_0$ 的大小等于（　　）。

A. 本线路非故障相接地电容电流相量和；

B. 所有非故障线路的 $3I_0$ 之和；

C. 本线路非故障相接地电容电流代数和；

D. 全系统接地电容电流代数和。

答案：A

61. D5BJ04-G11061. 小接地电流系统单相接地故障时，故障线路的 $3I_0$ 是（　　）。

A. 本线路非故障相接地电容电流相量和；

B. 所有非故障线路的 $3I_0$ 之和；

C. 本线路非故障相接地电容电流代数和；

D. 全系统接地电容电流代数和。

答案：B

62. D5BJ04-G11062. 小接地电流系统单相接地故障时，非故障线路的零序电流超前零序电压（　　）。

A. 90°；　　B. 180°；

C. 270°；　　D. 0°。

答案：A

63. D5BJ04-G11063. 小接地电流系统单相接地故障时，故障线路的零序电流与非故障线路的零序电流相位相差是（　　）。

A. 90°；　　B. 180°；

C. 270°；　　D. 0°。

答案：B

64. D5BJ04-G11064. 电力系统发生故障时最基本的特征是（　　）。

A. 电流增大，电压升高；

B. 电压降低，电流增大；

C. 电流减少，电压升高。

答案：B

65. D5BJ04-G11065. 电磁型电流继电器的动作条件是（　　）。

A. $M_e \geqslant M_f$；　　B. $M_e \leqslant M_f$；

C. $M_e \geqslant M_f + M_s$；　　D. $M_e \geqslant 0$。

答案：C

66. D5BJ04-G11066. 微机保护要保证各通道同步采样，如果不能做到同步采样，除对（　　）以外，对其他元件都将产生影响。

A. 负序电流元件；　　B. 相电流元件；

C. 零序方向元件。

答案：B

67. D5BJ04-G11067. 在50Hz系统中，如果采样频率 f_s=1200Hz，则每个工频周期采样（　　）。

A. 24次；　　B. 20次；

C. 12次。

答案：A

68. D5BJ04-G11068. 在微机保护中经常用全周傅氏算法计算工频量的有效值和相角，请选择当用该算法时正确的说法是（　　）。

A. 对直流分量和衰减的直流分量都有很好的滤波作用；

B. 对直流分量和所有的谐波分量都有很好的滤波作用；

C. 对直流分量和整数倍的谐波分量都有很好的滤波作用。

答案：C

69. D5BJ04-G11069. 为了使方向阻抗继电器工作在（　　）状态下，要求继电器的最大灵敏角等于被保护线路的阻抗角。

A. 最有选择；　　B. 最灵敏；

C. 最快速；　　D. 最可靠。

答案：B

70. D5BJ04-G11070. 距离保护中阻抗继电器，需采用记忆回路和引入第三相电压的是（　　）。

A. 全阻抗继电器；

B. 方向阻抗继电器；

C. 偏移特性的阻抗继电器；

D. 偏移特性和方向阻抗继电器。

答案：B

71. D5BJ04-G11071. 能无时限切除线路任一点故障的主保护是（　　）。

A. 相间距离保护；　　B. 纵联保护；

C. 零序电流保护；　　D. 接地距离保护。

答案：B

72. D5BJ04-G11072. 相差高频保护中，两侧高频信号重叠角的存在减小了脉冲间隔，从保护的灵敏度考虑（　　）。

A. 使灵敏度提高；

B. 使灵敏度降低；

C. 对灵敏度没有影响；

D. 视重叠角的大小而定。

答案：B

73. D5BJ04-G11073. 高频闭锁距离保护的优点是（　　）。

A. 对串补电容无影响；

B. 在电压二次断线时不会误动；

C. 能快速地反映各种对称和不对称故障；

D. 系统振荡无影响，不需采取任何措施。

答案：D

74. D5BJ04-G11074. 距离保护是以距离（　　）元件作为基础构成的保护装置。

A. 测量；　　B. 启动；

C. 振荡闭锁；　　D. 逻辑。

答案：A

75. D5BJ04-G11075. 高频相差保护中高定值启动元件应按被保护线路末端两相短路、单相接地及两相短路接地故障有足够的灵敏度整定，负序电流大于（　　），最低不得小于（　　）。同时要可靠躲过三相不同步时的线路充电电容电流，可靠系数大于2.0。

A. 4.0，2.0；　　B. 3.0，1.0；

C. 4.0，1.0；　　D. 3.0，2.0。

答案：A

76. D5BJ04-G11076. 在高频相差保护中高、低定值启动元件的配合比值取（　　）。

A. 1.6～2；　　B. 1～1.5；

C. 0.5～1；　　D. 2～3。

答案：A

77. D5BJ04-G11077. 分频滤波器对于所需要通过的频带，理想的衰耗等于零，实际应为（　　）dB左右。

A. 1；　　B. 2；

C. 3；　　D. 4。

答案：A

78. D5BJ04-G11078. 分频滤波器对于不通过的频带，理想的衰耗等于无限大，实际应大于（　　）dB。

A. 10；　　B. 20；

C. 25；　　D. 30。

答案：D

79. D5BJ04-G11079. 两相短路电流 I_k^2 与三相短路电流 I_k^3 之比值为（　　）。

A. $I_k^2=\sqrt{3}I_k^3$；　　B. $I_k^2=\frac{\sqrt{3}}{2}I_k^3$；

C. $I_k^2=\frac{1}{2}I_k^3$；　　D. $I_k^2=I_k^3$。

答案：B

80. D5BJ04-G11080. 电流频率与方向阻抗继电器极化回路串联谐振频率相差较大时，方向阻抗继电器的记忆时间将（　　）。

A. 增长；

B. 缩短；

C. 不变；

D. 随电流频率的变化而变化。

答案：B

81. D5BJ04-G11081. 距离保护在运行中最主要优点是（　　）。

A. 具有方向性；

B. 具有时间阶梯特性；

C. 具有快速性；

D. 具有灵敏性。

答案：B

82. D5BJ04-G11082. 不是非电气量的是（　　）。

A. 压力；　　B. 温度；

C. 电流；　　D. 气体。

答案：C

83. D5BJ04-G11083. 气体继电器安装在变压器的哪个部位？（　　）。

A. 引出线；

B. 本体与储油柜的连接管；

C. 储油柜；

D. 呼吸器。

答案：B

84. D5BJ04-G11084. 气体继电器中反应轻瓦斯信号的元件是（　　）。

A. 探针；　　B. 挡板；

C. 排气阀；　　D. 开口杯。

答案：D

85. D5BJ04-G11085. 下列（　　）不是备用电源自动投入装置应符合的要求。

A. 在工作电源或设备断开后，才投入备用电源或设备；

B. 自动投入装置必须采用母线残压闭锁的切换方式；

C. 工作电源或设备上的电压，不论因什么原因消失，自投装置均应动作；

D. 自动投入装置应保证只动作一次。

答案：B

86. D5BJ04-G11086. BP-2B母线保护装置对双母线各元件的极性定义为（　　）

A. 母线上除母联外各元件的极性必须一致，母联极性同Ⅰ母线上元件的极性；

B. 母线上除母联外各元件的极性必须一致，母联极性同Ⅱ母线上元件的极性；

C. 母线上除母联外各元件的极性可以不一致，但母联正极性必须在Ⅱ母线侧；

D. 母线上除母联外各元件的极性可以不一致，但母联正极性必须在Ⅰ母线侧。

答案：B

87. D5BJ04-G11087. BP-2B型母差保护带负荷试验，一次运行方式如下安排：主变压器总开关运行在Ⅰ母线，通过母联开关向Ⅱ母线上的某线路供电，则选取不同的相位基准情况下，装置显示上述三个开关的电流相角，其中（　　）是正确的。

A. 主变压器开关相角0°，母联开关相角0°，线路开关相角180°；

B. 主变压器开关相角0°，母联开关相角180°，线路开关相角180°；

C. 主变压器开关相角0°，母联开关相角180°，线路开关相角0°；

D. 主变压器开关相角180°，母联开关相角0°，线路开关相角0。

答案：A

88. D5BJ04-G11088. 在操作箱中，关于断路器位置继电器线圈正确的接法是（　　）。

A. TWJ在跳闸回路中，HWJ在合闸回路中；

B. TWJ在合闸回路中，HWJ在跳闸回路中；

C. TWJ、HWJ均在跳闸回路中；

D. TWJ、HWJ均在合闸回路中。

答案：B

89. D5BJ04-G11089. 来自电压互感器二次侧的四根开关场引入线（U_a、U_b、U_c、U_n）和电压互感器三次侧的两根开关场引入线（开口三角的U_L、U_n）中的两个零相电缆芯U_n（　　）。

A. 在开关场并接后，合成一根引至控制室接地；

B. 必须分别引至控制室，并在控制室接地；

C. 三次侧的U_n在开关场接地后引入控制室N600，二次侧的U_n单独引入控制室N600并接地。

答案：B

90. D5BJ04-G11090. 直流中间继电器、跳（合）闸出口继电器的消弧回路应采取以下方式：（　　）

A. 两支二极管串联后与继电器的线圈并联，要求每支二极管的反压不低于500V；

B. 一支二极管与一适当感抗值的电感串联后与继电器的线圈并联，要求二极管与电感的反压均不低于1000V；

C. 一支二极管与一适当阻值的电阻串联后与继电器的线圈并联，要求二极管的反压不低于1000V。

答案：C

91. D5BJ04-G11091. 双母线接线变电站的母差保护按设计要求先动作于母联断路器，后动作于故障母线的其他断路器，正确动作后，母差保护按（　　）进行评价。

A. 正确动作一次；　　B. 正确动作二次；

C. 跳开的断路器个数。

答案：A

92. D5BJ04-G11092. 为防止由瓦斯保护启动的中间继电器在直流电源正极接地时误动，应（　　）。

A. 在中间继电器起动线圈上并联电容；

B. 对中间继电器增加0.5s的延时；

C. 采用动作功率较大的中间继电器。

答案：C

93. D5BJ04-G11093. 对于双母线接线形式的变电站，当某一连接元件发生故障且断路器拒动时，失灵保护动作应先跳开（　　）。

A. 拒动断路器所在母线上的所在断路器；

B. 母联断路器；

C. 故障元件的其他断路器；

D. 以上说法均不正确。

答案：B

94. D5BJ04-G11094. 在一台Yd11接线的变压器低压侧发生AB相两相短路，星形侧某相电流为其他两相短路电流的两倍，该相为（　　）。

A. A相；　　B. B相；

C. C相；　　D. N相。

答案：A

95. D5BJ04-G11095. 电流互感器本身造成的测量误差是由于有励磁电流存在，其角度误差是励磁支路呈现为（　　），使一、二次电流有不同相位，造成角度误差。

A. 电阻性；　　B. 电容性；

C. 电感性；　　D. 电容性或电感性。

答案：C

96. D5BJ04-G11096. 在短路故障发生后经过大约半个周期的时间，将出现短路电流的最大瞬时值，它是校验电气设备机械应力的一个重要参数，称此电流为（　　）。

A. 暂态电流；　　B. 次暂态电流；

C. 冲击电流；　　D. 稳态电流。

答案：C

97. D5BJ04-G11097. 有两个正弦量，其瞬时值的表达方式分别为：$u=100\sin(\omega t-10°)$V，$i=5\cos(\omega t+10°)$A，可见（　　）。

A. 电流滞后电压 110°；

B. 电流超前电压 110°；

C. 电压超前电流 20°；

D. 电流超前电压 20°。

答案：B

98. D5BJ04-G11098. 助增电流的存在，对距离继电器的影响有（　　）。

A. 使距离继电器的测量阻抗减小，保护范围增大；

B. 使距离继电器的测量阻抗增大，保护范围减小；

C. 使距离继电器的测量阻抗增大，保护范围增大；

D. 使距离继电器的测量阻抗减小，保护范围减小。

答案：B

99. D5BJ04-G11099. 双母线运行倒闸过程中会出现两个隔离开关同时闭合的情况，如果此时Ⅰ母发生故障，母线保护应（　　）。

A. 切除两条母线；　　B. 切除Ⅰ母；

C. 切除Ⅱ母；　　D. 不动作。

答案：A

100. D5BJ04-G11100. 大电流接地系统线路发生正方向接地短路时，保护安装处的 $3U_0$ 和 $3I_0$ 之间的相位角取决于（　　）。

A. 该点到故障点的线路零序阻抗角；

B. 该点正方向到零序网络中性点之间的零序阻抗角；

C. 该点背后到零序网络中性点之间的零序阻抗角；

D. 该元件适用于中性点不接地系统零序方向保护。

答案：C

101. D5BJ04-G11101. 在大接地电流系统中，不论正向发生单相接地，还是发生两相接地短路时，都是 $3I_0$ 超前 $3U_0$ 约（　　）。

A. 30°；　　B. 70°；

C. 110°；　　D. 80°。

答案：C

102. D5BJ04-G11102. 快速切除线路与母线的短路故障，是提高电力系统（　　）的最重要手段。

A. 暂态稳定；　　B. 静态稳定；

C. 动态稳定；　　D. 暂态及静态稳定。

答案：A

103. D5BJ04-G11103. 图中相邻 A、B 两 220kV 线路，线路 A 长度为 100km。因通信故障使 A、B 的两套快速保护均退出运行。在距离 B 母线 80km 的 k 点发生三相金属性短路，流过 A、B 保护的相电流如图示。忽略线路电阻。线路单位长度电抗：0.4Ω/km。A 处距离保护定值分别为（二次值）TA：1200/5，$Z_{\mathrm{I}}=3.5\Omega$，$Z_{\mathrm{II}}=18\Omega$，$t=0.5$s。B 处距离保护定值分别为（二次值）TA：600/5，$Z_{\mathrm{I}}=1.2\Omega$。不考虑开关拒动。则 A 处相间距离保护与 B 处相间距离的动作情况为（　　）。

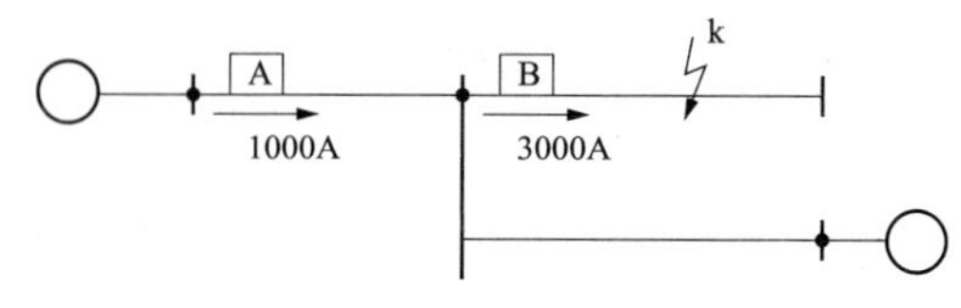

题 D5BJ04-G11103 图

A. B保护距离Ⅰ段动作。A保护不动作；

B. B保护距离Ⅱ段动作。A保护不动作；

C. A保护、B保护Ⅱ段同时动作；

D. A保护、B保护均不动作。

答案：C

104. D5BJ04-G11104. 变压器额定容量：120/120/90MVA，接线组别为：Yn，Yn，d11，额定电压：220/110/11kV，高压侧 TA 变比：600/5，中压侧 TA 变比：1200/5，低压侧 TA 变比：6000/5，差动保护 TA 二次均采用星形接线。差动保护高、中、低二次平衡电流正确的是（精确到小数点后 1 位）：（　　）。

A. 2.6A/2.6A/9.1A；

B. 2.6A/2.6A/3.9A；

C. 2.6A/2.6A/5.2A；

D. 4.5A/4.5A/5.2A。

答案：C

105. D5BJ04-G11105. 某变电站装配有两套电压为 220V 的直流电源系统，正常运行时两组直流电源及所带负荷相互之间没有电气联系。如果不慎将第一组直流系统的正极与第二组直流系统的负极短接，则：（　　）

A. 两组直流系统的电压及各组正、负极对大地电位与短接前相同；

B. 两组直流系统的电压与短接前相同，第一组正极对大地电位为＋220V，第二组负极对大地电位为－220V；

C. 两组直流系统的电压与短接前相同，第一组正极对大地电位为＋440V，第二组负极对大地电位为 0V；

D. 两组直流系统的电压与短接前略有不同，第一组电压偏高和第二组电压偏低。

答案：B

106. D5BJ04-G11106. 一台 $100V/\sqrt{3}/100V/\sqrt{3}/100V$ 电压互感器，如开口三角绕组 C 相反接，运行时，开口三角输出电压为（　　）V。

A. 100；　　B. 200；

C. 0；　　D. 57.735。

答案：B

107. D5BJ04-G11107. 线路第Ⅰ段保护范围最稳定的是（　　）。

A. 距离保护；　　B. 零序电流保护；

C. 相电流保护；　　D. 过流保护。

答案：A

108. D5BJ04-G11108. 在直流总输出回路及各直流分路输出回路装设直流熔断器或小空气开关时，上下级配合（　　）。

A. 有选择性要求；　　B. 无选择性要求；

C. 视具体情况而定；　　D. 可以任意选择。

答案：A

109. D5BJ04-G11109. 在保证可靠动作的前提下，对于联系不强的 220kV 电网，重点应防止保护无选择性动作；对于联系紧密的 220kV 电网，重点应保证保护动作的（　　）。

A. 选择性；　　B. 可靠性；

C. 灵敏性；　　D. 无要求。

答案：B

110. D5BJ04-G11110. 设对短路点的正、负、零序综合电抗为 $X_{1\Sigma}$、$X_{2\Sigma}$、$X_{0\Sigma}$，且 $X_{1\Sigma}=X_{2\Sigma}$，则单相接地短路零序电流比两相接地短路零序电流大的条件是（　　）。

A. $X_{1\Sigma}<X_0$；　　B. $X_{1\Sigma}>X_0$；

C. 与 $X_{1\Sigma}$ 和 $X_{0\Sigma}$ 大小无关；D. $X_{1\Sigma}=X_0$。

答案：A

111. D5BJ04-G11111. 某变电站装设两台自耦变压器，其中性点接地方式为（　　）。

A. 一台变压器接地，但当接地变压器退出运行时，另一台变压器接地；

B. 两台变压器都接地；

C. 两台变压器都不接地；

D. 接地与否根据运行方式安排而定，没有特定要求。

答案：B

112. D5BJ04-G11112. 在用拉路法查找直流接地时，要求断开各专用直流回路的时间（　　）。

A. 不得超过 3min；　　B. 不得超过 3s；

C. 不得超过 2min；　　D. 不得超过 2s。

答案：B

113. D5BJ04-G11113. 母线故障时，关于母差保护 TA 饱和程度，以下哪种说法正确。（　　）

A. 故障电流越大，负载越小，TA 饱和越严重；

B. 故障初期 3～5ms TA 保持线性传变，以后饱和程度逐步减弱；

C. 故障电流越大，且故障所产生的非周期分量越大和衰减时间常数越长，TA 饱和越严重；

D. 仅与故障电流有关，而与负载电流的大小没有关系。

答案：C

114. D5BJ04-G11114. 关于TA饱和对变压器差动保护的影响，以下哪种说法正确。（　　）

A. 由于差动保护具有良好的制动特性，区外故障时没有影响；

B. 由于差动保护具有良好的制动特性，区内故障时没有影响；

C. 可能造成差动保护在区内故障时拒动或延缓动作，在区外故障时误动作；

D. 由于差动保护具有良好的制动特性，区内、区外故障时均没有影响。

答案：C

115. D5BJ04-G11115. 变压器差动保护二次电流相位补偿的目的是（　　）。

A. 保证外部短路时差动保护各侧电流相位一致，不必考虑三次谐波及零序电流不平衡；

B. 保证外部短路时差动保护各侧电流相位一致，滤去可能产生不平衡的三次谐波及零序电流；

C. 调整差动保护各侧电流的幅值；

D. 为了保持与一次电流相位一致。

答案：B

116. D5BJ04-G11116. 在大接地电流系统中，单相接地短路电流是故障支路零序电流的（　　）。

A. 1倍；　　B. $\sqrt{3}$倍；

C. $\sqrt{3}/2$倍；　　D. 3倍。

答案：D

117. D5BJ04-G11117. 如果对短路点的正、负、零序综合电抗为$X_{1\Sigma}$、$X_{2\Sigma}$、$X_{0\Sigma}$，而且$X_{1\Sigma}=X_{2\Sigma}$，故障点的单相接地故障相的电流比三相短路电流大的条件是（　　）。

A. $X_{1\Sigma}>X_{0\Sigma}$；　　B. $X_{1\Sigma}=X_{0\Sigma}$；

C. $X_{1\Sigma}<X_{0\Sigma}$；　　D. 无法比较。

答案：A

118. D5BJ04-G11118. 电流互感器是（　　）。

A. 电流源，内阻视为无穷大；

B. 电压源，内阻视为零；

C. 电流源，内阻视为零；

D. 电压源，内阻视为无穷大。

答案：A

119. D5BJ04-G11119. 单侧电源线路的自动重合闸装置必须在故障切除后，经一定时间间隔才允许发出合闸脉冲，这是因为（　　）。

A. 需与保护配合；

B. 故障点要有足够的去游离时间以及断路器及传动机构的准备再次动作时间；

C. 防止多次重合；

D. 断路器消弧。

答案：B

120. D5BJ04-G11120. 谐波制动的变压器纵差保护中设置差动速断元件的主要原因是（　　）。

A. 为了提高差动保护的动作速度；

B. 为了防止区内故障在较高的短路水平时，由于电流互感器的饱和产生高次谐波量增加，导致差动元件拒动；

C. 保护设置的双重化，互为备用；

D. 为了提高差动保护的可靠性。

答案：B

121. D5BJ04-G11121. 变压器的过电流保护，加装复合电压闭锁元件是为了（　　）。

A. 提高过电流保护的可靠性；

B. 提高过电流保护的灵敏度；

C. 提高过电流保护的选择型；

D. 提高过电流保护的快速性。

答案：B

122. D5BJ04-G11122. 调整电力变压器分接头，会在其差动回路中引起不平衡电流的增大，解决方法为（　　）。

A. 增大短路线圈的匝数；

B. 提高差动保护的整定值；

C. 减少短路线圈的匝数；

D. 不需要对差动保护进行调整。

答案：B

123. D5BJ04-G11123. 下列电流互感器抗饱和能力最强的是（　　）。

A. 0.2级；　　B. 0.5级；

C. D级；　　D. TPY级。

答案：D

124. D5BJ04-G11124. 对采用单相重合闸方式的线路，当发生永久性两相短路接地时，保护及重合闸的动作顺序为（　　）。

A. 三相跳闸不重合；

B. 选跳故障相，延时重合故障相，后加速跳三相；

C. 三相跳闸，延时重合三相，后加速跳三相；

D. 选跳故障相，延时重合故障相，后加速再跳故障相，同时三相不一致保护跳三相。

答案：A

125. D5BJ04-G11125. 方向阻抗继电器中，记忆回路的作用是（　　）。

A. 提高灵敏度；

B. 消除正向出口三相短路的死区；

C. 防止反向出口短路动作；

D. 提高选择性。

答案：B

126. D5BJ04-G11126. 对于单侧电源的双绕组变压器，采用带制动线圈的差动继电器构成差动保护，其制动线圈（　　）。

A. 应装在电源侧；

B. 应装在负荷侧；

C. 可装在电源侧或负荷侧；

D. 可不用。

答案：B

127. D5BJ04-G11127. 当系统频率下降时，负荷吸取的有功功率（　　）。

A. 随着下降；　　B. 随着上升；

C. 不变；　　D. 与频率无关。

答案：A

128. D5BJ04-G11128. 母线电流差动保护采用电压闭锁元件主要是为了防止（　　）。

A. 系统发生振荡时母线电流差动保护误动；

B. 区外发生故障时母线电流差动保护误动；

C. TA 断线时母线电流差动保护误动；

D. 由于误碰出口中间继电器而造成母线电流差动保护误动。

答案：D

129. D5BJ04-G11129. 两只装于同一相，且变比相同、容量相等的套管电流互感器，在二次绕组串联使用时（　　）。

A. 容量和变比都增加一倍；

B. 变比增加一倍，容量不变；

C. 容量增加一倍，变比不变；

D. 容量和变比都不变。

答案：C

130. D5BJ04-G11130. 如果线路送出有功与受进无功相等，则线路电流、电压相位关系为（　　）。

A. 电压超前电流 45°；

B. 电流超前电压 45°；

C. 电流超前电压 135°；

D. 电压超前电流 135°。

答案：B

131. D5BJ04-G11131. 电力元件继电保护的选择性，除了决定于继电保护装置本身的性能外，还要求满足：由电源算起，越靠近故障点的继电保护的故障起动值（　　）。

A. 相对越小，动作时间越短；

B. 相对越大，动作时间越短；

C. 相对越小，动作时间越长；

D. 相对越大，动作时间越长。

答案：A

132. D5BJ04-G11132. 负载有功功率为 P，无功功率 Q，电压为 U，电流为 I，确定电抗 X 大小的关系式是（　　）。

A. $X=Q/I^2$；　　B. $X=Q/I$；

C. $X=P/Q$；　　D. $X=Q/U$。

答案：A

133. D5BJ04-G11133. 在小电流接地系统中，某处发生单相接地时，母线电压互感器开口三角的电压为（　　）。

A. 故障点距母线越近，电压越高；

B. 故障点距母线越近，电压越低；

C. 不管距离远近，基本上电压一样高；

D. 不定。

答案：C

134. D5BJ04-G11134. 所谓功率方向继电器的潜动，是指（　　）的现象。

A. 只给继电器加入电流或电压时，继电器不会动作；

B. 只给继电器加入电流或电压时，继电器会动作；

C. 加入继电器的电流与电压反向时，继电器动作；

D. 与电流、电压无关。

答案：B

135. D5BJ04-G11135. 在电力系统中发生不对称故障时，短路电流中的各序分量，其中受两侧电动势相角差影响的是（　　）。

A. 正序分量；

B. 负序分量；

C. 正序分量和负序分量；
D. 零序分量。
答案：A

136. D5BJ04-G11136. 两只装于同一相，且变比相同、容量相等的电流互感器，在二次绕组并联使用时（　　）。
A. 容量和变比都减小一倍；
B. 变比减小一倍、容量不变；
C. 变比不变、容量增加一倍；
D. 容量和变比都不变。
答案：B

137. D5BJ04-G11137. 当距离保护的阻抗灵敏角比线路阻抗角小时，可改变电抗变压器的二次负载电阻来调整，应（　　）。
A. 增大电阻；　B. 减小电阻；
C. 增大及减小均可；　D. 保持不变。
答案：A

138. D5BJ04-G11138. 保护动作至发出跳闸脉冲40ms，断路器连灭弧 60ms，重合闸时间继电器整定 0.8s，开关合闸时间 100ms，从事故发生至故障相恢复电压的时间为（　　）s。
A. 0.90；　B. 0.94；
C. 0.96；　D. 1.00。
答案：D

139. D5BJ04-G11139. 在如下特性的阻抗继电器中，当整定阻抗相同时，（　　）躲过渡电阻能力最强。
A. 全阻抗继电器；
B. 方向阻抗继电器；
C. 工频变化量阻抗继电器；
D. 偏移阻抗继电器。
答案：C

140. D5BJ04-G11140. 两相发生金属性短路时，短路点正序电压 U_{K1} 与负序电压 U_{K2} 的关系为（　　）。
A. $U_{K1}>U_{K2}$；　B. $U_{K1}=U_{K2}$；
C. $U_{K1}<U_{K2}$；　D. 不能确定。
答案：B

141. D5BJ04-G11141. 对采用单相重合闸的线路，当发生永久性单相接地故障时，保护及重合闸的动作顺序为（　　）。
A. 三相跳闸不重合；
B. 单相跳闸，重合单相，后加速跳三相；
C. 三相跳闸，重合三相，后加速跳三相；
D. 单相跳闸不重合，三相不一致保护动作跳三相。
答案：B

142. D5BJ04-G11142. 在大接地电流系统中，当相邻平行线路停运检修并在两侧接地时，电网发生接地故障，此时停运线路（　　）零序电流。
A. 流过；　B. 没有；
C. 不一定有；　D. 无法确认。
答案：A

143. D5BJ04-G11143. $\frac{3}{2}$断路器接线，每组母线宜装设两套母线保护，同时母线保护应（　　）电压闭锁环节。
A. 不设置；　B. 设置；
C. 一套设置一套不设置；　D. 无特别要求。
答案：A

144. D5BJ04-G11144. 过渡电阻对距离继电器工作的影响是（　　）。
A. 只会使保护区缩短；
B. 只会使继电器超越；
C. 视条件可能会失去方向性，也可能使保护区缩短，也可能超越或拒动；
D. 不会造成任何影响。
答案：C

145. D5BJ04-G11145. 变压器中性点间隙接地保护包括（　　）。
A. 仅有间隙过电流保护；
B. 仅有间隙过电压保护；
C. 间隙过电流保护与间隙过电压保护，且其接点串联出口；
D. 间隙过电流保护与间隙过电压保护，且其接点并联出口。
答案：D

146. D5BJ04-G11146. 电力系统不允许长期非全相运行，为了防止断路器一相断开后，长时间非全相运行，应采取措施断开三相，并保证选择性。其措施是装设（　　）。
A. 断路器失灵保护；
B. 零序电流保护；
C. 断路器三相不一致保护；

D. 断线保护。

答案：C

147. D5BJ04-G11147. 双母线系统的两组电压互感器二次回路采用自动切换的接线，切换继电器的接点（　　）。

A. 应采用同步接通与断开的接点；

B. 应采用先断开，后接通的接点；

C. 应采用先接通，后断开的接点；

D. 对接点的断开顺序不作要求。

答案：C

148. D5BJ04-G11148. 变压器励磁涌流与变压器充电合闸初相有关，当初相角为（　　）时励磁涌流最大。

A. 0；　　B. 60°；

C. 120°；　　D. 180°。

答案：A

149. D5BJ04-G11149. 当架空输电线路发生三相短路故障时，该线路保护安装处的电流和电压的相位关系是（　　）。

A. 功率因素角；　　B. 线路阻抗角；

C. 保护安装处的功角；　　D. 0。

答案：B

150. D5BJ04-G11150. Z_1 表示测量阻抗，Z_2 表示整定阻抗，Z_3 表示动作阻抗。线路发生短路，该距离保护动作，则说明（　　）。

A. $Z_3<Z_2<Z_1$；　　B. $Z_3\leqslant Z_2<Z_1$；

C. $Z_3<Z_2\leqslant Z_1$；　　D. $Z_3\leqslant Z_2\leqslant Z_1$。

答案：B

151. D5BJ04-G11151. 关于电力系统振荡，下面的说法中正确的是（　　）。

A. 系统发生振荡时电流和电压值都往复摆动，并且三相严重不对称；

B. 零序电流保护在电网发生振荡时容易误动作；

C. 有一电流保护其动作时限为 4.5s，在系统发生振荡时它不会误动作；

D. 距离保护在系统发生振荡时容易误动作，所以系统发生振荡时应断开距离保护投退压板。

答案：C

152. D5BJ04-G11152. 鉴别波形间断角的差动保护，是根据变压器（　　）波形特点为原理保护。

A. 外部短路电流；　　B. 负荷电流；

C. 励磁涌流；　　D. 以上均正确。

答案：C

153. D5BJ04-G11153. 220kV 自耦变压器零序方向保护的 TA 不能安装在（　　）。

A. 变压器中性点；　　B. 220kV 侧；

C. 110kV 侧；　　D. 上述答案均正确。

答案：A

154. D5BJ04-G11154. 若故障点综合零序阻抗小于正序阻抗，则各类接地故障中的零序电流分量以（　　）的为最大。

A. 单相接地；　　B. 两相接地；

C. 三相接地；　　D. 两相短路。

答案：B

155. D5BJ04-G11155.《继电保护和电网安全自动装置现场工作保安规定》要求，对一些主要设备，特别是复杂保护装置或有联跳回路的保护装置的现场校验工作，应编制和执行安全措施票，如（　　）。

A. 母线保护、断路器失灵保护和主变压器零序联跳回路等；

B. 母线保护、断路器失灵保护和主变压器零序联跳回路和用钳形伏安相位表测量等；

C. 母线保护、断路器失灵保护和主变压器零序联跳回路和用拉路法寻找直流接地等；

D. 母线保护、断路器失灵保护和主变压器零序联跳回路和保护整定值置入等。

答案：A

156. D5BJ04-G11156. 线路纵联保护仅一侧动作且不正确时，如原因未查明，而线路两侧保护归不同单位管辖，按照 DL/T 623—2010《电力系统继电保护及安全自动装置运行评价规程》，应评价为（　　）。

A. 保护动作侧不正确，未动作侧不评价；

B. 保护动作侧不评价，未动作侧不正确；

C. 两侧各不正确一次；

D. 两侧均不评价。

答案：C

157. D5BJ04-G11157. 微机继电保护装置的使用年限一般为（　　）。

A. 10～12 年；　　B. 8～10 年；

C. 12～14 年；　　D. 6～8 年。

答案：A

158. D5BJ04-G11158. 在直流总输出回路及各直流分路输出回路装设直流熔断器或小空气开关时，上下级配合（　　）。

A. 无要求；　　B. 有选择性要求；

C. 无选择要求；　　D. 视具体情况而定。

答案：B

159. D5BJ04-G11159. 对于集成电路型、微机型保护，对其抗干扰措施的要求有（　　）。

A. 交流电源引入线必须经抗干扰处理，直流电源来线可不经抗干扰处理；

B. 直流电源引入线必须经抗干扰处理，交流电源来线可不经抗干扰处理；

C. 交流及直流电源引入线均必须经抗干扰处理；

D. 交流及直流电源回路均无需抗干扰处理。

答案：C

160. D5BJ04-G11160. 继电保护设备、控制屏端子排上所接导线的截面不宜超过（　　）mm^2。

A. 2；　　B. 4；

C. 6；　　D. 8。

答案：C

161. D5BJ04-G11161. 试运行的保护在投入跳闸试运行期间，因设计原理、制造质量等非人员责任原因而发生误动，并在事前经过（　　）同意，可不予评价。

A. 部质检中心；　　B. 网、省局；

C. 基层局、厂；　　D. 局专业归口部门。

答案：B

162. D5BJ04-G11162. 直流母线的正极相色漆是（　　）。

A. 红色；　　B. 蓝色；

C. 紫色；　　D. 棕色。

答案：D

163. D5BJ04-G11163. 微机保护投运前不需要做带负荷试验的项目是（　　）。

A. 联动试验；　　B. 相序；

C. 功率角度；　　D. $3I_0$ 极性。

答案：A

164. D5BJ04-G11164. 母线故障，母线差动保护动作，已跳开故障母线上6个断路器（包括母联）还有一个断路器因本身原因而拒跳，则母差保护按（　　）进行评价。

A. 正确动作一次；

B. 拒动一次；

C. 不予评价；

D. 正确动作一次，拒动一次。

答案：C

165. D5BJ04-G11165. 为保证接地后备最后一段保护可靠地有选择地切除故障，220kV线路接地电阻最大按（　　）Ω考虑。

A. 100；　　B. 150；

C. 200；　　D. 300。

答案：A

166. D5BJ04-G11166. 开关或刀闸闭锁回路不能用重动继电器，应直接用开关或刀闸的（　　），操作开关或刀闸时，应以现场状态为准。

A. 微动开关；　　B. 接触器；

C. 辅助触点；　　D. 切换开关。

答案：C

167. D5BJ04-G11167. 采用计算机监控系统时，远方、就地操作均应具备（　　）功能。

A. 电气闭锁；　　B. 操作；

C. 闭锁；　　D. 切换。

答案：A

168. D5BJ04-G11168. 要认真贯彻各项规章制度及反事故措施，严格执行各项安全措施，防止继电保护（　　）事故的发生。

A. 三误；　　B. 四误；

C. 五误；　　D. 误动。

答案：A

169. D5BJ04-G11169. 下列不属于事故调查“四不放过”的是（　　）。

A. 事故原因不清楚不放过；

B. 没有采取防范措施不放过；

C. 事故损失不清楚不放过；

D. 事故责任者没有受到处罚不放过，事故责任者和应受教育者没有受到教育不放过。

答案：C

170. D5BJ04-G11170. 无（　　）作业是违反《电业安全工作规程》、《贵州电网公司110kV及以上变电站运行管理标准实施细则》的规定，使作业人员失去有效监护的行为。

A. 监护；　　B. 保护；

C. 监督；　　D. 督促。

答案：A

171. D5BJ04-G11171. 新投产发电设备和110kV及以上输变电设备（包括成套性继电保护及安全自动装置）（　　）以内发生由于设计、制造、施工安装、调试、集中检修等单位主要责任造成的事故不中断事故发生单位的安全记录。

A. 一年；　　B. 半年；

C. 一季度；　　D. 一个月。

答案：A

172. D5BJ04-G11172. 电力安全事故（事件）中，电网负荷20 000MW及以上（省自治区电网），减供负荷1%以上2%以下，应定为（　　）。

A. 二级事件；　　B. 三级事件；

C. 一级事件；　　D. 一般事故。

答案：A

173. D5BJ04-G11173. 保护装置整组实验实测动作时间与整定时间误差最大值不得超过整定时间级差的（　　）。

A. 3%；　　B. 5%；

C. 7%；　　D. 10%。

答案：D

174. D5BJ04-G11174. 继电保护在进行整组试验时，其直流电源电压应为（　　）。

A. 额定直流电源电压的85%；

B. 额定直流电源电压的80%；

C. 额定直流电源电压；

D. 额定直流电源电压的90%。

答案：B

175. D5BJ04-G11175. 继电保护事故后校验属于（　　）。

A. 全部校验；

B. 部分校验；

C. 补充校验；

D. 运行中发现异常的校验。

答案：C

176. D5BJ04-G11176. 现场工作过程中遇到异常情况或断路器跳闸时（　　）。

A. 只要不是本身工作的设备异常或跳闸，就可以继续工作，由运行值班人员处理；

B. 可继续工作，由运行值班人员处理异常或事故；

C. 应立即停止工作，保持现状，待找出原因或确定与本工作无关后，方可继续工作；

D. 可将人员分为两组，一组继续工作，一组协助运行人员查找原因。

答案：C

177. D5BJ04-G11177. 高空作业人员的安全带必须拴在（　　）上。

A. 电杆；

B. 主材；

C. 牢固的构件；

D. 主材或牢固的构件。

答案：D

178. D5BJ04-G11178. 按DL/T 995—2006《继电保护和电网安全自动装置检验规程》，对于超高压的电网保护，直接作用于断路器跳闸的中间继电器，其动作时间应小于（　　）ms。

A. 10；　　B. 15；

C. 5；　　D. 20。

答案：A

179. D5BJ04-G11179.《中国南方电网公司输变电设备缺陷管理标准》缺陷的分为几类？（　　）

A. 1类；　　B. 2类；

C. 3类；　　D. 4类。

答案：C

180. D5BJ04-G11180. 配置单相重合闸的线路发生瞬时单相接地故障时，由于重合闸原因误跳三相，但又三相重合成功，重合闸应评价为（　　）。

A. 不评价；

B. 正确动作一次，误动一次；

C. 不正确动作一次；

D. 不正确动作两次。

答案：D

二、多选题：D5BJ04-G12001～D5BJ04-G12035（每小题2分）

1. D5BJ04-G12001. 一般把继电保护的（　　）称为继电保护的整定计算。

A. 继电器选择；　　B. 动作值的计算；

C. 灵敏度的校验；　　D. 动作时间的计算。

答案：BCD

2. D5BJ04-G12002. 当采用单相重合闸装置时，应考虑到下列（　　）情况出现的非全相运行。

A. 重合闸过程中；

B. 单相重合闸装置拒动；

C. 开关偷跳。

答案：ABC

3. D5BJ04-G12003. 大接地电流系统中，AC 相金属性短路直接接地时，故障点序分量电压间的关系是（　　）。

A. B 相负序电压超前 C 相正序电压的角度是 120°；

B. A 相正序电压与 C 相负序电压同相位；

C. B 相零序电压超前 A 相负序电压的角度是 120°。

答案：ABC

4. D5BJ04-G12004. 在选择高频电缆长度时应考虑在现场放高频电缆时，在避开电缆长度接近（　　）的情况。

A. 1/4 波长；

B. 1/4 波长的整数倍；

C. 1/2 波长；

D. 1/8 波长。

答案：ABC

5. D5BJ04-G12005. 自动重合闸装置按照重合闸作用断路器的方式可分为（　　）。

A. 单相重合闸；　　B. 三相重合闸；

C. 综合重合闸；　　D. 单侧电源重合闸。

答案：ABC

6. D5BJ04-G12006. 断路器辅助触点接于保护跳闸回路中，可以用于（　　）。

A. 在保护动作后，断开跳闸回路，避免跳闸线圈长时间通电而烧坏；

B. 避免中间继电器的触点断开跳闸回路，保护触点；

C. 主要用于增加触点数量；

D. 可代替熔断器。

答案：AB

7. D5BJ04-G12007. 电力网主要由（　　）组成。

A. 送电线路；　　B. 变电站；

C. 配电所；　　D. 配电线路。

答案：AB

8. D5BJ04-G12008. 小接地电流系统发生单相接地时，（　　）。

A. 接地电流很小；

B. 线电压对称；

C. 非故障相电压升高$\sqrt{3}$倍；

D. 没有负序电压分量。

答案：ABCD

9. D5BJ04-G12009. 在中性点经消弧线圈接地的电网中，过补偿运行时消弧线圈的主要作用是（　　）。

A. 改变接地电流相位；

B. 减小接地电流；

C. 消除铁磁谐振过电压；

D. 减小单相故障接地时故障点恢复电压。

答案：BCD

10. D5BJ04-G12010. 电压继电器反应电压变化而动作分为（　　）。

A. 过电压继电器；　　B. 低电压继电器；

C. 中间继电器。

答案：AB

11. D5BJ04-G12011. 变压器需同时装设（　　）共同作为变压器的主保护。

A. 过电流保护；　　B. 过负荷保护；

C. 差动保护；　　D. 非电量保护。

答案：CD

12. D5BJ04-G12012. 输电线路的三段式保护由（　　）保护构成。

A. 电流速断；　　B. 限时电流速断；

C. 零序电流速断；　　D. 定时限过电流。

答案：ABD

13. D5BJ04-G12013. 继电保护的原理图有（　　）原理图。

A. 展开式；　　B. 归总式；

C. 分散式；　　D. 集中式。

答案：ABD

14. D5BJ04-G12014. 电力系统自动操作装置有（　　）。

A. 备用电源自动投入装置；

B. 电力系统频率自动调节装置；

C. 自动重合闸装置；

D. 低频减载装置。

答案：ACD

15. D5BJ04-G12015. 用分路试停的方法查找直流接地有时查找不到，可能是由于（　　）。

A. 分路正极接地；

B. 分路负极接地；

C. 环路供电方式合环运行；

D. 充电设备或蓄电池发生直流接地。

答案：CD

16. D5BJ04-G12016. 在电流互感器二次回路进行

短路接线时，应使用（　　）。

A. 短路片；　　B. 导线压接；

C. 保险丝；　　D. 裸露的铜丝线。

答案：AB

17. D5BJ04-G12017. 分立元件构成的继电保护二次接线图中，展开图按供给二次回路的独立电源划分，将（　　）分开表示。

A. 交流电流回路；　　B. 交流电压回路；

C. 直流操作回路；　　D. 信号回路。

答案：ABCD

18. D5BJ04-G12018. 分立元件构成的继电保护二次接线图中，展开图的特点为（　　）。

A. 对整体装置和回路的构成有一个明确的整体概念；

B. 按不同电源电路划分成多个独立电路；

C. 在图形上方有统一规定的文字符号；

D. 各导线、端子有统一的规定的回路编号和标号。

答案：BCD

19. D5BJ04-G12019. Yd11 接线的变压器，是指（　　）。

A. 一次侧相电压超前二次侧相电压 30°；

B. 一次侧线电压超前二次侧线电压 30°；

C. 一次侧线电压滞后二次侧线电压 30°；

D. 一次侧相电压滞后二次侧相电压 30°。

答案：CD

20. D5BJ04-G12020. 原理上受振荡影响的保护有（　　）。

A. 差动保护；　　B. 阻抗保护；

C. 电流保护；　　D. 电流纵联保护。

答案：BC

21. D5BJ04-G12021. 小接地电流系统中发生单相接地时，（　　）。

A. 故障电流很小；　　B. 线电压对称；

C. 其他相电压升高$\sqrt{3}$倍。

答案：ABC

22. D5BJ04-G12022. 三相短路起始电流的实际波形为（　　）。

A. 正弦波；

B. 偏向时间轴一侧；

C. 逐渐衰减为周期分量；

D. 最大值在短路后一个周波。

答案：BC

23. D5BJ04-G12023. 两相短路特征为（　　）。

A. 故障相电流大小相等，方向相反；

B. 非故障相电流为 0；

C. 故障相电压相等且为 0；

D. 有零序电流。

答案：AB

24. D5BJ04-G12024. 单相接地故障时，（　　）。

A. 故障相电压等于 0；

B. 非故障相故障电流为 0；

C. 非故障相电压不变。

答案：AB

25. D5BJ04-G12025. 励磁涌流有以下特点，（　　）。

A. 含有大量高次谐波，其中二次谐波最大；

B. 波形之间有间断；

C. 波形持续不衰减；

D. 含有很大非周期分量，偏于时间轴一边。

答案：ABD

26. D5BJ04-G12026. 提高系统稳定水平措施有（　　）。

A. 电网结构已定，提高线路有功传输；

B. 尽可能快速切除故障；

C. 采用快速重合闸或采用单重；

D. 串补电容。

答案：BCD

27. D5BJ04-G12027. 高电压、长线路用暂态型电流互感器是因为（　　）。

A. 短路过渡过程中非周期分量大，衰减时间常数大；

B. 保护动作时间相对短，在故障暂态状态时动作；

C. 短路电流幅值大。

答案：ABC

28. D5BJ04-G12028. 装有重合闸的线路跳闸后，在哪些情况下不允许或不能进行重合闸？（　　）

A. 手动跳闸；

B. 断路器失灵保护动作跳闸；

C. 远方跳闸；

D. 重合闸停用时跳闸；

E. 母线保护动作跳闸。

答案：ABCDE

29. D5BJ04-G12029. 继电保护的“三误”是

（　　）。

A. 误整定；　　B. 误传动；

C. 误接线；　　D. 误碰。

答案：ACD

30. D5BJ04-G12030. 继电保护装置试验分为三种，它们分别是（　　）。

A. 传动试验；　　B. 补充检验；

C. 验收试验；　　D. 定期检验。

答案：BCD

31. D5BJ04-G12031. 需要调试光纤纵联通道时应配置（　　）等仪器。

A. 光源；　　B. 光功率计；

C. 误码仪；　　D. 可变光衰耗器。

答案：ABCD

32. D5BJ04-G12032. 在全部停电或部分停电的电气设备上工作时，保证安全的技术措施为停电、验电及（　　）。

A. 检查回路；　　B. 装设接地线；

C. 悬挂标识牌；　　D. 装设遮栏。

答案：BCD

33. D5BJ04-G12033. 运行中装置的定期校验分为（　　）。

A. 全部校验；

B. 部分校验；

C. 补充校验；

D. 用装置进行断路器跳、合闸试验。

答案：ABD

34. D5BJ04-G12034. 电流互感器、电压互感器的（　　）必须符合设计要求。

A. 极性；　　B. 变比；

C. 容量；　　D. 准确级。

答案：BCD

35. D5BJ04-G12035. 电力系统继电保护运行统计评价范围里有（　　）。

A. 发电机、变压器的保护装置；

B. 安全自动装置；

C. 故障录波器；

D. 直流系统。

答案：ABC

三、判断题：D5BJ04-G13001 ～ D5BJ04-G13180（每小题 1 分）

1. D5BJ04-G13001. 严禁任何人在站控层计算机以及与变电站自动化系统互联的独立微机五防主机上安装、拷贝、使用与运行无关的软件。

答案：√

2. D5BJ04-G13002. 高频保护通道余量小于 8.686dB 时，高频保护应该退出。

答案：√

3. D5BJ04-G13003. 钳形电流表的电流钳在使用时其红点应该朝向端子排的外侧。

答案：√

4. D5BJ04-G13004. 电力系统的静态稳定性，是指电力系统在受到小的扰动后，能自动恢复到原始运行状态的能力。

答案：√

5. D5BJ04-G13005. 对于终端站具有小水电或自备发电机的线路，当主供电源线路故障时，为保证主供电源能重合成功，应将它们解列。

答案：√

6. D5BJ04-G13006. 主变压器高压侧区内 C 相故障，差动保护动作，其保护装置报 B 相差动出口，C 相差动出口。

答案：√

7. D5BJ04-G13007. 在系统发生接地故障时，相间电压中会出现零序电压分量。

答案：×

8. D5BJ04-G13008. 母线指变电站中各电压等级配电装置的连接。母线的作用是汇集、分配和传输电能。

答案：√

9. D5BJ04-G13009. 35kV 及以上电压等级的母线必须配置母线保护。

答案：×

10. D5BJ04-G13010. 远后备是当主保护或断路器拒动时，由相邻电力设备或线路的保护来实现的后备，即当断路器拒动时，靠远后备断路器失灵保护来实现的后备保护。

答案：×

11. D5BJ04-G13011. 电力设备或电力网的保护装置，除预先规定的以外，都不允许因系统振荡引起误动作。

答案：√

12. D5BJ04-G13012. 多母线保护，差动回路由一个母线大差动和几个各段母线小差动构成。

答案：√

13. D5BJ04-G13013. 在应用单相重合闸的线路上，发生瞬时或较长时间的两相运行，高频保护不会误动。

答案：√

14. D5BJ04-G13014. 相差高频保护的停信方式有断路器三跳停信、手动停信、其他保护停信及高频保护本身停信。

答案：√

15. D5BJ04-G13015. 发信机主要由调制电路、振荡电路、放大电路、高频滤波电路等构成。

答案：√

16. D5BJ04-G13016. 在调试高频保护时，本侧收到对侧的高频信号越大越好。

答案：×

17. D5BJ04-G13017. 相差高频保护的基本工作原理是比较被保护线路两侧电流的相位。

答案：√

18. D5BJ04-G13018. 运行中的高频保护，两侧交换高频信号试验时，保护装置需要断开跳闸压板。

答案：×

19. D5BJ04-G13019. 高频保护在自动重合闸重合后随之发生振荡，保护装置将误动作。

答案：×

20. D5BJ04-G13020. 线路两侧纵联保护装置不用同时投入或退出。

答案：×

21. D5BJ04-G13021. 双重化配置的保护装置之间不应有任何电气联系。

答案：√

22. D5BJ04-G13022. 变压器非电量保护动作不启动失灵保护。

答案：√

23. D5BJ04-G13023. 投入线路重合闸时，除投入重合出口压板外，重合方式控制回路还必须按相应定值单要求投在规定的位置上。

答案：√

24. D5BJ04-G13024. 因为高频保护不反应被保护线路以外的故障，所以不能作为下一段线路的后备保护。

答案：√

25. D5BJ04-G13025. 在与单相重合闸配合使用时，相差高频保护要求三跳停信，而高频闭锁保护则要求单跳停信。

答案：√

26. D5BJ04-G13026. 由高频闭锁距离保护原理可知，当发生短路故障，两侧启动元件都动作时，如有一侧停止发信，两侧保护仍然被闭锁，不会出口跳闸。

答案：√

27. D5BJ04-G13027. 高频保护在非全相运行中，又发生区外故障，此时保护装置将会误动作。

答案：×

28. D5BJ04-G13028. 高频保护在短路持续时间内，短路功率方向发生改变，保护装置不会误动。

答案：√

29. D5BJ04-G13029. 综合重合闸中，选相元件必须可靠，如果因选相元件在故障时拒动而跳开三相断路器，根据有关规程规定应认定综合重合闸为不正确动作。

答案：√

30. D5BJ04-G13030. 静止元件（线路和变压器）的负序和正序阻抗是相等的，零序阻抗则不同于正序或负序阻抗，旋转元件（如发电机和电动机）的正序、负序和零序阻抗三者互不相等。

答案：√

31. D5BJ04-G13031. 主变压器差动速断保护经二次谐波制动。

答案：×

32. D5BJ04-G13032. 任一相二次谐波元件开放条件满足时，主变压器差动保护就具备出口条件。

答案：×

33. D5BJ04-G13033. A、B、C 三相二次谐波元件开放条件都满足时，主变压器差动保护才具备出口条件。

答案：√

34. D5BJ04-G13034. 解列重合闸可用在非同步重合闸的双电源单回线路中。

答案：×

35. D5BJ04-G13035. 检定同步的自动重合闸适宜输送功率较小的联络线路。

答案：×

36. D5BJ04-G13036. 重合闸后加速可提高重合闸的成功率。

答案：×

37. D5BJ04-G13037. 重合闸后加速保护广泛应用于35kV及以下的系统中。

答案：×

38. D5BJ04-G13038. 在超高压输电线路上都装设综合重合闸，以提高供电的可靠性和系统运行的稳定性。

答案：×

39. D5BJ04-G13039. 在综合重合闸装置中，三重方式切除故障的时间比单重的长。

答案：×

40. D5BJ04-G13040. 电压互感器的一次内阻很大，可以认为是电压源，TA的一次内阻很小，可以认为是电流源。

答案：×

41. D5BJ04-G13041. 在大接地电流系统中，当断路器触头一相或两相先闭合时，零序电流滤过器均无电流输出。

答案：×

42. D5BJ04-G13042. 变压器差动保护的分侧差动保护、零序差动保护与励磁涌流无关。

答案：√

43. D5BJ04-G13043. 非正弦电路的平均功率，就是各次谐波所产生的平均功率之和。

答案：√

44. D5BJ04-G13044. 变压器差动保护对绕组匝间短路没有保护作用。

答案：×

45. D5BJ04-G13045. 电力系统的不对称故障有单相接地、两相接地短路、两相短路和断线、系统振荡。

答案：×

46. D5BJ04-G13046. 电力变压器中性点直接接地或经消弧线圈接地的电力系统，称为大接地系统。

答案：×

47. D5BJ04-G13047. 在固定连接破坏，外部短路故障时，保护不会拒动。

答案：×

48. D5BJ04-G13048. 在固定连接破坏，且内部发生短路故障时，保护将失去选择性。

答案：√

49. D5BJ04-G13049. 电力系统中的电力设备和线路，应装设短路故障和异常运行保护装置。电力设备和线路短路故障的保护应有主保护和后备保护，不用增设其他辅助保护。

答案：×

50. D5BJ04-G13050. 继电保护装置应满足可靠性、选择性、灵敏性和速动性的要求。

答案：√

51. D5BJ04-G13051. 微机母线保护硬件组成包括比例差动保护插件、保护闭锁插件、保护管理插件和其他插件。

答案：√

52. D5BJ04-G13052. 电流互感器二次绕组的人为接地是属于保护接地，其目的是防止绝缘击穿时二次侧串入高电压，威胁人身和设备安全。

答案：√

53. D5BJ04-G13053. 在220kV线路保护上工作需办理“二次设备及回路工作安全技术措施单”，在110kV线路保护上工作则不需办理。

答案：×

54. D5BJ04-G13054. 用于主变压器差动保护的电流可以取自对应侧断路器电流互感器。

答案：√

55. D5BJ04-G130555. 电流或电压互感器的减极性法则的原则是“头进头进”。

答案：×

56. D5BJ04-G13056. 电流互感器的二次绕组为多抽头，对于没有使用的抽头应该相互短接，防止电流回路开路。

答案：×

57. D5BJ04-G13057. 主变压器零序保护用于反应相间故障。

答案：×

58. D5BJ04-G13058. Yd11接线形式的主变压器其低压侧相电压滞后高压侧相电压30°。

答案：×

59. D5BJ04-G13059. 主变压器高压侧断路器电流互感器二次绕组按三角形接线。

答案：×

60. D5BJ04-G13060. 备自投装置对于作为备用投

入的断路器要求在冷备用状态。

答案：×

61. D5BJ04-G13061. 不论是安稳跳开的进线，还是保护跳开的进线，只要站端母线失压，备自投就应该动作。

答案：×

62. D5BJ04-G13062. 备自过负荷联切功能当工作电源所带负荷超过系统的允许值时，备自投装置具备切除负荷线路的功能。

答案：√

63. D5BJ04-G13063. 接入备自投装置的断路器位置接点，为了节约电缆，可以采用操作箱的 TWJ 或者 HWJ。

答案：×

64. D5BJ04-G13064. 有流无流定值指进线的一相（或二相）电流小于无流定值，该定值应小于最小负荷电流，主要是防止 TV 断线造成误动，也是为了更好地确认进线开关在分位。

答案：√

65. D5BJ04-G13065. 备自投在合上备用电源前，要先将备用线所在母线上的负荷甩空。

答案：×

66. D5BJ04-G13066. 备自投下一级自投动作跳运行开关时间≥ΔT+上一级自投跳合闸时间。

答案：√

67. D5BJ04-G13067. 电流互感器的一次、二次侧引出端子上一般标有一些符号。一、二次侧引出端子上的同一符号为同极性端。

答案：√

68. D5BJ04-G13068. 当电流从一次的极性端流进时，二次电流从极性端流进。

答案：×

69. D5BJ04-G13069. 电流互感器的二次回路应有且只能有一个接地点，宜在配电装置处经端子接地。由几组电流互感器绕组组合且有电路直接联系的保护回路，如差动保护、电流互感器二次回路的接地点宜在控制室。

答案：√

70. D5BJ04-G13070. 在工作过程中，因尽量避免二次电压回路开路。

答案：×

71. D5BJ04-G13071. 主变压器高后备间歇保护过压元件所取电压采自高压侧母线 TV 的开口三角形电压。

答案：√

72. D5BJ04-G13072. 电压互感器二次回路至少一点接地。

答案：×

73. D5BJ04-G13073. 当电流互感器误差超过10%时，可用两种同变比的互感器并接以减小电流互感器的负担。

答案：×

74. D5BJ04-G13074. 大电流接地系统中线路空载发生 A 相接地短路时，B 相和 C 相的故障电流为零。

答案：×

75. D5BJ04-G13075. 系统零序电流的分布与电源点的分布有关，与中性点接地的多少及位置无关。

答案：×

76. D5BJ04-G13076. 发生各种不同类型短路时，故障点电压各序对称分量的变化规律是三相短路时正序电压下降最多，单相短路时正序电压下降最少。不对称短路时，负序电压和零序电压是越靠近故障点数值越大。

答案：√

77. D5BJ04-G13077. 新安装的变压器差动保护在变压器充电时，应将差动保护停用，瓦斯保护投入运行，待测试差动保护极性正确后再投入运行。

答案：×

78. D5BJ04-G13078. 为了使用户停电时间尽可能短，备用电源自动投入装置可以不带时限。

答案：×

79. D5BJ04-G13079. 断路器失灵保护的延时均不需与其他保护的时限配合，因为它在其他保护动作后才开始计时。

答案：√

80. D5BJ04-G13080. 继电保护动作速度越快越好，灵敏度越高越好。

答案：×

81. D5BJ04-G13081. 220kV 系统时间常数较小，500kV 系统时间常数较大，后者短路电流非周期分量的衰减较慢。

答案：√

82. D5BJ04-G13082. 220kV 等级变压器保护动作后均应启动断路器失灵保护。

答案：×

83. D5BJ04-G13083. 配有两套重合闸的 220kV 线路，正常时只投入一套重合闸，另一套重合闸切换把手可以放在任意位置。

答案：×

84. D5BJ04-G13084. 电压互感器的误差表现在幅值误差和角度误差两个方面。电压互感器二次负载的大小和功率因数的大小，均对误差没有影响。

答案：×

85. D5BJ04-G13085. 对于终端站具有小水电或自备发电机的线路，当主供电源线路故障时，为保证主供电源能重合成功，应将其解裂。

答案：√

86. D5BJ04-G13086. 变压器的瓦斯保护范围在差动保护范围内，这两种保护均为瞬动保护，所以可用差动保护来代替瓦斯保护。

答案：×

87. D5BJ04-G13087. 一般来说，高低压电磁环网运行可以给变电站提供多路电源，提高对用户供电的可靠性，因此应尽可能采用这种运行方式。

答案：×

88. D5BJ04-G13088. 电流系统简单不对称故障有两相短路、两相接地短路、单相接地短路、一相断线、两相断线。

答案：√

89. D5BJ04-G13089. 距离Ⅰ、Ⅱ、Ⅲ段保护中，距离Ⅲ段保护一般不受振荡影响，其原因是靠时间整定躲过振荡周期。

答案：√

90. D5BJ04-G13090. 距离保护克服“死区”的方法有记忆回路和引入非故障相电压。

答案：√

91. D5BJ04-G13091. 变压器保护的动作评价：其纵差、重瓦斯保护按高压侧归类统计，各电压侧后备保护按各侧统计。

答案：√

92. D5BJ04-G13092. 信号回路对断路器的跳、合闸控制无任何影响，故一般不设专用熔断器供电，且可与其他回路混用。

答案：×

93. D5BJ04-G13093. 保护跳闸连接片开口端应装在上方，接断路器的跳闸线圈回路。

答案：√

94. D5BJ04-G13094. 后备保护是指在主保护或断路器拒动时，用以切除故障的保护。

答案：√

95. D5BJ04-G13095. 根据最大运行方式计算的短路电流来检验继电保护的灵敏度。

答案：×

96. D5BJ04-G13096. 电力系统有功出力不足时，不只影响系统的频率，对系统电压的影响更大。

答案：×

97. D5BJ04-G13097. 电力网中出现短路故障时，过渡电阻的存在，对距离保护装置有一定的影响，而且当整定值越小时，它的影响越大，故障点离保护安装处越远时，影响也越大。

答案：×

98. D5BJ04-G13098. 距离保护受系统振荡的影响与保护的安装地点有关，当振荡中心在保护范围外或位于保护的反方向时，距离保护就不会因系统振荡而误动作。

答案：√

99. D5BJ04-G13099. 电流互感器二次侧接成三角形比接成完全星形的负载能力强。

答案：×

100. D5BJ04-G13100. 一般来讲，切除故障越快越好，所以手合于故障线路或三相重合于故障线路，微机保护零序加速段总是瞬时动作。

答案：×

101. D5BJ04-G13101. 电力系统中，只要零序网络保持不变，则在同一地点发生单相接地故障，零序电流也不变。

答案：×

102. D5BJ04-G13102. 220kV 线路一般不采用三相重合闸主要是因为单相接地时，进行三相重合比单相重合产生的操作过电压大。

答案：×

103. D5BJ04-G13103. 系统发生振荡时，振荡中心的电压总是低于系统其他部分的电压。

答案：×

104. D5BJ04-G13104. 双母线系统中电压切换的

作用是为了保证二次电压与一次电压的对应。

答案：×

105. D5BJ04-G13105. 采用检无压、检同期重合闸方式的线路，投检无压的一侧，还要投检同期。

答案：√

106. D5BJ04-G13106. 电力系统稳定运行时，发电机发出的总功率与用户消耗的总功率完全相等。

答案：×

107. D5BJ04-G13107. 自耦变压器可用一侧过负荷来决定其他侧也过负荷，因此无需在各侧都装设过负荷保护。

答案：×

108. D5BJ04-G13108. 电压互感器的中性点引出线上不应装设熔断器。

答案：×

109. D5BJ04-G13109. 电流互感器二次回路采用多点接地，易造成保护拒绝动作。

答案：×

110. D5BJ04-G13110. 对于二次绕组具有多抽头的电流互感器，不用的抽头必须接地短路。

答案：×

111. D5BJ04-G13111. 主变压器保护中除差动保护动作外，其他保护动作均应闭锁备自投装置。

答案：×

112. D5BJ04-G13112. 当线路出现不对称断相时，因为没有发生接地故障，所以线路没有零序电流。

答案：×

113. D5BJ04-G13113. 中性点经消弧线圈接地补偿运行方式时，补偿后电流数值越小越好。

答案：×

114. D5BJ04-G13114. 中性点直接接地系统，单相接地故障时，两个非故障相的故障电流一定为零。

答案：×

115. D5BJ04-G13115. 在中性点直接接地系统中，如果各元件的阻抗角都是 80°，当正方向发生接地故障时，$3U_0$ 落后 $3I_0$ 110°当反方向发生接地故障时，$3U_0$ 超前 $3I_0$ 80°。

答案：√

116. D5BJ04-G13116. 一般微机保护的“信号复归”按钮和装置的“复位”键的作用是相同的。

答案：×

117. D5BJ04-G13117. 保护装置的动作符合其动作原理，就应评价为正确动作。

答案：×

118. D5BJ04-G13118. 零序电流保护能保护各种不对称故障，但不反应三相对称故障。

答案：×

119. D5BJ04-G13119. 220kV 线路一般都配置了两套微机保护，每套保护设有重合闸，为了保证重合闸的可靠性，两套重合闸的合闸压板都投入运行。

答案：×

120. D5BJ04-G13120. 当线路出现非全相运行时，由于没有发生接地故障，所以零序保护不会发生误动。

答案：×

121. D5BJ04-G13121. 断路器失灵保护的相电流判别元件的整定值，在为了满足线路末端单相接地故障时有足够灵敏度，可以不躲过正常运行负荷电流。

答案：√

122. D5BJ04-G13122. 对于双侧电源送电线路的重合闸，要求当线路上发生故障时，两侧的保护装置可能以不同的时限动作于跳闸。因此，线路两侧的重合闸必须保证在两侧的断路器都跳开以后，再进行重合。

答案：√

123. D5BJ04-G13123. 线路自动重合闸的使用，不仅提高了供电的可靠性，减少了停电损失，而且还提高了电力系统的暂态稳定水平，增大了高压线路的送电容量。

答案：√

124. D5BJ04-G13124. 当重合闸合于永久性故障时，主要有以下两个方面的不利影响：①使电力系统又一次受到故障的冲击；②使断路器的工作条件变的更严重，因为断路器要在短时间内，连续两次切断电弧。

答案：√

125. D5BJ04-G13125. 只要出现非全相运行状态，一定会出现负序电流和零序电流。

答案：×

126. D5BJ04-G13126. 变电站场地至主控制室的二次电缆，允许将备用芯两端接地来减小外界电磁场的干扰。

答案：×

127. D5BJ04-G13127. 在变压器差动保护 TA 范围以外改变一次电路的相序时，变压器差动保护用 TA 的二次接线也应做相应改动。

答案：×

128. D5BJ04-G13128. 断路器的“跳跃”现象一般是在跳闸、合闸回路同时接通时发生的，“防跳”回路设置是将断路器闭锁到跳闸位置。

答案：√

129. D5BJ04-G13129. 电压互感器二次输出回路 A、B、C、N 相均应装设熔断器或自动小开关。

答案：×

130. D5BJ04-G13130. 阻抗继电器的测量阻抗与保护安装处至故障点的距离成正比，而与电网的运行方式无关，并不随短路故障的类型而改变。

答案：√

131. D5BJ04-G13131. 在一定的负荷电流下，电流互感器变比越大，二次开路电压越高。

答案：√

132. D5BJ04-G13132. 除了预定的解列点，不允许保护装置在系统振荡时动作跳闸。

答案：√

133. D5BJ04-G13133. 瓦斯保护能反应变压器油箱内的任何故障，如铁芯过热烧伤、油面降低等，但差动保护对此无反应。

答案：√

134. D5BJ04-G13134. 平行线路之间存在零序互感，当相邻平行线流过零序电流时，将在线路上产生感应零序电势，有可能改变零序电流与零序电压的相量关系。

答案：√

135. D5BJ04-G13135. 系统零序电流的分布与电源点的分布有关，与中性点接地的多少及位置无关。

答案：×

136. D5BJ04-G13136. 对于中性点直接接地的三绕组自耦变压器，中压侧母线发生单相接地故障时，接地中性线的电流流向、大小要随高压侧系统零序阻抗大小而发生变化。

答案：×

137. D5BJ04-G13137. 继电保护装置是保证电力元件安全运行的基本装备，任何电力元件不得在无保护的状态下运行。

答案：√

138. D5BJ04-G13138. 断路器操作箱中的防跳跃继电器 TBJ 的电流起动线圈的额定电流，应与断路器机构的合闸线圈的动作电流适配，并要求其灵敏度高于合闸线圈的灵敏度。

答案：√

139. D5BJ04-G13139. 安全组织措施作为保证安全的制度措施之一。

答案：√

140. D5BJ04-G13140. 当需将保护的电流输入回路从电流互感器二次侧断开时，必须有专人监护，使用绝缘工具，并站在绝缘垫上，断开电流互感器二次侧后，使用短路线妥善可靠短接电流互感器二次绕组。

答案：×

141. D5BJ04-G13141. 工作负责人在部分停电时可参加工作班工作。

答案：×

142. D5BJ04-G13142. 在同一套保护装置中，闭锁、启动、方向判别和选相等辅助元件的动作灵敏度，应小于所控制的测量、判别等主要元件的动作灵敏度。

答案：×

143. D5BJ04-G13143. 凡接触现场运行的继电保护装置、安全自动化装置及二次回路的所有人员，不论其所属专业，都必须遵守《继电保护和电网安全自动装置现场工作保安规定》。

答案：√

144. D5BJ04-G13144. 设备停电后可以不断开其各侧断路器、隔离开关的控制电源和合闸能源，但要闭锁隔离开关的操作机构。

答案：×

145. D5BJ04-G13145. 发生人身触电时，若不能立即确定要断开的具体设备电源时，可以断开其设备的上一级电源。

答案：√

146. D5BJ04-G13146. 带电的电压互感器和电流互感器回路均不允许开路。

答案：×

147. D5BJ04-G13147. 对不能明确提供保护动作情况的微机保护装置，不论动作多少次都只按动作一次统计。

答案：√

148. D5BJ04-G13148. 在升压过程中，若发现异常情况，应立即停止工作。

答案：×

149. D5BJ04-G13149. 试验用直流电源应由专用熔断器供电，也可以从运行设备上直接取得试验电源。

答案：×

150. D5BJ04-G13150. 正常运行时，电压互感器开口三角绕组出口应装设熔断器。

答案：×

151. D5BJ04-G13151. 进入变电站进行线路绝缘电阻测量工作时，其线路只需在冷备用状态，经变电值班员许可即可工作。

答案：×

152. D5BJ04-G13152. 为保证电网保护的灵敏性，电网保护上、下级之间逐级配合的原则是保护装置整定值必须在灵敏度和时间上配合。

答案：×

153. D5BJ04-G13153. 试验工作结束后，应恢复同运行设备有关的接线，检查装置内无异物后，办理工作终结手续。

答案：×

154. D5BJ04-G13154. 试验时遇到恶劣天气，应立即中止试验。

答案：×

155. D5BJ04-G13155. 带电的电流互感器二次短接后，也不得去掉接地点。

答案：√

156. D5BJ04-G13156. 按 DL/T 995—2006《继电保护和电网安全自动装置检验规程》规定，每年应对电流互感器端子箱端子排的螺丝压接情况进行一次检查。

答案：×

157. D5BJ04-G13157. 在带电的电磁式电流互感器二次回路上工作时，应防止二次侧短路。

答案：×

158. D5BJ04-G13158. 接到厂家通知及软件芯片后，各单位即可进行保护装置软件更换。

答案：×

159. D5BJ04-G13159. 微机故障路波启动后，为避免对运行人员造成干扰，不宜给出声光启动信号。

答案：√

160. D5BJ04-G13160. 电流互感器和电压互感器的二次绕组应有且仅有一点在端子箱接地。

答案：×

161. D5BJ04-G13161. 需进行加压试验的设备与检修设备有断开点并满足试验电压对应的安全距离时，告知检修人员后便可加压。

答案：×

162. D5BJ04-G13162. SF_6 电气设备发生大量泄漏等紧急情况时，佩戴空气呼吸器可以入内。

答案：×

163. D5BJ04-G13163. 继电保护装置检验分为验收检验、定期检验和事故检验三种。

答案：×

164. D5BJ04-G13164. 不履行现场继电保护工作安全措施票，是现场继电保护工作的习惯性违章的表现。

答案：√

165. D5BJ04-G13165. 所谓选择性是指应该由故障设备的保护动作切除故障。

答案：×

166. D5BJ04-G13166. 保护装置的动作符合其动作原理，就应评价为正确动作。

答案：×

167. D5BJ04-G13167. 在电力系统故障时，其保护装置本身定值正确、装置完好、回路正确，但由于装置原理缺陷造成越级动作，但未造成负荷损失，该保护装置可不予评价。

答案：×

168. D5BJ04-G13168. 对于双重化保护的电流回路、电压回路、直流电源回路、双套跳闸线圈的控制回路等，不宜合用同一根多芯电缆。

答案：√

169. D5BJ04-G13169. 继电保护自动装置屏及其电气设备的背面接线侧应由继电人员清扫。

答案：√

170. D5BJ04-G13170. 电流互感器二次绕组开路，在带电的电流互感器二次回路上工作前，用导线将其二次侧缠绕短路方可工作。

答案：×

171. D5BJ04-G13171. 在一次设备运行而停用的部分保护进行工作时，应特别注意不经连接片的跳、合闸线及与运行设备安全有关的连线。

答案：√

172. D5BJ04-G13172. 220kV 设备部停电的安全距离为 5m。

答案：×

173. D5BJ04-G13173. 在现场进行校验时，有接地端的测试仪器，不允许直接接到直流电源回路中。

答案：√

174. D5BJ04-G13174. 在现场进行继电保护装置或继电器实验所需直流可以从保护屏上端子取得。

答案：×

175. D5BJ04-G13175. 继电保护装置实验所用的仪表的精确度应为 0.5 级。

答案：√

176. D5BJ04-G13176. 新投运带有方向性的保护只需要用负荷电流来校验电流互感器接线的正确性。

答案：×

177. D5BJ04-G13177. 保护装置的二次接线变动或改动时，应严防寄生回路的存在。没用的线必须拆除。变动直流二次回路后，应进行相应传动试验，还必须模拟各种故障进行整组试验。

答案：√

178. D5BJ04-G13178. 继电保护装置是保证电力元件安全运行的基本装备，任何电力元件不得在无保护状态下运行。

答案：√

179. D5BJ04-G13179. 现场工作应按图纸进行，严禁凭记忆作为工作的依据。

答案：√

180. D5BJ04-G13180. 电网继电保护的整定应满足速动性、选择性和灵敏性要求。

答案：√

四、计算题：D5BJ04-G14001～D5BJ04-G14030

1. D5BJ04-G14001. 在图所示网络中的 AB、BC、CD、DE 上均装设了三段式电流保护，保护均采用了三相完全星形接法。线路 AB 的最大负荷电流为 200A，负荷自启动系数 $K_{ss}=1.5$，$K_{rel}^{I}=1.25$，$K_{rel}^{II}=1.15$，$K_{rel}^{III}=1.2$，$K_{re}=0.85$，$\Delta t=0.5s$ 变压器采用了无时限差动保护，其他参数如图所示。图中各电抗值均已归算至 115kV。试计算 AB 线路各段保护的启动电流和动作时限，并校验Ⅱ、Ⅲ段的灵敏度。（10 分）

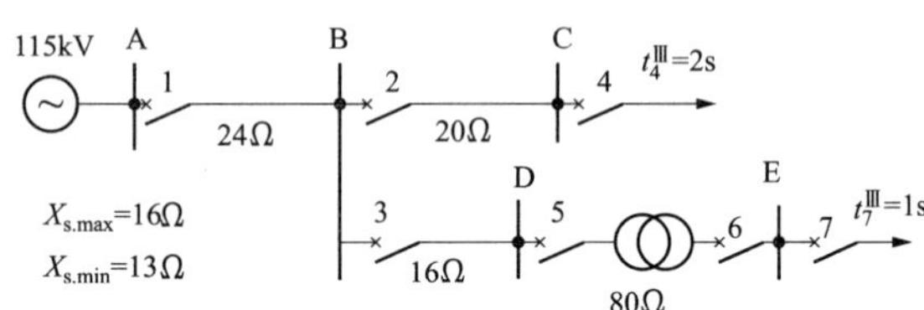

题 D5BJ04-G14001 图 1

答：（1）短路电流计算。选取下图中的 K_1、K_2、K_3 点作为计算点。

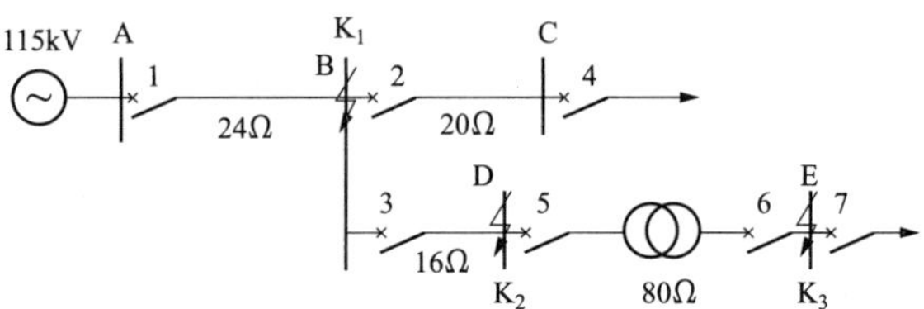

题 D5BJ04-G14001 图 2

三相短路计算结果如表所示。

题 D5BJ04-G14001 表

短路点	K_1	K_2	K_3
最大运行方式（kA）	1.795	1.253	0.499
最小运行方式（kA）	1.660	1.186	0.488

（3 分）

（2）电流保护Ⅰ段。

$I_{set.1}^{I}=K_{rel}^{I}I_{K1.max}^{(3)}=1.25\times1.795=2.244(kA)$，

$t_1^{I}=0(s)$　（1 分）

（3）电流保护Ⅱ段。

$I_{set.3}^{I}=K_{rel}^{I}I_{K2.max}^{(3)}=1.25\times1.253=1.566(kA)$，

$I_{set.1}^{II}=K_{rel}^{II}I_{ser.3}^{I}=1.15\times1.566=1.801(kA)$，

灵敏度校验：$I_{K1.min}^{(2)}=\dfrac{\sqrt{3}}{2}I_{K1.min}^{(3)}=1.438(kA)$，

$K_{sen.1}^{II}=\dfrac{I_{K1.set}^{(2)}}{I_{set.1}^{II}}=\dfrac{1.438}{1.801}=0.798$，不满足要求。与保护 3 的Ⅱ段相配合：保护 3 的Ⅱ段按可伸入变压器而不伸出变压器整定。

$I_{set.3}^{II}=K_{rel}^{II}I_{K3.max}^{(3)}=1.15\times0.499=0.574(kA)$，

$I_{set.1}^{II}=K_{rel}^{II}I_{set.3}^{II}=1.15\times0.574=0.660(kA)$

灵敏度校验：$K^{\mathrm{II}}_{sen.1}=\frac{I^{(2)}_{K1.min}}{I^{\mathrm{II}}_{sen.1}}=\frac{1.438}{0.660}=2.179$，满足要求。

$t_1^{\mathrm{II}}=t_3^{\mathrm{II}}+\Delta t=0.5+0.5=1(s)$ （3分）

（4）电流保护Ⅲ段。

$$I^{\mathrm{III}}_{set.1}=\frac{K^{\mathrm{III}}_{rel}K_{ss}}{K_{re}}I_{Lmax}=\frac{1.2\times1.5}{0.85}\times0.2$$
$$=0.433(kA)$$

灵敏度校验：作为本线路的后备保护 $K^{\mathrm{III}}_{sen.1}=\frac{I^{(2)}_{K1.min}}{I^{\mathrm{III}}_{set.1}}=\frac{1.438}{0.433}=3.321$，满足要求。

作为相邻下一线路的后备保护 $K^{\mathrm{III}}_{sen.1}=\frac{I^{(2)}_{K2.min}}{I^{\mathrm{III}}_{set.1}}=\frac{1.027}{0.433}=2.372$，满足要求。

$t_1^{\mathrm{III}}=t_4^{\mathrm{III}}+\Delta t+\Delta t=3(s)$ （3分）

2. D5BJ04-G14002. 如图所示网络，各阻抗参数均为归算到110kV侧的有名值。试求保护1进行反应相间短路的电流Ⅰ段、Ⅱ段和Ⅲ段的一次侧动作电流和继电器动作电流，动作时限和灵敏度。线路阻抗取0.4 Ω/km，电流Ⅰ段的可靠系数 $K'_k=1.2$，电流Ⅱ段的可靠系数 $K''_k=1.1$，电流Ⅲ段的可靠系数 $K'''_k=1.2$，返回系数 $K_h=0.85$，自启动系数 $K_{zq}=1$，电流互感器的变比是600/5。(10分)

解：

题 D5BJ04-G14002 图

一：Ⅰ段动作电流（3分）

$I^{\mathrm{I}}_{dz.1}=K_k*I_{dmax}$（最大运方，三相短路时候电流最大）$=\frac{1.2\times115/\sqrt{3}}{5.5+12}=4.553$ (kA)

动作时限 $t=0$

继电器动作电流 $I^{\mathrm{I}}_{J.dz.1}=I^{\mathrm{I}}_{dz.1}\times K_{jx}/na=4553\times1/120=37.94$ (A)

灵敏度：最大运方，三相短路时候，令 $I^{\mathrm{I}}_{dz.1}=\frac{U}{X_{x.min}+l_{max\%}\times X_{l1}}$所以

$l_{max\%}=(115/\sqrt{3}/4.553-5.5)/12=75.7\%>50\%$

最小运方，两相短路 $l_{min\%}=\left(\frac{\sqrt{3}}{2}\times115/\sqrt{3}/4.553-6.7\right)/12=49.4\%>(15\%\sim20\%)$

二：Ⅱ段动作电流（3分）

1）L2的Ⅰ段的整定值：$I^{\mathrm{I}}_{dz.2}=\frac{1.2\times115/\sqrt{3}}{5.5+12+36}=1.489$ (kA)

动作电流：与L2的Ⅰ段配合，$I^{\mathrm{II}}_{dz.1}=K_k\times I^{\mathrm{I}}_{dz.2}=1.1\times1489=1.638$ (kA)

2）继电器电流：1638×1/120=13.65 (A)

3）灵敏度校验：$K_{lm}=\frac{I_{d.min}{}^{(2)}}{I^{\mathrm{II}}_{dz.1}}=\left(\frac{\sqrt{3}}{2}\times\frac{U相}{X_{x.max}+X_{l1}}\right)/I^{\mathrm{II}}_{dz.1}=3.075/1.638=1.88>1.25$

4）动作时限：0.5s。

三：Ⅲ段（4分）

1）动作电流：躲最大负荷电流整定。

$$I^{\mathrm{III}}_{dz.A}=\frac{K_k\times K_{zq}\times I_{fh.max}}{K_f}$$
$$=\frac{1.2\times1\times400}{0.85}=565(A)$$

2）继电器电流：565×1/120=4.71 (A)

3）灵敏度校验：近后备3075/565=5.44>1.5

L2的远后备$\left(\frac{\sqrt{3}}{2}\times\frac{U}{X_{xmax}+X_{l2}+X_{l1}}\right)/I^{\mathrm{III}}_{dz.A}=1051/565=1.86>1.2$

4）动作时限2s。

3. D5BJ04-G14003. 有一方向阻抗继电器的整定值 $Z_{set}=4\Omega/ph$，最大灵敏角为75°，当继电器的测量阻抗为3/15°Ω/ph时，继电器是否动作。(5分)

解：设整定阻抗在最大灵敏角上，如图所示。

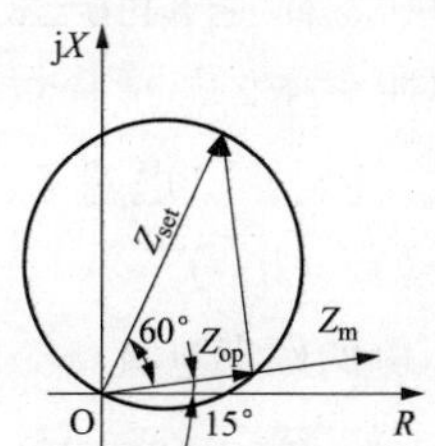

题 D5BJ04-G14003 图

Z_{set}与测量阻抗 Z_m 相差60°，当整定阻抗落在圆周15°处时，其动作阻抗为 $Z_{op}=4\cos60°=2\Omega/ph$，而继电器的测量阻抗为3/15°Ω/ph，大于2Ω/ph，故继电器不动作。

答：继电器不动作。

4. D5BJ04-G14004. 如图所示网络中，各线路保

护均为三段式电流保护。已知线路L1输送最大负荷电流为175A，$K_{zq}=1.3$，L2线路过电流保护动作时限为2s，各点三相短路电流见下表。试计算L1线路各段保护的一次动作电流，动作时限，并校验Ⅱ、Ⅲ段保护的灵敏度。电流Ⅰ段可靠系数1.2、电流Ⅱ段可靠系数1.15、电流Ⅲ段可靠系数1.25。（10分）

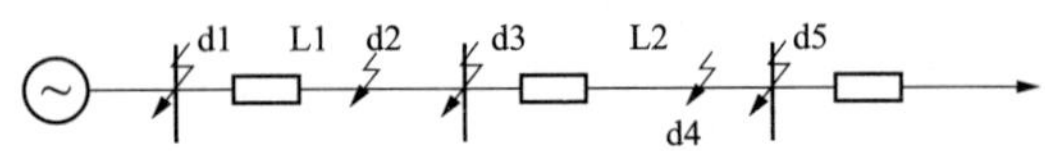

题 D5BJ04-G14004 图

题 D5BJ04-G14004 表

短路点	d1	d2	d3	d4	d5
$I^{(3)}_{dl\min}$（A）	3400	2800	1300	850	520
$I^{(3)}_{dl\max}$（A）	2280	1700	1150	640	490

解：Ⅰ段保护：$I_{dz}=K_kI_{d3max}=1.2\times1300=1560$（A）动作时限 $t_{dzI}=0$（S）（2分）

Ⅱ段保护：$I_{dz}=K_kI_{dzL1}=1.15\times1.2\times520=717$（A）动作时限 $t_{dzⅡ}=0+0.5=0.5$（S）

$K_{Lm}=I_{d3min}/I_{dz}=1150\times\sqrt{3}/2/717=1.39>1.2$ 合格。（2分）

Ⅲ段保护：$I_{dz}=K_kK_{zq}I_{fhmax}/K_f=1.25\times1.3\times175/0.8=334.6$（A）

动作时限 $t_{dzL1}=t_{dzL2}+\Delta t=2+0.5=2.5$（S）（2分）

灵敏度校验：本线路末端 $K_{Lm}=I_{dz}3\min/I_{dz}=1150\times\sqrt{3}/2/334.6=2.99>1.5$ 合格（2分）

相邻线路末端：$K_{Lm}=I_{d5min}/I_{dz}=490\times\sqrt{3}/2/334.6=1.27>1.2$ 合格（2分）

5. D5BJ04-G14005. 有一台110±2×2.5%/10kV的31.5MVA降压变压器，试计算其复合电压闭锁过电流保护的整定值（电流互感器的变比为300/5，星形接线）。（10分）

解：变压器高压侧的额定电流

$$I_e=31.5\times10^6(\sqrt{3}\times110\times10^3)=165(\text{A})$$

电流元件按变压器额定电流整定，即

$$I_{dz}=K_kK_{jx}I_e/(K_{fn}L)$$
$$=1.2\times1\times165/(0.85\times60)$$
$$=3.88(\text{A})\qquad（取3.9A）（3分）$$

电压元件取10kV母线电压互感器的电压，即

（1）正序电压 $U_{dz}=U_{gmin}/K_kK_{fny}$

$=0.9\times10\,000/(1.15\times1.2\times100)$

$=65.2$（V）　　（取65V）（4分）

（2）负序电压按躲过系统正常运行不平衡电压整定，即 $U_{dz}=5\sim7$V，取6V。（3分）

6. D5BJ04-G14006. 如图所示系统中的k点发生三相金属性短路，试用标幺值求次暂态电流。（5分）

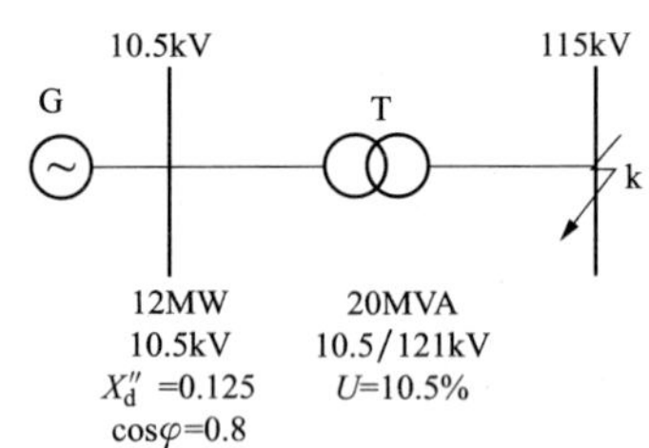

题 D5BJ04-G14006 图

解：选基准功率 $S_j=100$MVA，基准电压 $U_j=115$kV，基准电流

$$I_j=\frac{100}{\sqrt{3}\times115}=0.5(\text{kA})\quad（1分）$$

则 $X_{G*}=\dfrac{0.125\times100}{12\div0.8}=0.83$　（1分）

$$X_{T*}=\frac{0.105\times100}{20}=0.53\quad（1分）$$

$$I_{k*}=\frac{1}{0.83+0.53}=0.735\quad（1分）$$

故 $I_k=0.5\times0.735=0.368$（kA）（1分）

答：次暂态电流为0.368kA。

7. D5BJ04-G14007. 如图所示为35kV系统的等效网络，试计算在k点发生两相短路时的电流及M点的残压（图中的阻抗是以100MVA为基准的标幺值，35kV系统取平均电压37kV）。（5分）

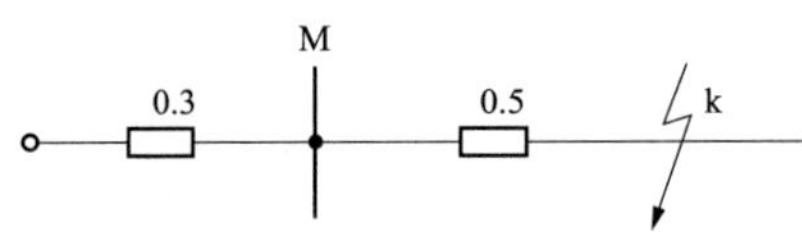

题 D5BJ04-G14007 图

解：短路电流

$$I_k=\frac{1}{0.3+0.5}\times\frac{\sqrt{3}}{2}\times\frac{100\times10^6}{37\times10^3\sqrt{3}}$$
$$=1689(\text{A})\quad（3分）$$

M点的残压

$$U_M=\frac{1}{0.3+0.5}\times0.5\times37\,000$$
$$=23\,125(\text{V})\quad（2分）$$

答：M点的残压为23 125V。

8. D5BJ04-G14008. 有一三相对称大接地电流系统，故障前A相电压为 $U_A=63.5e^{j0}$，当发生A相金属性接地故障后，其接地电流 $I_k=$

$1000e^{-j80^\circ}$。求故障点的零序电压 U_{k0} 与接地电流 I_k 之间的相位差。(5 分)。

解：在不考虑互感时有

$$3\dot{U}_{k0}=-\dot{U}_A=U_A e^{-j180^\circ}\quad(2分)$$

$$\varphi_u-\varphi_i=-180^\circ-(-80^\circ)=-100^\circ\quad(3分)$$

故接地电流 I_k 超前零序电压 U_k0100°。

答：接地电流超前零序电压 100°。

9. D5BJ04-G14009. 某光纤纵差保护的比例制动特性如图所示，其中：K_{BL1} 和 K_{BL2} 为差动保护比例制动系数，$K_{BL1}=0.5$，$K_{BL2}=0.7$。

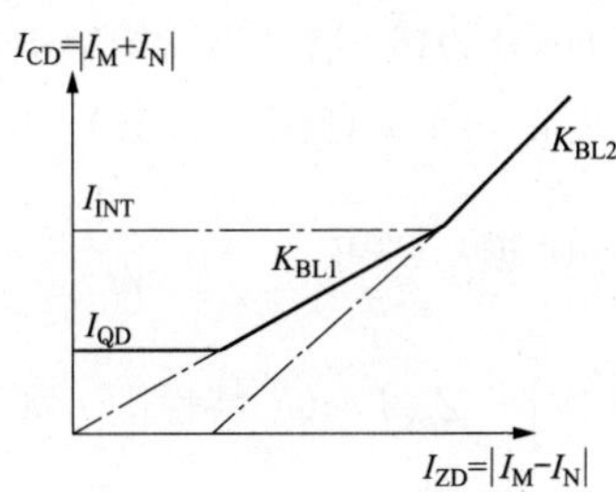

题 D5BJ04-G14009 图

I_{QD} 为差动启动电流定值，$I_{QD}=1A$；

I_{INT} 为 4 倍额定电流，额定电流为 5A；

I_{CD} 为差动电流；

I_{ZD} 为制动电流；

(1) 写出该纵差保护动作判据。(4 分)

(2) 某次发生 A 相故障，两侧（M、N 侧）A 相电流记录数据如下：本侧 $I_{AM}=5\angle0^\circ$，对侧 $I_{AN}=1.6\angle180^\circ$，试判断该光纤纵差保护是否动作？(要求计算分析，并写出计算分析过程)(6 分)

答：(1) 差动保护的动作判据为：

$|I_M+I_N|>I_{QD}$

$|I_M+I_N|>4I_C$（注：也可不写）

$|I_M+I_N|>K_{BL1}|I_M-I_N|$ 当 $|I_M+I_N|\leqslant I_{INT}$ 时

$|I_M+I_N|>K_{BL2}(|I_M-I_N|)-I_b$ 当 $|I_M+I_N|>I_{INT}$ 时

其中：$I_b=I_{INT}\times(K_{BL2}-K_{BL1})/K_{BL1}$，为常数。

(2) 这次故障中：

制动电流 $I_{ZD}=5+1.6=6.6A<40A$，对应的动作电流为 3.3A

差动电流 $I_{CD}=5-1.6=3.4A>3.3A$

答：本光纤纵差保护将动作。

10. D5BJ04-G14010. 如图所示正弦交流电路，试求电路发生谐振时，电源的角频率 ω 应满足的条件。(5 分)

解：电路的等效复阻抗

$$Z=\frac{(R+jX_L)(-jX_C)}{R+jX_L-jX_C}$$

$$=\frac{X_C[RX_C-j(R^2+X_L^2-X_LX_C)]}{R^2+(X_L-X_C)^2}\quad(2分)$$

电路发生谐振时，复阻抗 Z 的虚部为零，即 $R_2+X_{L2}-X_LX_C=0$（1 分）

又 $XC=\frac{1}{\omega C}$，$XL=\omega L$，代入上式整理得

$$\omega=\sqrt{\frac{1}{LC}-\left(\frac{R}{L}\right)^2}\quad(2分)$$

即当 ω 满足上述关系时，电路就会发生谐振。

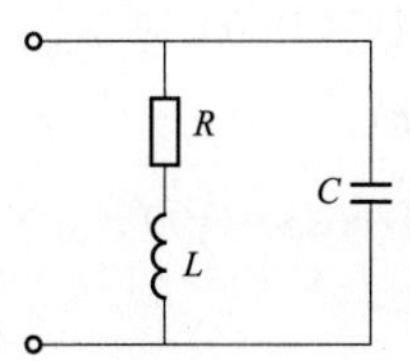

题 D5BJ04-G14010 图

11. D5BJ04-G14011. 试计算如图所示接线在三相短路时电流互感器的视在负载。(5 分)

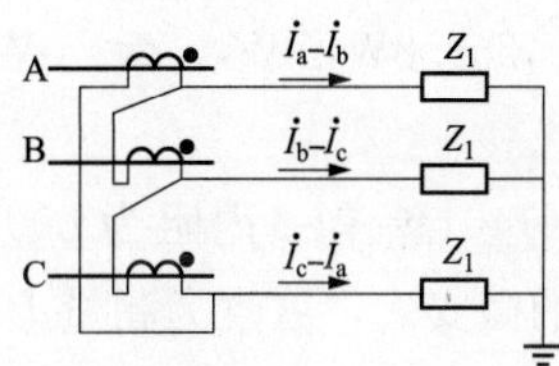

题 D5BJ04-G14011 图

解：A 相电流互感器两端的电压为

$$\dot{U}_a=(\dot{I}_a-\dot{I}_b)Z_1-(\dot{I}_c-\dot{I}_a)Z_1$$

$$=\sqrt{3}\dot{I}_aZ_1e^{j30^\circ}-\sqrt{3}\dot{I}_aZ_1e^{j150^\circ}$$

$$=\sqrt{3}\dot{I}_aZ_1(e^{j30^\circ}-e^{j150^\circ})$$

$$=\sqrt{3}\dot{I}_aZ_1[(\cos30^\circ+j\sin30^\circ)-(\cos150^\circ+j\sin50^\circ)]$$

$$=\sqrt{3}\dot{I}_aZ_1\left(\frac{\sqrt{3}}{2}+\frac{\sqrt{3}}{2}\right)$$

$$=3\dot{I}_aZ_1\quad(4分)$$

故 A 相电流互感器的视在负载为 $Z_H=\frac{\dot{U}_a}{\dot{I}_a}=3Z_1$。

同理可计算出 B、C 相电流互感器的视在负载也为 $3Z_1$。(1 分)

答：负载为 $3Z_1$。

12. D5BJ04-G14012. 某设备的电流互感器不完全星形接线，使用的电流互感器开始饱和点的

电压为 60V（二次值），继电器的整定值为 50A，二次回路实测负载 1.5Ω，要求用简易方法计算并说明此电流互感器是否满足使用要求。（5 分）

解：由电流保护的定值可知，电流互感器两端的实际电压为 50×1.5=75（V）（2 分）

此电压高于电流互感器开始饱和点的电压 60V，故初步确定该电流互感器不满足要求。（3 分）

答：此电流互感器不能满足要求。

13. D5BJ04-G14013. 某线路负荷电流为 3A（二次值），潮流为送有功功率，$\cos\varphi=1$，用单相瓦特表作电流回路相量检查，并已知 $U_{AB}=U_{BC}=U_{CA}=100V$。试计算出 $\dot{I}_A$ 对 $\dot{U}_{AB}$、$\dot{U}_{BC}$、$\dot{U}_{CA}$ 的瓦特表读数。（5 分）。

解：$W_{AB}=\dot{U}_{AB}\dot{I}_A\cos\varphi=100\times3\times\cos30^\circ=259.8$（W）（1 分）

$$W_{BC}=\dot{U}_{BC}\dot{I}_A\cos(120^\circ-30^\circ)$$
$$=100\times3\times\cos90^\circ=0(W)\quad（2 分）$$

$$W_{CA}=\dot{U}_{CA}\dot{I}_A\cos(120^\circ+30^\circ)$$
$$=100\times3\times\cos150^\circ=-259.8(W)\quad（2 分）$$

答：W_{AB} 为 259.8W，W_{BC} 为 0W，W_{CA} 为 −259.8W。

14. D5BJ04-G14014. 有一内阻为 800Ω，测量上限为 100μA 的微安表，欲改为测量上限为 1A 的电流表时，应并联多大电阻？（5 分）

解：设并联的电阻为 R_s，则

$$R_s\times(1-100\times10^{-6})=800\times100\times10^{-6}\quad（3 分）$$
$$R_s=800/[1/(100\times10^{-6})-1]$$
$$=0.08001\Omega\quad（2 分）$$

答：应并联电阻为 0.080 01Ω。

15. D5BJ04-G14015. 如图所示，某电流互感器按不完全星形接线，从 A、C 和 A、N 处测得二次回路阻抗 $Z=3.46\Omega$，设变比为 600/5，一次通过最大三相短路电流为 5160A，如测得该电流互感器某点伏安特性 $I_0=3A$，$U_2=150V$。试问此时其变比误差是否超过 10%。（5 分）

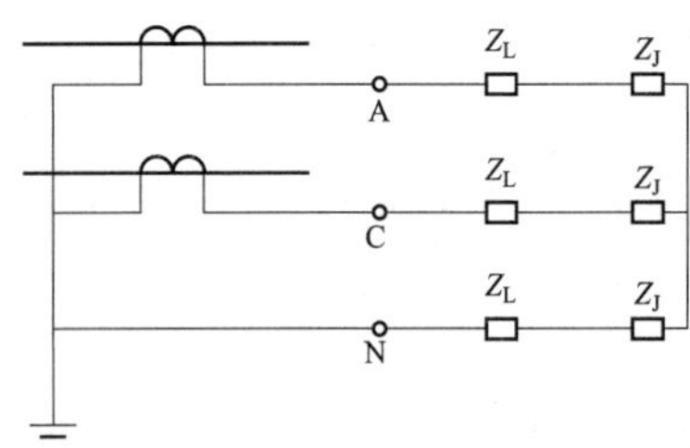

题 D5BJ04-G14015 图

答：三相短路时 TA 二次负载为

（1）$Z_{FH}=\sqrt{3}(Z_L+Z_J)=\sqrt{3}\times3.46/2=3\Omega$（2 分）

（2）某点伏安特性 $I_0=3A$，$U_2=150V$。故障电流折算到二次侧为 5160/120=43A，按 $I_0=3A$ 计算，$U_2=(43-3)\times3=120$ 小于 150V，TA 合格。（2 分）

（3）即使以 $I_0=3A$，$U_2=150V$ 计算变比误差：(43−40)/43=6.98%，合格（1 分）

16. D5BJ04-G14016. 请写出欧姆继电器的动作判据，试画出其动作特性图。（5 分）

答：动作判据：$270^\circ>\text{Arg}\dfrac{\dot{U}}{\dot{U}-Z_{set}\dot{I}}>90^\circ$ 或 $\left|\dfrac{1}{2}Z_{set}\dot{I}\right|>\left|\dfrac{1}{2}Z_{set}\dot{I}-\dot{U}\right|$ 特性图：如下图所示。

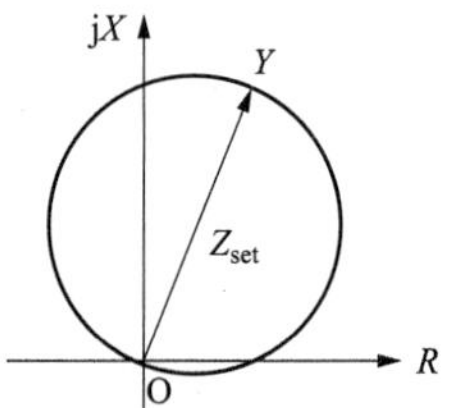

题 D5BJ04-G14016 图

17. D5BJ04-G14017. 某线路在合上开关后由盘表读得以下数据：线路电压 500kV，有功功率为 0，受无功 300Mvar，请问线路处在什么状态？已知线路 TA 变比为 1250/1，如此时需要在某一套线路保护盘上进行相量检查，若该保护的交流回路接线正确，所测的结果幅值和相角应该怎样？并画出相量图。（10 分）

答：（1）由有功功率为 0，受无功 300Mvar 可判断线路处在充电状态，即本侧断路器合上，对侧断路器未合。（2 分）

（2）若该保护的交流回路接线正确，则应有 TV 二次相电压为 57.7V 左右，各相电压之间的夹角为 120°，正相序。（2 分）

（3）TA 二次电流约为 277mA 左右，各相电流之间的夹角为 120°，正相序。（2 分）

（4）电流超前电压约 90°。（2 分）

（5）相量图如图所示。（2 分）

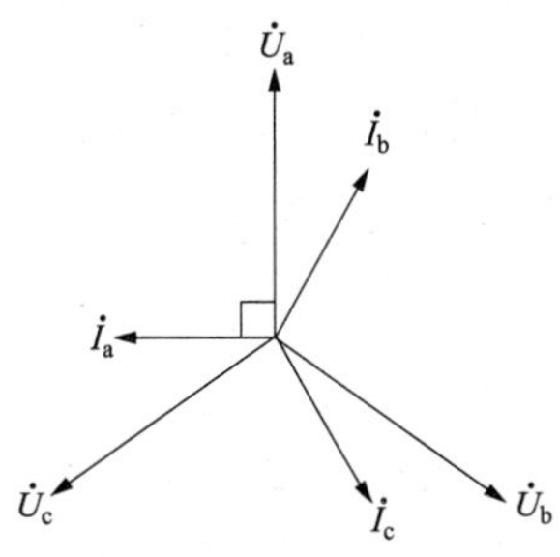

题 D5BJ04-G14017 图

18. D5BJ04-G14018. 计算并画出线路出口 A 相单相接地时，零序电压和零序电流的向量图。(10 分)。

答：$\dot{I}_A=\dot{I}_K$

$I_B=I_C=0$

$\therefore 3\dot{I}_0=\dot{I}_A$

$\dot{U}_A=0$

$$3\dot{U}_0=\dot{U}_A+\dot{U}_B+\dot{U}_C$$

$$=\dot{U}_B+\dot{U}_C$$

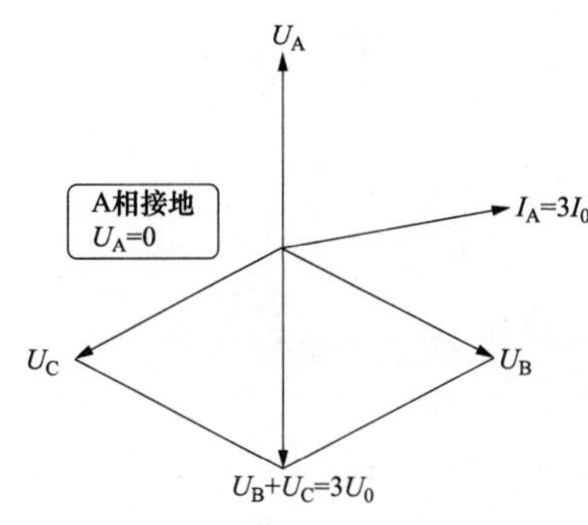

题 D5BJ04-G14018 图

19. D5BJ04-G14019. 已知变压器接线组别为 Y0d11，电压变比为 n，低压△侧 a，b，c 电流分别为 $\dot{I}_a$，$\dot{I}_b$，$\dot{I}_c$，试写出高压侧 A，B，C 三相电流的数学表达式。(5 分)。

答：$\dot{I}_A=\frac{1}{n\sqrt{3}}(\dot{I}_a-\dot{I}_b)$

$$\dot{I}_B=\frac{1}{n\sqrt{3}}(\dot{I}_b-\dot{I}_a)$$

$$\dot{I}_C=\frac{1}{n\sqrt{3}}(\dot{I}_c-\dot{I}_b)$$

20. D5BJ04-G14020. 某电流互感器的变比为 1500A/1A，二次侧接入负载阻抗 5Ω（包括电流互感器二次侧漏抗及电缆电阻），电流互感器伏安特性试验得到的一组数据为电压 120V 时，电流为 1A。试问当其一次侧通过的最大短路电流为 30 000A 时，其变比误差是否满足规程要求？为什么？(10 分)

答：最大短路电流为 30 000A 时，$I_2=30\,000/1500=20$（A）(2 分)

假若此时的励磁电流 $I_F=1$（A）

则在 TA 二次侧的电压 $V_2=(20-1)\times5=95$（V）(3 分)

由伏安特性可知 $U=120$V 时，$I_F=1$A，而此时 $U_2=95\text{V}<120\text{V}$，可知此时接 5Ω 负载时的 $I_F<1$A。(2 分)

误差 $\delta<1/20=5\%<10\%$，满足规程要求。(3 分)

21. D5BJ04-G14021. 如图所示，开关 A、开关 B 均配置时限速断，定时限过流保护，已知开关 B 的定值（二次值），请计算开关 A 的定值（要求提供二次值）。(10 分)

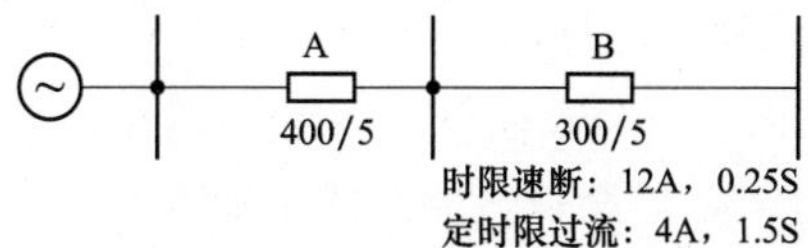

题 D5BJ04-G14021 图

答：开关 B 定值：时限速断：300/5，12A，0.2S，则一次值为 720A。(2 分)

定时限过流：300/5，4A，1.5S，则一次值为 240A。(2 分)

开关 A 定值：

时限速断：与开关 B 的时限速断配合，

$I_{dz}=1.15\times720/(400/5)=10.35$（A），取值：10.5A (3 分)

定时限过流：与开关 B 的过流配合，$I_{dz}=1.15\times240/(400/5)=3.45$（A），取值：3.5A。(3 分)

22. D5BJ04-G14022. 线路 TA 改线后，带负荷做零序电流方向保护的相量检查，在模拟 A 相接地后（即断开 L 线，接入 S 线），试计算 U_{AS}、U_{BS}、U_{CS}、U_{0S}、U_{NS}的大小，在 $3U_0$ 反极性接线后，功率送出情况为+P+Q 的情况下，通入各相电流功率方向元件的动作情况。(10 分)

答： (1) $U_{AS}=158$V，$U_{BS}=87$V，$U_{CS}=87$V，$U_{0S}=100$V，$U_{NS}=100$V。(4 分)

(2) I_A 时动作。(2 分)

I_B 时临界。(2 分)

I_C 不动。(2 分)

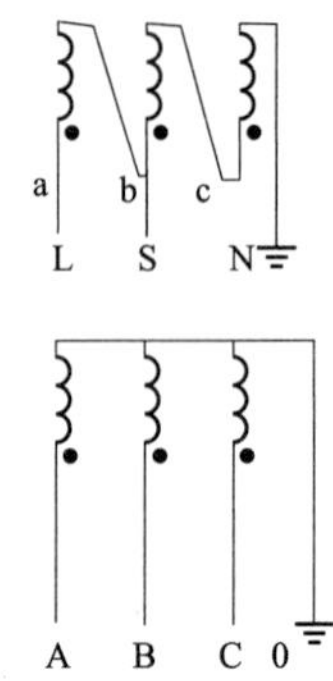

题 D5BJ04-G14022 图

23. D5BJ04-G14023. 内阻为 Z_s 的电源和阻抗为 Z 的负载相连，如下图所示。假设 $Z_s=Z=75\Omega$，若用电平表高阻挡跨接在 Z 两端进行测量的电平为 L_u，则用电平表 75Ω 档跨接在 Z 两端进行测量的电平比 L_u 低多少 dB？为什么？（10 分）

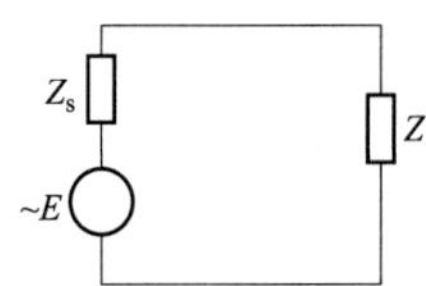

题 D5BJ04-G14023 图

答：设用高阻挡接在 Z 两端时测得的电压为 U，用 75Ω 挡跨接在 Z 两端测得电压为 U'，电平为 L_u'。（2 分）

$$U=\frac{E}{Z_s+Z}\cdot Z=\frac{E}{2Z}\cdot Z=\frac{E}{2}\quad(2\text{ 分})$$

$$U'=\frac{E}{Z_s+\frac{Z}{2}}\cdot\frac{Z}{2}=\frac{E}{Z+\frac{Z}{2}}\cdot\frac{Z}{2}$$

$$=\frac{E}{3Z}\cdot Z=\frac{E}{3}\quad(3\text{ 分})$$

$$L_u-L_{u'}=20\lg\frac{u}{u'}=20\lg\frac{\frac{E}{2}}{\frac{E}{3}}$$

$$=20\lg\frac{3}{2}=3.5(\text{dB})\quad(5\text{ 分})$$

24. D5BJ04-G14024. 某接地系统发生单相接地（设为 A 相）故障时，三个线电流各为 $I_A=1500\text{A}$，$I_B=0$，$I_C=0$。试求这组线电流的对称分量，并作相量图。（10 分）。

解：设 $\dot{I}_A=1500\angle0°\text{A}$，则零序分量

$$\dot{I}_0=\frac{1}{3}(\dot{I}_A+\dot{I}_B+\dot{I}_C)=\frac{1}{3}\times1500$$

$$=500(\text{A})\quad(1.5\text{ 分})$$

正序分量 $\dot{I}_1=\frac{1}{3}(\dot{I}_A+a\dot{I}_B+a^2\dot{I}_C)$

$$=500(\text{A})\quad(1.5\text{ 分})$$

负序分量 $\dot{I}_2=\frac{1}{3}(\dot{I}_A+a^2\dot{I}_B+a\dot{I}_C)$

$$=500(\text{A})\quad(1.5\text{ 分})$$

作相量图如图所示。

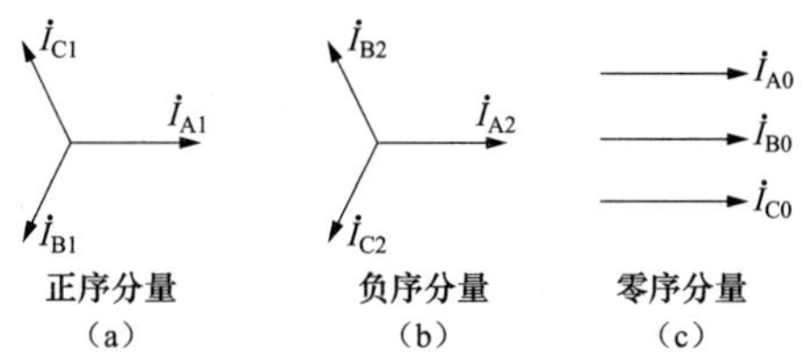

题 D5BJ04-G14024 图

（每图 1.5 分）

答：这组线电流的正序分量为 500A，负序分量为 500A，零序分量为 500A。（1 分）

25. D5BJ04-G14025. 如图所示，有一台自耦调压器接入一负载，当二次电压调到 11V 时，负载电流为 20A，试计算 I_1 及 I_2 的大小。（10 分）

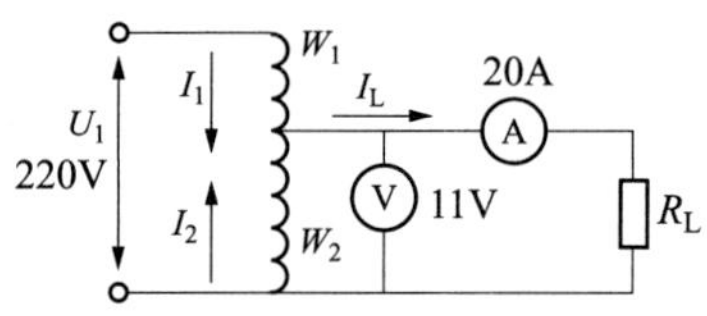

题 D5BJ04-G14025 图

解：忽略调压器的损耗，根据功率平衡的原理有：

$$P_1=P_2$$

$$\text{而 } P_1=U_1I_1$$

$$P_2=U_2I_1$$

$$U_2I_1=11\times20=220(\text{W})$$

所以 $I_1=\frac{P_2}{U_1}=\frac{220}{220}=1\text{ (A)}$　（4.5 分）

$$I_2=I_L-I_1=20-1=19(\text{A})\quad(4.5\text{ 分})$$

答：I_1 为 1A，I_2 为 19A。（1 分）

26. D5BJ04-G14026. 一台 SFP-90000/220 电力变压器，额定容量为 90 000kVA，额定电压为 220±2×2.5%/110kV，问高压侧和低压侧的额定电流各是多少？（10 分）

解：高压侧的额定电流为：

$$I_{1e}=\frac{S_e}{\sqrt{3}U_{1e}}=\frac{90\ 000}{\sqrt{3}\times220}=236(\text{A})\quad(4.5\text{ 分})$$

低压侧的额定电流为：

$$I_{2e}=\frac{S_e}{\sqrt{3}U_{2e}}=\frac{90\ 000}{\sqrt{3}\times110}=472(\text{A})\quad(4.5\text{ 分})$$

答：高压侧的为 236A，低压侧的为 472A。(1 分)

27. D5BJ04-G14027. 某变电站有两套相互独立的直流系统，当第一组直流的正极与第二组直流的负极之间发生短路时，站内的直流接地临视系统会出现什么现象？

解：会出现两组直流系统同时发出接地告警信号。断开任意一组直流电源接地现象就会消失。第一组直流系统的正极与第二组直流系统的负极短接，两组直流短接后形成一个端电压为 440V 的电池组，中点对地电压为零；第一组直流系统的绝缘监察装置均有一个接地点，短接后直流系统中存在两个接地点；故一组直流系统的绝缘监察装置判断为正极接地；另一组直流系统的绝缘监察装置判断为负极接地。

28. D5BJ04-G14028. 某设备装有电流保护，电流互感器的变比是 200/5，电流保护整定值是 4A，如果一次电流整定值不变，将电流互感器变比改为 300/5，应整定为多少 A？(10 分)

解：设一次电流值为 X，TA 变比改为 300/5 后应整定值为 Y，则由式 200/5＝X/4 (3 分)

300/5 ＝X/Y (3 分)

得 Y＝2.67 (A) (3 分)

答：整定值为 2.67A。(1 分)

29. D5BJ04-G14029. 如图所示为 35kV 系统的等效网络，试计算在 k 点发生两相短路时的电流及 M 点的残压（图中的阻抗是以 100MVA 为基准的标么值，35kV 系统取平均电压 37kV)。(10 分)

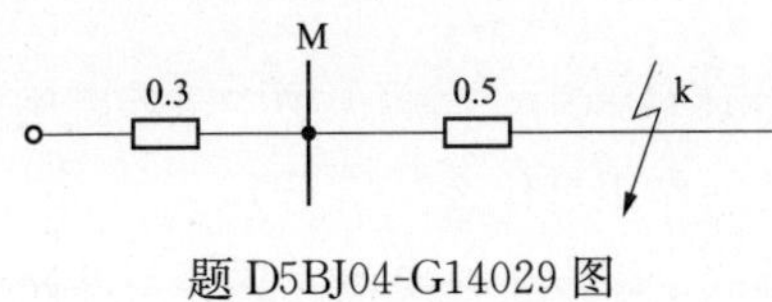

题 D5BJ04-G14029 图

解：短路电流

$$I_k=\frac{1}{0.3+0.5}\times\frac{\sqrt{3}}{2}\times\frac{100\times 6^6}{37\times 10^3\sqrt{3}}$$

$$=1689(A) \quad (3.5\text{ 分})$$

M 点的残压

$$U_M=\frac{1}{0.3+0.5}\times 0.5\times 37\,000$$

$$=23\,125(V) \quad (5.5\text{ 分})$$

答：M 点的残压为 23 125V。(1 分)

30. D5BJ04-G14030. 根据下图所示，计算 k 点短路时流过保护安装点的两相短路电流（$S^*=100MVA$，$U^*=66kV$)。(10 分)

解：$X^*=0.168+\frac{0.16\times 0.04}{0.16+0.04}+0.3$

$=0.168+0.032+0.3=0.5$ (2 分)

$$I^*=\frac{1}{X^*}=\frac{1}{0.5}=2 \quad (2\text{ 分})$$

$$I_k^{(2)}=2\times 875\times\frac{0.04}{0.04+0.16}\times\frac{\sqrt{3}}{2}$$

$$=303.1(A) \quad (5\text{ 分})$$

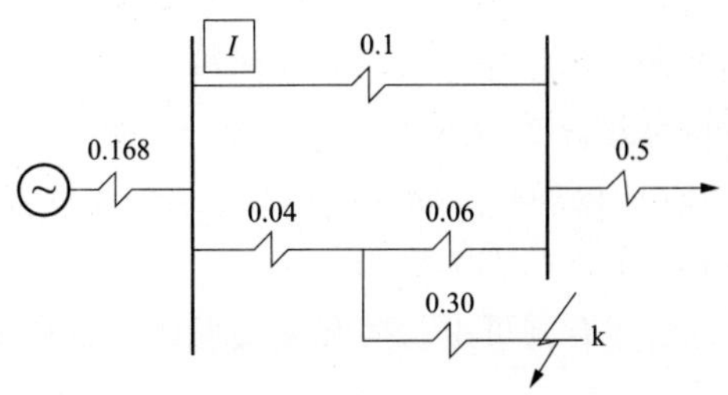

题 D5BJ04-G14030 图

答：k 点短路时流过保护安装点的两相短路电流为 303.1A。(1 分)

五、简答题：D5BJ04-G15001～D5BJ04-G15050

1. D5BJ04-G15001.《电业安全工作规程》系列标准中规定电气工作人员应具备哪些条件？(5 分)

答：应具备以下条件：

(1) 经医生鉴定，无妨碍工作的病症（体格检查每两年一次)。(1 分)

(2) 具备必要的电气知识，且按其职务和工作性质，熟悉《电业安全工作规程》系列标准的有关部分，并经考试合格。(2 分)

(3) 学会紧急救护法，首先学会触电解救方法和人工呼吸法。(2 分)

2. D5BJ04-G15002. 断路器失灵保护中电流控制元件怎样整定？(5 分)。

答：电流控制元件按最小运行方式下，本端母线故障，对端故障电流最小时应有足够的灵敏度来整定。(2 分) 并保证在母联断路器断开后，电流控制元件应能可靠动作。(1 分) 电流控制元件的整定值一般应大于负荷电流，如果按灵敏度的要求整定后，不能躲过负荷电流，则应满足灵敏度的要求。(2 分)

3. D5BJ04-G15003. 零序电流灵敏Ⅰ段与零序电流不灵敏Ⅰ段的区别是什么？分别在那种情况下起作用？(5 分)

答：区别：零序电流灵敏Ⅰ段与零序电流不灵敏Ⅰ段的定值整定原则不同，动作灵敏度不同。（1分）零序电流灵敏Ⅰ段动作灵敏度高，作为全相运行、发生接地故障时的接地保护，非全相运行时需退出运行。（2分）零序电流不灵敏Ⅰ段的动作灵敏度低，作为非全相运行、发生接地故障时的接地保护。（2分）

4. D5BJ04-G15004. 何为继电保护“四统一”原则？（5分）

答：“四统一”原则为：统一技术标准，（1分）统一原理接线，（1分）统一符号，（1分）统一端子排布置。（2分）

5. D5BJ04-G15005. 综合重合闸有几种运行方式？性能是什么？（5分）。

答：综合重合闸可由切换开关实现如下四种重合闸方式：

（1）综合重合闸方式，功能是：单相故障，跳单相，单相重合，重合于永久性故障时跳三相，不重合，相间故障跳三相，三相重合（检查同期或检查无压），重合于永久故障跳三相，不重合。（2分）

（2）三相重合闸方式，功能是：任何类型的故障都跳三相，三相重合（检查同期或检查无压），重合于永久性故障时跳三相。（1分）

（3）单相方式，功能是：单相故障时跳单相，单相重合，相间故障时三相跳开不重合。（1分）

（4）停用方式，功能是：任何故障时都跳三相，不重合。（1分）

6. D5BJ04-G15006. 在重合闸装置中有哪些闭锁重合闸的措施？（5分）

答：各种闭锁重合闸的措施是：

（1）停用重合闸方式时，直接闭锁重合闸。（1分）

（2）手动跳闸时，直接闭锁重合闸。（1分）

（3）不经重合闸的保护跳闸时，闭锁重合闸。（1分）

（4）在使用单相重合闸方式时，断路器三跳，用位置继电器触点闭锁重合闸，保护经综重三跳时，闭锁重合闸。（1分）

（5）断路器气压或液压降低到不允许重合闸时，闭锁重合闸。（1分）

7. D5BJ04-G15007. 简述双电源线路三相快速自动重合闸应具备的条件。（5分）

答：（1）线路两侧应具有瞬时切除故障的继电保护装置。（1分）

（2）线路两侧都能快速重合QF。（1分）

（3）重合时两侧的电势来不及摆开到危及系统稳定的角度，能保持系统的稳定。（1分）

（4）两侧QF（断路器）重合的瞬间，通过设备的冲击电流的周期分量不应超过规定值。（2分）

8. D5BJ04-G15008. 为什么高压电网中要安装母线保护装置？（5分）。

答：母线上发生短路故障的几率虽然比输电线路少，但母线是多元件的汇合点，母线故障如不快速切除，会使事故扩大，甚至破坏系统稳定，危及整个系统的安全运行，后果十分严重。在双母线系统中，若能有选择性的快速切除故障母线，保证健全母线继续运行，具有重要意义。因此，在高压电网中要求普遍装设母线保护装置。

9. D5BJ04-G15009. 什么叫电抗变压器？电抗变压器为什么带气隙？（5分）。

答：电抗变压器是一个一次绕组接于电流源（即输入电源），二次绕组接近开路状态的变压器（即输出电压），其电抗值（称为转移阻抗）即为励磁电抗。（2分）因为要求它的励磁电抗Z_e要小，并有较好的线性特性，所以磁路中要有间隙。（2分）电抗变压器的励磁阻抗Z_e基本上是电抗性的，故U_2超前一次电流I_1近90°。（1分）

10. D5BJ04-G15010. 高频保护中母差跳闸和跳闸位置停信的作用是什么？（5分）

答：当母线故障发生在电流互感器与断路器之间时，母线保护虽然正确动作，但故障点依然存在，依靠母线出口动作停止该线路高频保护发信，让对侧断路器跳闸切除故障。（2分）

跳闸位置继电器停信，考虑当故障发生在本侧出口时，由接地或距离保护快速动作跳闸，而高频保护还未来得及动作，故障已被切除，并发出连续高频信号，闭锁了对侧高频保护，只能由二段延时跳闸，为了克服此缺点，因此，由跳闸位置继电器停信，对侧就自发自收，实现无延时跳闸。（3分）

[illegible]动作于跳闸的条件[illegible]部故障时保护能否正确动[illegible]

答：闭锁式方向纵联保护动[illegible]件是两端保护的启动元件均已启动且收不到对[illegible]端的闭锁信号。（2分）

若通道破坏，区内故障时两端保护能够正确动作，但区外故障时，远故障端的保护因为收不到近故障端的闭锁信号，将可能误动。（3分）

12. D5BJ04-G15012. 在电气设备上工作时，保证安全的组织措施有哪些？（5分）。

答：在电气设备上工作时，保证安全的组织措施有：

（1）工作票制度；（1.5分）

（2）工作许可制度；（1分）

（3）工作监护制度；（1分）

（4）工作间断、转移和终结制度。（1.5分）

13. D5BJ04-G15013. 在检修工作前应进行哪些工作？（5分）

答：在检修工作前应进行工作布置；（1分）明确工作地点、工作任务、工作负责人、作业环境、工作方案和书面安全要求，以及工作班成员的任务分工。（4分）

14. D5BJ04-G15014. 为什么要求高频阻波器的阻塞阻抗要含有足够的电阻分量？（5分）。

答：阻波器的作用是阻止高频信号电流外流，因为高频信号的外流必须要通过阻波器和加工母线对地阻抗串联才形成分流回路。（2分）而母线对地阻抗一般情况下是容抗，但也有可能是感抗，因此要求阻波器的阻塞阻抗要含有足够大的电阻分量，以保证即使阻塞阻抗的电抗分量正好同母线对地容抗相抵消时，阻波器也能有良好的阻塞作用。（3分）

15. D5BJ04-G15015. 在具有远方起动的高频保护中为什么要设置断路器三跳停信回路？（5分）。

答：（1）在发生区内故障时，一侧断路器先跳闸，如果不立即停信，由于无操作电流，发信机将发生连续的高频信号，对侧收信机也收到连续的高频信号，则闭锁保护出口，不能跳闸。（3分）

（2）当手动或自动重合于永久性故障时，由于对侧没有合闸，于是经远方起动回路，发出高频连续波，使先合闸的一侧被闭锁，保护拒动。为了保证在上述情况下两侧装置可靠动作，必须设置断路器三跳停信回路。（2分）

16. D5BJ04-G15016. 在检查微机保护装置时，对使用的仪表、仪器有何要求？（5分）。

答：所用仪表一般应不低于0.5级；（1分）万用表应不低于1.5级；（1分）真空管电压表应不低于2.5级；（1分）试验用的变阻器、调压器等应有足够的热稳定，其容量应根据电源电压的高低、整定值要求和试验接线而定，并保证均匀平滑地调整。（2分）

17. D5BJ04-G15017. 为什么220kV及以上系统要装设断路器失灵保护？其作用是什么？（5分）。

答：220kV以上的输电线路一般输送的功率大，输送距离远，为提高线路的输送能力和系统的稳定性，往往采用分相断路器和快速保护。（2分）由于断路器存在操作失灵的可能性，当线路发生故障而断路器又拒动时，将给电网带来很大威胁，故应装设断路器失灵保护装置，有选择地将失灵拒动的断路器所在（连接）母线的断路器断开，以减少设备损坏，缩小停电范围，提高系统的安全稳定性。（3分）

18. D5BJ04-G15018. 什么叫高频闭锁距离保护？（5分）。

答：高频闭锁距离保护的基本原理是利用$\triangle I_2 + \triangle 3I_0$增量元件作为启动元件，在故障时启动高频收发信机，发送高频闭锁信号，利用距离Ⅱ段或Ⅲ段方向阻抗继电器作为故障功率判别元件，如果内部故障，两侧距离保护Ⅱ段或Ⅲ段测量元件动作，停发高频闭锁信号，瞬时跳闸切除故障。（2分）如果外部故障，正方向侧距离Ⅱ段或Ⅲ段方向阻抗继电器动作，停止发信，但反方向侧方向阻抗元件不动作，继续发信以闭锁对侧保护。这样既具有高频保护全线速动的功能，又有距离保护Ⅱ段作相邻后备保护的功能。（2分）它的主要缺点是高频保护和距离保护的接线互相连在一起不便于运行维护和检修。（1分）

19. D5BJ04-G15019. 综合重合闸对零序电流保护有什么影响？为什么？如何解决这一矛盾？（5分）

答：线路上装设综合重合闸装置，不可避免地将出现非全相运行，从而给系统的零序电流保护带来影响。（1分）这是因为在非全相运行中会出现零序电流，造成保护误动，所以对动作机会较多的零序电流保护Ⅰ段来说，为在非全相运行时不退出工作必须校验其整定值，许多情况下将定值抬高，从而缩短了其保护范围。（2分）为了解决这一矛盾，可以增设定值较大的不灵敏Ⅰ段，在非全相运行中不拒切线路始端的接地故障。而灵敏Ⅰ段定值较小，保护范围大，但在非全相运行时需退出工作。为了保证选择性，零序Ⅱ段动作时限应躲过第一次故障算起的单相重合闸周期，否则非全相运行时，应退出其运行，防止越级跳闸。故障线路的零序Ⅲ段的动作时限在重合闸过程中适当自动缩短。（2分）

20. D5BJ04-G15020. 对3/2断路器接线方式或多角形接线方式的断路器失灵保护有哪些要求？（5分）

答：（1）鉴别元件采用反应断路器位置状态的相电流元件，应分别检查每台断路器的电流，以判别哪台断路器拒动。（2分）

（2）当3/2断路器接线方式的一串中的中间断路器拒动，或多角形接线方式相邻两台断路器中的一台断路器拒动时，应采用远方跳闸装置，使线路对端断路器跳闸并闭锁其重合闸的措施。（2分）

（3）断路器失灵保护按断路器设置。（1分）

21. D5BJ04-G15021. 在综合重合闸装置中通常采用两种重合闸时间，即“短延时”和“长延时”，这是为什么？（5分）

答：这是为了使三相重合和单相重合的重合时间可以分别进行整定。由于潜供电流的影响，一般单相重合的时间要比三相重合的时间长。（2分）另外可以在高频保护投入或退出运行时，采用不同的重合闸时间。（2分）当高频保护投入时，重合闸时间投“短延时”，当高频保护退出运行时，重合闸时间投“长延时”。（1分）

22. D5BJ04-G15022. 高频闭锁式纵联保护的收发信机为什么要采用远方启动发信？（5分）

答：（1）采用远方启动发信，可使值班运行人员检查高频通道时单独进行，而不必与对侧保护的运行人员同时联合检查通道。（2分）

（2）最主要的原因是为了保证在区外故障时，近故障侧（反方向侧）能确保启动发信，从而使二次侧保护均收到高频闭锁信号而将保护闭锁起来。防止了高频闭锁式纵联保护在区外近故障侧因某种原因拒绝启动发信，远故障侧在测量到正方向故障停信后，因收不到闭锁信号而误动。（3分）

23. D5BJ04-G15023. 在高频闭锁保护中，启动元件、测量元件的作用是什么？各应满足哪些要求？（5分）

答：在高频闭锁保护中，启动元件用于故障时起信，对其要求是灵敏度应足够高，并保证反方向故障时能可靠动作。（2分）

测量元件的作用是：系统故障时判断故障点的位置，如果为保护范围内的故障，测量元件动作，一方面停信，另一方面开放跳闸回路，故其应满足动作带有方向性，能保护线路全长的要求。（3分）

24. D5BJ04-G15024. 什么叫备用电源自动投入装置？（4分）

答：为保证重要用户供电的可靠性，当工作电源因故失去电压后，自动将备用电源投入供电，这种装置叫备用电源自动投入装置，简称备自投装置。

25. D5BJ04-G15025. 试述备用电源自投装置应符合什么要求。（5分）

答：（1）应保证在工作电源或设备断开后才投入备用电源或设备。（2分）

（2）工作电源或设备上的电压，不论因任何原因消失时，自动投入装置均应动作。（2分）

（3）自动投入装置应保证只动作一次。（1分）

26. D5BJ04-G15026. 直流系统两点接地有哪些危害？（5分）

答：（1）可能造成开关误跳闸。例如电源正极和跳闸线圈前一点同时接地。（1分）

（2）可能造成开关拒动。例如电源负极与跳闸或合闸线圈前一点同时接地。（2分）

（3）可能引起熔丝熔断。例如电源正、负极同时接地。（2分）

27. D5BJ04-G15027. 大短路电流接地系统中为什么要单独装设零序保护？（5分）

答：在大短路电流接地系统中发生接地故障后，就有零序电流、零序电压和零序功率出现，利用这些电量构成保护接地短路故障的继电保护装置统称为零序保护。三相星形接线的过电流保护虽然也能保护接地短路故障，但其灵敏度较低，保护时限较长。采用零序保护就可克服此不足。（3分）这是因为：①系统正常运行和发生相间短路时，不会出现零序电流和零序电压，因此零序保护的动作电流可以整定得较小，这有利于提高其灵敏度。（1分）②Yd接线的降压变压器，三角形绕组侧以后的故障不会在星形绕组侧反映出零序电流，所以零序保护的动作时限可以不必与该种变压器以后的线路保护相配合而取较短的动作时限。（1分）

28. D5BJ04-G15028. 对微机型线路保护来说，为什么特别强调电压互感器的二次回路和三次回路必须分开？（5分）

答：微机线路保护采用自产 $3U_0$ 实现接地方向保护，受二次绕组直接影响，接地故障时，若零序电压高，N线上的压降附加在二次绕组各相上，可能引起方向判断错误。L、N短路，正常时不易发现，故障时压降很大，N线上的压降附加在二次绕组各相上，可能引起方向判断错误，使保护误动或拒动。

29. D5BJ04-G15029. 在图所示的电路中K点发生了直流接地，试说明故障点排除之前如果接点A动作，会对继电器ZJ2产生什么影响？（注：图中 C 为抗干扰电容，可不考虑电容本身的耐压问题，ZJ2为快速中间继电器）（5分）

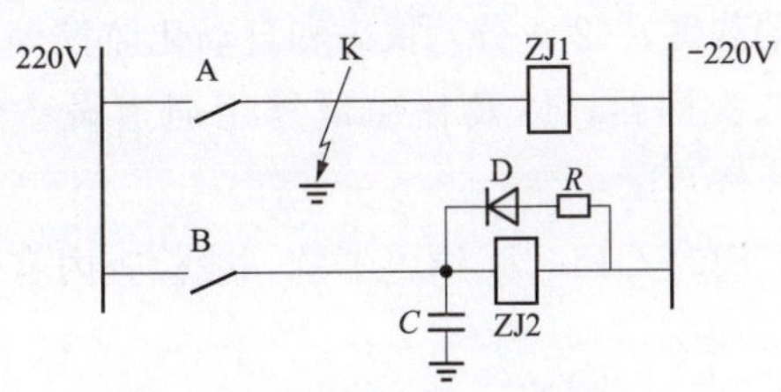

题 D5BJ04-G15029 图

答：（1）接点A动作之前，直流系统为负接地，直流系统的负极对地电位为0V，正极对地电位为220V，且电容 C 上的电位宜为0V。（1分）

（2）接点A动作之后，直流系统瞬间便转为正接地，正极对地电位由220V转为0V，负极对地电位由0V转为－220V。（1分）

（3）由于抗干扰电容上的电位不能突变，因此在直流系统由正接地转为负接地之后，电容 C 上的电位不能马上转变为－220V，并通过继电器ZJ2的线圈对负极放电。（1分）

（4）继电器ZJ2为快速继电器，有可能在电容 C 的放电过程中动作。（2分）

30. D5BJ04-G15030. 方向阻抗继电器引入第三相电压的作用是什么？（5分）

答：第三相电压是指非故障相电压。方向阻抗继电器引入第三相电压的作用如下：

（1）消除继电器安装处正方向相间短路时继电器的动作死区。（1分）

（2）防止继电器安装处反方向两相短路时继电器的误动作。（2分）

（3）可改善保护的动作性能。（2分）

31. D5BJ04-G15031. 微机型线路保护阻抗动作特性向第二、四象限偏移的作用是什么？（5分）

答：向第二象限偏移的作用是防止纯金属性故障或远方故障时，φ 角可能达到90°，处在动作边缘，发生拒动现象。向第四象限偏移的作用是防止出口故障时，保护判断为纯电阻，处在动作边缘，发生拒动现象。

32. D5BJ04-G15032. 电力系统振荡为什么会使距离保护误动作？（5分）

答：电力系统振荡时，各点的电流、电压都发生大幅度摆动，因而距离保护的测量阻抗也在摆动，随着振荡电流增大，母线电压降低，测量阻抗在减小，当测量阻抗落入继电器动作特性以内时，距离保护将发生误动作。

33. D5BJ04-G15033. 如果全系统对短路点的综合正、负、零序阻抗分别为 $Z_{1\Sigma}$、$Z_{2\Sigma}$、$Z_{0\Sigma}$。则对各种短路故障的复合序网图相当在正序网图的短路点K1和中性点H1两点间串入了一个附加阻抗 $\triangle Z$。试分别写出K（3）、K（2）、K（1.1）和K（1）四种故障类型的 $\triangle Z$ 的表达式。（5分）

答：K（3）： $\triangle Z=0$ （1分）

K（2）： $\triangle Z=Z_{2\Sigma}$ （1分）

K（1.1）： $\triangle Z=Z_{2\Sigma}//Z_{0\Sigma}$ 或写成 $\triangle Z=Z_{2\Sigma}\times Z_{0\Sigma}/(Z_{2\Sigma}+Z_{0\Sigma})$ （2分）

K（1）： $\triangle Z=Z_{2\Sigma}+Z_{0\Sigma}$ （1分）

34. D5BJ04-G15034. 简述负序、零序分量和工频变化量这两类故障分量的同异及在构成保护时应特别注意的地方？（5分）

答：(1) 零序和负序分量及工频变化量都是故障分量，正常时为零，仅在故障时出现，它们仅由施加于故障点的一个电动势产生。但他们是两种类型的故障分量。(1 分)

(2) 零序、负序分量是稳定的故障分量，只要不对称故障存在，他们就存在，它们只能保护不对称故障。(1 分)

(3) 工频变化量是短暂的故障分量，只能短时存在，但在不对称、对称故障开始时都存在，可以保护各类故障，尤其是它不反应负荷和振荡，是其他反应对称故障量保护无法比拟的。(1 分)

(4) 由于它们各自的特点决定，由零序、负序分量构成的保护既可以实现快速保护，也可以实现延时的后备保护。(1 分)

(5) 工频变化量保护一般只能作为瞬时动作的主保护，不能作为延时的保护。(1 分)

35. D5BJ04-G15035. 当电流互感器 10%误差不满足要求时，可采取哪些措施？(5 分)

答：(1) 增加二次电缆截面。(1 分)

(2) 串接备用电流互感器使允许负载增加 1 倍。(1 分)

(3) 改用伏安特性较高的二次绕组。(1 分)

(4) 提高电流互感器变比。(2 分)

36. D5BJ04-G15036. 怎样用单相电压整定负序电压继电器的动作电压？(5 分)

答：对负序电压继电器的 A 与 BC 端子间施加单相电压并缓慢升压，模拟相间短路。记下继电器的动作电压 U_{op}。从短路电流理论可知，$U_{op}/3$ 即为负序电压继电器的动作电压（相），该值应与整定值（负序相电压）相等。(5 分)

37. D5BJ04-G15037. 系统振荡与短路故障电气量的变化有哪些主要差别？(5 分)

答：系统振荡和短路故障的主要区别是：

(1) 振荡时系统各点电压和电流值均作往复性摆动，而短路时电流、电压是突变的。此外，振荡时电流、电压值的变化速度较慢，短路时电流、电压值变化量很大。(3 分)

(2) 振荡时系统任一点电流与电压之间的相位角都随功角变化而变化，短路时电流与电压之间的相位角是基本不变的。(2 分)

38. D5BJ04-G15038. Y0d 接线变压器的差动保护为什么对 Y0 侧绕组单相短路不灵敏？如何解决？(5 分)

答：(1) 通常作相间短路用的差动保护，一次为 Y0 接线，其二次用△接线，而单相短路的零序电流流经二次△接线时被滤掉，所以对单相短路不灵敏。(2 分)

(2) Y0 绕组单相短路，Y0d 变压器两侧电流的相位可能具有外部短路特征，所以差动保护不灵敏。(2 分)

(3) 在 Y0 绕组侧装设零序差动保护。(1 分)

39. D5BJ04-G15039. 大电流接地系统中，为什么有时要加装方向继电器组成零序电流方向保护？(5 分)

答：(1) 大电流接地系统中，如线路两端的变压器中性都接地，当线路上发生接地短路时，在故障点与各变压器中性点之间都有零序电流流过，其情况和两侧电源供电的辐射形电网中的相间故障电流保护一样。(3 分)

(2) 为了保证各零序电流保护有选择性动作和降低定值，就必须加装方向继电器，使其动作带有方向性。使得零序方向电流保护母线向线路输送功率时投入，线路向母线输送功率时退出。(2 分)

40. D5BJ04-G15040. 二次回路上的工作包含哪些内容？(5 分)

答：二次系统上的工作内容可包含继电保护、安全自动装置。(2.5 分) 仪表和自动化监控等系统及其二次回路，以及在通信复用通道设备上运行、检修及试验等。(2.5 分)

41. D5BJ04-G15041. 继电器的一般检查内容是什么？(5 分)。

答：继电器一般检查内容有 4 项：(1 分)

(1) 外部检查。(1 分)

(2) 内部及机械部分的检查。(1 分)

(3) 绝缘检查。(1 分)

(4) 电压线圈过流电阻的测定。(1 分)

42. D5BJ04-G15042. 对继电保护装置进行定期检验时，如何测全回路的绝缘电阻？其数值是多少？(5 分)。

答：在定期检验时，对全部保护接线回路用 1000V 绝缘电阻表测定绝缘电阻，(2.5 分) 其值

应不小于1MΩ。(2.5分)

43. D5BJ04-G15043. 感应型电流继电器的检验项目有哪些?(5分)。

答:感应型电流继电器的检验项目有8项:(1分)

(1) 外部检验。(0.5分)

(2) 内部和机械部分检验。(0.5分)

(3) 绝缘检验。(0.5分)

(4) 始动电流检验。(0.5分)

(5) 动作及返回值检验。(0.5分)

(6) 启动元件检验。(0.5分)

(7) 动作时间特性检验。(0.5分)

(8) 触点工作可靠性检验。(0.5分)

44. D5BJ04-G15044. 清扫运行中的设备和二次回路时应遵守哪些规定?(5分)

答:清扫运行中的设备和二次回路时,应认真仔细(1分)并使用绝缘工具(毛刷、吹风设备等),(2分)特别注意防止振动,防止误碰。(2分)

45. D5BJ04-G15045. 为什么交直流回路不能共用一根电缆?(5分)

答:交直流回路是两个相互独立的系统,直流回路是绝缘系统,而交流回路是接地系统,(2分)若共用一根电缆,两者间容易发生短路,发生相互干扰,降低直流回路的绝缘电阻,所以不能共用。(3分)

46. D5BJ04-G15046. 微机继电保护装置现场检验应包括哪几项内容?

答:微机继电保护装置现场检验应包括以下8项内容:(1分)

(1) 测量绝缘。(0.5分)

(2) 检验逆变电源(拉合直流电源,直流电压缓慢上升,缓慢下降时逆变电源及保护正常)。(0.5分)

(3) 检验固化的程序是否正确。(0.5分)

(4) 检验数据采集系统的精度和平衡度。(0.5分)

(5) 检验开关量输入和输出回路。(0.5分)

(6) 检验定值单。(0.5分)

(7) 整组检验。(0.5分)

(8) 用一次电流及工作电压检验。(0.5分)

47. D5BJ04-G15047. 运行设备的补充实验分为哪几种类型?(5分)

答:补充实验分以下5种类型:

(1) 对运行中装置进行较大的更改或增设新的回路后的检验。(1分)

(2) 检修或更换一次设备后的检验。(1分)

(3) 运行中发现异常情况后的检验。(1分)

(4) 事故后的检验。(1分)

(5) 已投运行的装置停电一年及以上,再次投入运行时的检验。(1分)

48. D5BJ04-G15048. 在进行二次回路的绝缘检查前应注意哪些问题?(5分)

答:在对二次回路进行绝缘检查前,必须确认被保护设备的断路器、(1分)电流互感器全部停电,(1分)交流电压回路已在电压切换把手或分线箱处与其他回路断开,(1分)并与其他回路隔离完好后,才允许进行。(2分)

49. D5BJ04-G15049. 整组试验有什么反措要求?(5分)

答:用整组试验的方法,即除了由电流及电压端子通入与故障情况相符的模拟故障量外,保护装置应处于与投入运行完全相同的状态,检查保护回路及整定值的正确性。(2.5分)

不允许用卡继电器触点、短接触点或类似的人为手段做保护装置的整组试验。(2.5分)

50. D5BJ04-G15050. 对于$3U_0$构成的保护的测试,有什么反措要求?(5分)

答:对于由$3U_0$构成的保护的测试,有下述反措要求:

(1) 不能以检查$3U_0$回路是否有不平衡电压的方法来确认$3U_0$回路良好。(1分)

(2) 不能单独依靠"六角图"测试方法确证$3U_0$构成的方向保护的极性关系正确。(1分)

(3) 可以对包括电流、电压互感器及其二次回路连接与方向元件等综合组成的整体进行试验,以确证整组方向保护的极性正确。(1.5分)

(4) 最根本的办法是查清电压互感器及电流互感器的极性,以及所有由互感器端子到继电保护屏的连线和屏上零序方向继电器的极性,作出综合的正确判断。(1.5分)

六、论述题:D5BJ04-G17001~D5BJ04-G17020

1. D5BJ04-G17001. 高频闭锁方向保护中,为何采用两个灵敏度不同的电流启动元件?(10分)

答：在外部故障时，远故障点侧高频闭锁方向保护感受到的情况与内部故障时同，保护正确工作的条件是收到近故障点侧发信机发出的闭锁信号。（4 分）如果只用一个电流启动元件，由于两侧电流互感器和电流启动元件动作值的误差不同，可能出现外部故障时近故障点侧的启动元件不动作发信机不起信，而远故障点侧的启动元件动作开放保护跳闸回路，并因为没收到闭锁信号而误动作。（4 分）当保护采用两个动作电流不等的电流启动元件，用动作电流较小的启动元件去启动发信，用动作电流较大的启动元件去开放跳闸回路，即可以防止这种无选择性动作。（2 分）

2. D5BJ04-G17002. 试确定下图中各断路器上过流保护的动作时限，并指出哪些保护需加装功率方向元件。（15 分）

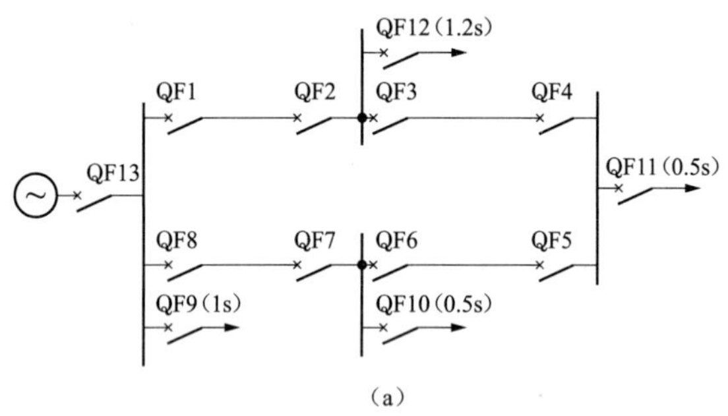

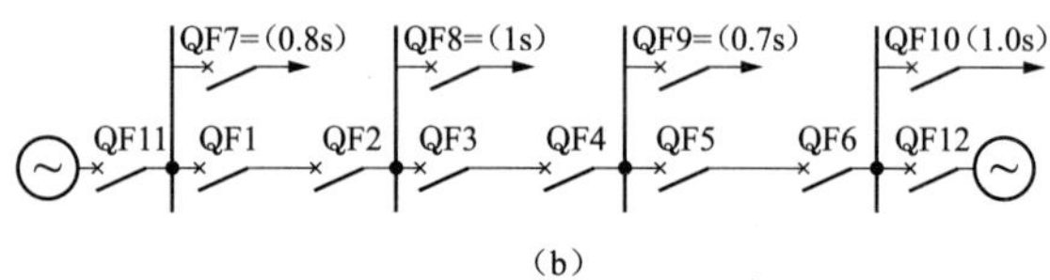

题 D5BJ04-G17002 图 1

答：把系统等值成单电源供电的辐射形电网后，按阶梯原则从电网末级开始整定保护的动作时限，然后再根据如下原则确定保护是否需装设方向元件：母线各侧有与电源相连的过流保护，动作时限不等时，只有大者不用装设。动作时限相等时，全部都得装设。单电源供电环形电网的电源母线是特例，母线上所有连接元件的保护都不用装设。（5 分）

(a)

取 $t_7=0$s

则$t_5=t_{10}+0.5=1.0$s　　$t_3=t_5+0.5=1.5$s

$t_1=t_3+0.5=2.0$s　　$t_{13}=t_1+0.5=2.5$s

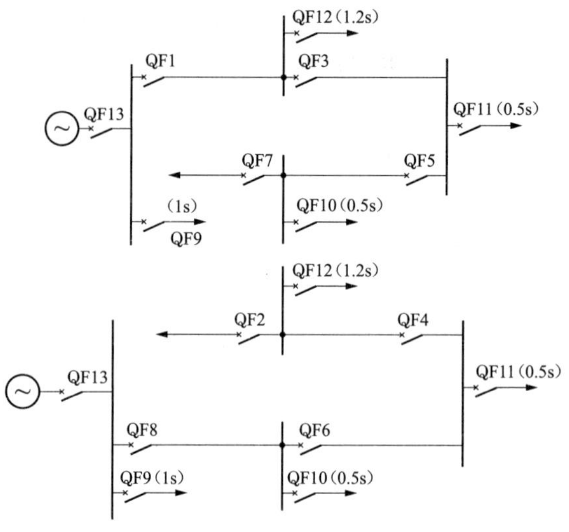

题 D5BJ04-G17002 图 2

取 $t_{13}=3.2$s

需要加装功率方向元件的保护有保护 2、5、7。（5 分）

(b)

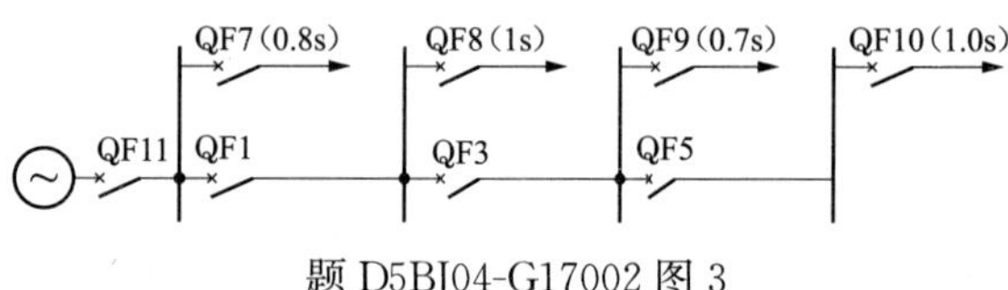

题 D5BJ04-G17002 图 3

由图可知：

$t_5=t_{10}+0.5=1.5$s　　$t_3=t_5+0.5=2.0$s

$t_1=t_3+0.5=5.5$s　　$t_{11}=t_1+0.5=3.0$s

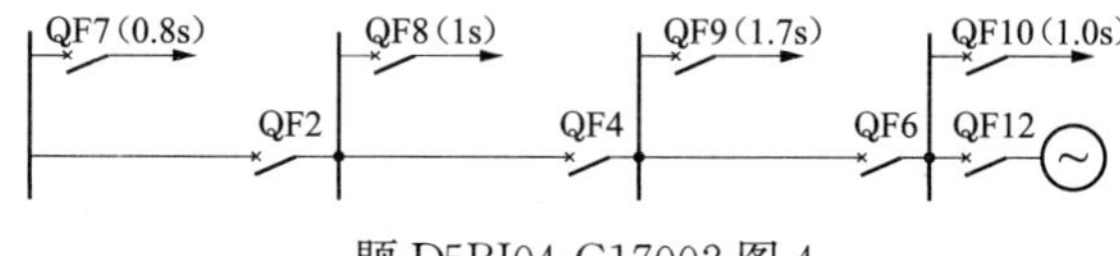

题 D5BJ04-G17002 图 4

同理可得：

$t_2=t_7+0.5=1.3$s　　$t_4=t_2+0.5=1.8$s

$t_6=t_4+0.5=2.3$s　　$t_{12}=t_6+0.5=2.8$s

因此，需要加装功率方向元件的保护有保护 1、2、5、6。（5 分）

3. D5BJ04-G17003. 如图所示双电源网络中，拟在各线路上装设过电流保护，已知时限级差为 $\triangle t=0.5$s，为保证选择性，过电流保护 1～8 的动作时限应为多少？哪些保护上应装设方向元件？（10 分）

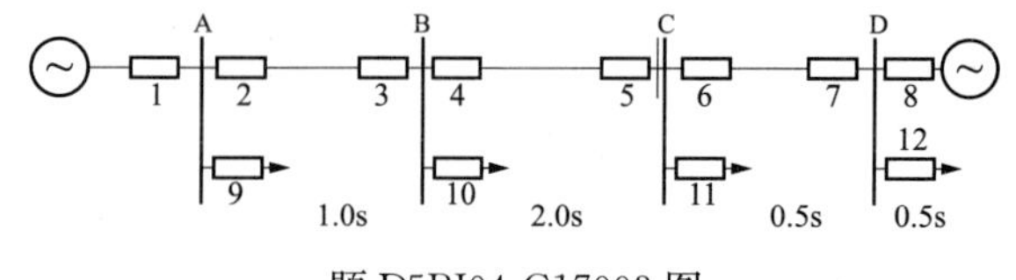

题 D5BJ04-G17003 图

解：设保护1，2，3……12的动作时限分别为 t_1，t_2，t_3……t_{12}，则有 $t_9=1.0\text{s}$，$t_{10}=2.0\text{s}$，$t_{11}=0.5\text{s}$，$t_{12}=0.5\text{s}$，根据过电流保护动作时限的阶梯原则，得：$t_3=t_9+\triangle t=1.5\text{s}$ $t_5=t_{10}+\triangle t=2.5\text{s}$（2分）

$t_7=t_5+\triangle t=3.0\text{s}$ $t_8=t_7+\triangle t=3.5\text{s}$

$t_6=t_{12}+\triangle t=1.0\text{s}$ $t_4=t_6+\triangle t=1.5\text{s}$

$t_2=t_{10}+\triangle t=2.5\text{s}$ $t_1=t_2+\triangle t=3.0\text{s}$（5分）

由上述计算结果可知，保护2，3，4，6，7必须加装方向元件。（3分）

4. D5BJ04-G17004. 如图所示，线路均装设有三段式电流保护。当 L_1、L_2 线路首端、末端分别发生相间短路时，各有哪些保护起动？各由哪套保护动作于跳开哪个断路器？（10分）

题 D5BJ04-G17004 图

答：如图所示，L_1 首端相间故障时，启动的保护有：L_1 线路的电流Ⅰ段、Ⅱ段和Ⅲ段，由 L_1 线路的电流Ⅰ段动作于跳开断路器 QF_1。（2分）

L_1 末端相间故障时，启动的保护有：L_1 线路的电流Ⅱ段、Ⅲ段，由 L_1 线路的电流Ⅱ段动作于跳开断路器 QF_1。（3分）

L_2 首端相间故障时，启动的保护有：L_1 线路的电流Ⅱ段、Ⅲ段及 L_2 线路的电流Ⅰ段、Ⅱ段和Ⅲ段，由 L_2 线路的电流Ⅰ段动作于跳开断路器 QF_2。（2分）

L_2 末端相间故障时，启动的保护有：L_1 线路的电流Ⅲ段及 L_2 线路的电流Ⅱ段、Ⅲ段，由 L_2 线路的电流Ⅱ段动作于跳开断路器 QF_2。（3分）

5. D5BJ04-G17005. 如图所示，系统两侧电源电势大小相等，长度为100km的线路MM上装设有三段式距离保护，且测量元件均采用方向阻抗继电器。若线路阻抗 $Z_1=0.4\angle 75^\circ\Omega/\text{km}$，系统阻抗 $Z_M=20\angle 75^\circ\Omega$，$Z_N=70\angle 75^\circ\Omega$，试对变电站M距离Ⅰ段进行整定计算，并分析系统振荡时该保护误动的可能性。（10分）

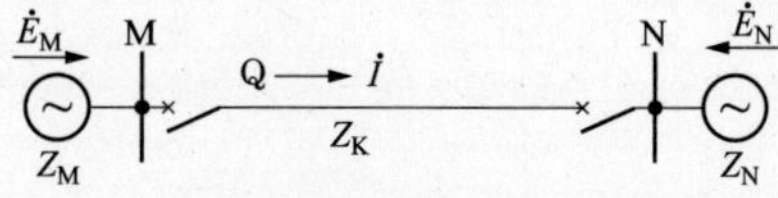

题 D5BJ04-G17005 图

答：取距离Ⅰ段的可靠系数为0.85，则

$$Z_{act\,M}^{\text{I}}=Z_{set\,M}^{\text{I}}=0.85\times 100\times 0.4\angle 75^\circ=34\angle 75^\circ\Omega$$

$$t_M^{\text{I}}=0\text{s}\quad(2分)$$

系统振荡时，阻抗继电器测量阻抗随时间变化的规律为一过矢量 $\left(\frac{1}{2}-n\right)Z_\Sigma$ 末端，并与之垂直的直线，式中的 Z_Σ 为系统各阻抗的总和，即 $Z_\Sigma=Z_M+Z_L+Z_N$，n 为保护安装处系统等值阻抗与 Z_Σ 之比。（4分）

本题中，对于M侧保护有：

$$\left(\frac{1}{2}-n\right)Z_\Sigma=\left(\frac{1}{2}-\frac{20}{20+40+70}\right)(20+40+70)\angle 75^\circ=45\angle 75^\circ\Omega$$

即 $\left|\left(\frac{1}{2}-n\right)Z_\Sigma\right|=45\Omega<|Z_{set\,M}^{I}|=34\Omega$（2分）

故系统振荡时，测量阻抗的变化轨迹没有经过M侧保护距离Ⅰ段的动作圆，因此保护不会误动作。（2分）

6. D5BJ04-G17006. 如图所示，线路均装设三段式距离保护，且测量元件均采用方向阻抗继电器和0°接线。已知线路阻抗 $Z_1=0.4\angle 70^\circ\Omega/\text{km}$，试对变电站A距离Ⅰ段、Ⅱ段保护进行整定，并分析下面两种情况下它们的工作情况。（15分）

（1）分别在AB线路距A侧65km和75km处发生金属性相间短路时

（2）在AB线路距A侧40km处发生经16Ω过渡电阻的相间弧光短路时。

题 D5BJ04-G17006 图

答：距离Ⅰ段、Ⅱ段的可靠系数均为0.85，则

$$Z_{act.A}^{\text{I}}=Z_{set.A}^{\text{I}}=0.85\times 85\times 0.4\angle 70^\circ=28.9\angle 70^\circ\Omega$$

$$t_A^{\text{I}}=0\text{s}$$

$$Z_{act.B}^{\text{I}}=0.85\times 60\times 0.4\angle 70^\circ=20.4\angle 70^\circ\Omega\quad(2分)$$

$$K_{bra.min}=K_{bra}=K_{bra.max}=1$$

$$Z_{act.A}^{\text{II}}=0.85(85\times 0.4+1\times 20.4)\angle 70^\circ=46.2\angle 70^\circ\Omega=Z_{set.A}^{\text{II}}$$

$K_{sen}=\frac{46.2}{85\times 0.4}=1.4>1.3$ 即灵敏度满足要求

$t_A^{\text{II}}=0.5\text{s}$（3分）

（1）在AB线路距A侧65km处发生金属性

相间短路时，保护所感受到的测量阻抗为：

$$Z_{m.A}=65\times 0.4\angle 70^\circ=26\angle 70^\circ\Omega$$

即 $|Z_{m.A}|=26\Omega<|Z_{act.A}^{I}|=28.9\Omega<|Z_{act.A}^{II}|=46.2\Omega$

因此，距离Ⅰ段、Ⅱ段保护均启动，由距离Ⅰ段保护瞬时动作于跳闸。（2分）

（2）在AB线路距A侧75km处发生金属性相间短路时，保护所感受到的测量阻抗为：

$$Z_{m.A}=75\times 0.4\angle 70^\circ=30\angle 70^\circ\Omega$$

即 $|Z_{act.A}^{I}|=28.9\Omega<|Z_{m.A}|=30\Omega<|Z_{act.A}^{II}|=46.2\Omega$

因此，只有距离Ⅱ段保护启动，经0.5s延时后动作于跳闸。（3分）

（3）在AB线路距A侧40处发生经16Ω过渡电阻的相间弧光短路时，保护所感受到的测量阻抗为：

$$Z_{m.A}=40\times 0.4\angle 70^\circ+16=16\angle 70^\circ+16$$
$$=2\times 16\cos 35^\circ\angle 35^\circ=26.2\angle 35^\circ\Omega$$

即 $|Z_{act.A}^{I}|=28.9\cos 35^\circ=23.7\Omega<|Z_{m.A}|=26.2\Omega<|Z_{act.A}^{II}|=46.2\cos 35^\circ=37.8\Omega$（3分）

因此，也只有距离Ⅱ段保护启动，经0.5s延时后动作于跳闸。（2分）

7. D5BJ04-G17007. 模拟三种两相短路试验负序电流继电器的定值，为什么试验电流是负序电流定值的$\sqrt{3}$倍？试用对称分量法分析之。（10分）

答案：把一组A、B、C三相不对称电流分解为正、负、零序对称分量，其中负序对称分量为 $\dot{I}_2=\frac{1}{3}(\dot{I}_A+a^2\dot{I}_B+a\dot{I}_C)$，如模拟BC两相短路，则有 $\dot{I}_B=-\dot{I}_C=\dot{I}_k$（试验电流），$\dot{I}_A=0$ 其相量如图所示。（5分）

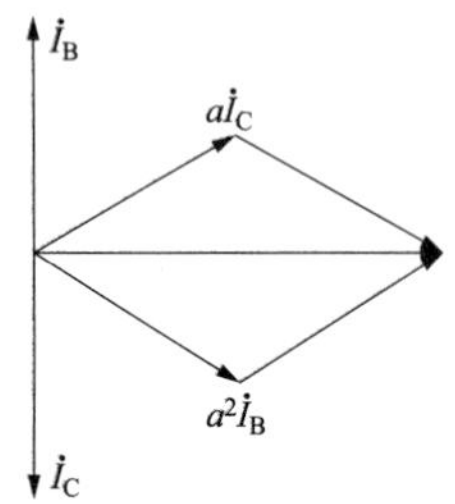

题 D5BJ04-Z17007 图

由图知 $a^2\dot{I}_B+a\dot{I}_C=\sqrt{3}\dot{I}_k$

所以 $I_2=\frac{1}{3}I_k\sqrt{3}=I_k/\sqrt{3}$（3分）

同理可以推导出ABCA两相短路时也是 $I_2=I_k\sqrt{3}$，即试验电流是负序电流的$\sqrt{3}$倍。（2分）

8. D5BJ04-G17008. 一组距离保护用的电流互感器变比为600/5，二次漏抗 Z_{II} 为0.2Ω，其伏安特性如下表所示。实测二次负载：$I_{AB}=5A$，$U_{AB}=20V$，$I_{BC}=5A$，$U_{BC}=20V$，$I_{CA}=5A$，$U_{CA}=20V$，Ⅰ段保护区末端三相短路电流为4000A。试校验电流互感器误差是否合格？（10分）

题 D5BJ04-G17008 表

I（A）	1	2	3	4	5	6	7
U（V）	80	120	150	175	180	190	210

解：计算电流倍数 $m_{10}=1.5\times\frac{4000}{600}=10$

$$I_0=5A$$

励磁电压 $E=U-I_0Z_{II}=180-(5\times 0.2)=179$（V）（2分）

励磁阻抗 $Z_e=\frac{E}{I_0}=\frac{179}{5}=35.8$（Ω）（2分）

允许二次总负载 $Z_{lmax}=\frac{Z_e}{9}-Z_{II}=3.78$（Ω）（2分）

实测二次总负载 $Z_1=\frac{1}{2}\times\frac{U_{AB}}{I_{AB}}=\frac{1}{2}\times\frac{20}{5}=2$（Ω）（2分）

由于实测二次总负载小于允许二次总负载，故该电流互感器的误差是合格的。（2分）

答：电流互感器误差合格。

9. D5BJ04-G17009. 有一台Yd11接线的变压器，在其差动保护带负荷检查时，测得其Y侧电流互感器电流相位关系为 I_{bY} 超前 I_{aY} 150°，I_{aY} 超前 I_{cY} 60°，I_{cY} 超前 I_{bY} 150°，且 I_{bY} 为8.65A，$I_{aY}=I_{cY}=5A$，试分析变压器Y侧电流互感器是否有接线错误，并改正之（用相量图分析）。（10分）

答：变压器Y侧电流互感器A相的极性接反，其接线及相量图如图所示。

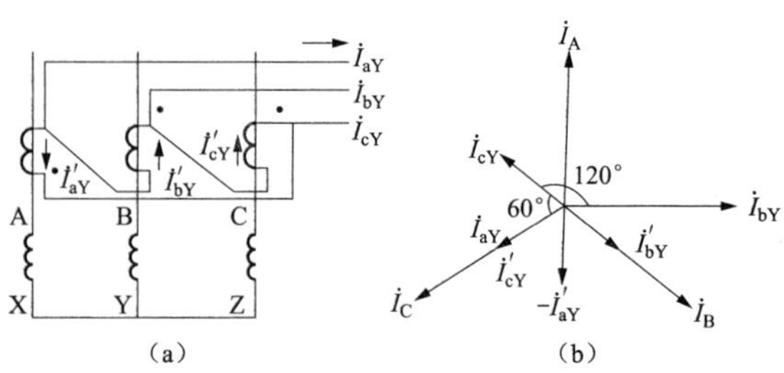

题 D5BJ04-G17009 图

此时：$\dot{I}_{aY}$ 超前 $\dot{I}_{cY}$ 为150°

$\dot{I}_{aY}$超前 $\dot{I}_{bY}$为 60°

$\dot{I}_{cY}$超前 $\dot{I}_{bY}$为 150°。（2 分）

其中：$\dot{I}_{bY}$为 $\dot{I}_{cY}$、$\dot{I}_{aY}$的$\sqrt{3}$倍，有

$$\dot{I}_{aY}=-\dot{I}'_{aY}-\dot{I}'_{bY}$$

$$\dot{I}_{bY}=\dot{I}'_{bY}=\dot{I}'_{cY}$$

$$\dot{I}'_{cY}=\dot{I}'_{cY}+\dot{I}'_{aY}\quad(2\text{ 分})$$

改正：改变 A 相电流互感器绕组极性，使其接线正确后即为：

$$\dot{I}_{aY}=\dot{I}'_{aY}\dot{I}'_{bY}$$

$$\dot{I}_{bY}=\dot{I}'_{bY}-\dot{I}'_{cY}$$

$$\dot{I}_{cY}=\dot{I}'_{cY}-\dot{I}'_{aY}\quad(1\text{ 分})$$

10. D5BJ04-G17010. 如图所示电路，断路器处于运行状态，现发生 A 点直流正极接地。

（1）在哪些回路再次发生直流接地，可能导致断路器跳闸？（6 分）

（2）在哪些回路再次发生直流接地，可能导致断路器拒动？（4 分）

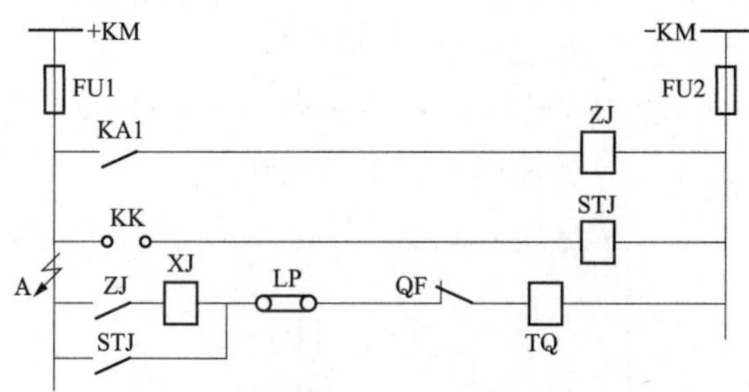

KA1—电流继电器接点；LP—跳闸连接片（压板）；
ZJ—跳闸中间继电器；QF—断路器辅助触点；
XJ—信号继电器；TQ—断路器跳闸线圈；
STJ—手动跳闸断电器；FU1、FU2—直流熔断器

题 D5BJ04-G17010 图

答：（1）KA1—ZJ 间（2 分）

ZJ 接点—TQ 间（2 分）

KK—STJ 间，（2 分）

可能造成断路器跳闸。

（2）STJ、ZJ、TQ 后面发生负电源接地，会造成 FU1 或 FU2 熔断，（2 分）或是继电器线圈或跳闸线圈被短接，从而造成断路器拒动。（2 分）

11. D5BJ04-G17011. 在单侧电源线路上发生 A 相接地短路，假设系统图如图所示。T 变压器 Y0/Y-12 接线，Y0 侧中性点接地。T′变压器 Y0/△-11 接线，Y0 侧中性点接地。T′变压器空载。

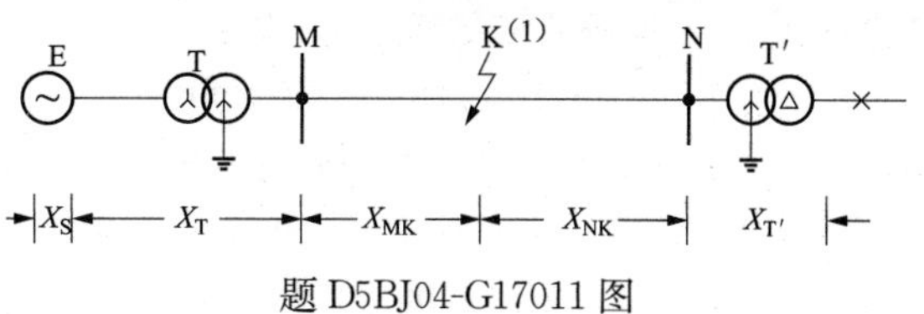

题 D5BJ04-G17011 图

请问：（1）请画出复合序网图。

（2）求出短路点的零序电流。

（3）求出 M 母线处的零序电压。

（4）分别求出流过 M、N 侧线路上的各相电流值。（15 分）

设电源电势 $E=1$，各元件电抗为 $X_{S1}=j10$，$X_{T1}=j10$，

$X_{MK1}=j20$，$X_{NK1}=j10$，$X_{T'1}=XT'0=j10$，输电线路 $X_0=3X_1$

答：（1）复合序网图如图所示：（5 分）

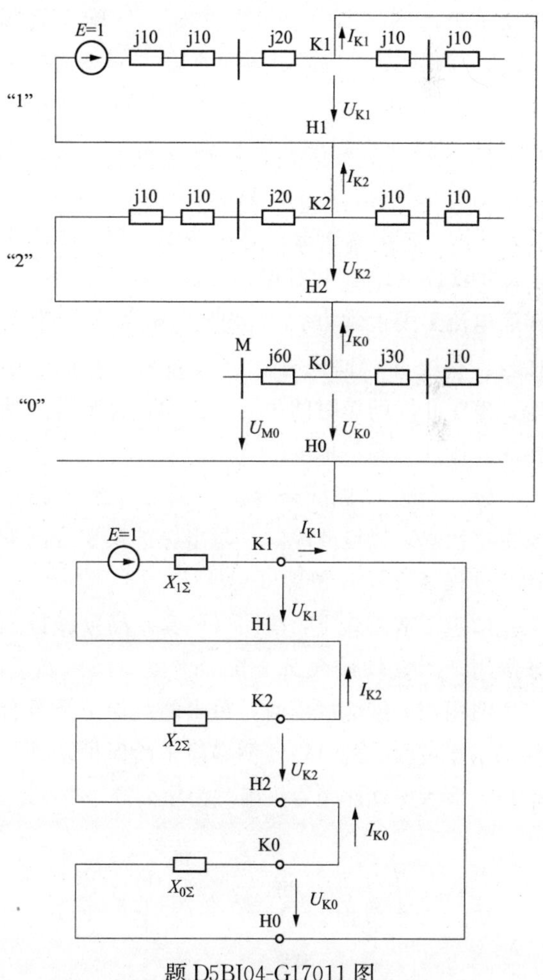

题 D5BJ04-G17011 图

（2）$X_{1\Sigma}=j10+j10+j20=j40$

$X_{2\Sigma}=j10+j10+j20=j40$

$X_{0\Sigma}=j30+j10=j40$（1 分）

$$I_{k1}=I_{k2}=I_{k0}=\frac{E}{X_{1\Sigma}+X_{2\Sigma}+X_{0\Sigma}}=\frac{1}{j40+j40+j40}=$$

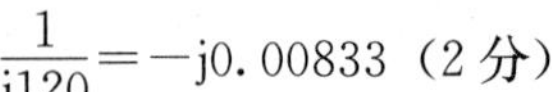

$\frac{1}{j120}=-j0.00833$（2分）

（3）由于流过MK线路的零序电流为零，所以在X_{MK0}上的零序电压降为零。所以M母线处的零序电压U_{M0}与短路点的零序电压相等，其值为$U_{M0}=U_{K0}=-I_{K0}\times X_{0\Sigma}=j0.00833\times j40=-0.3332$。（2分）

（4）流过M侧线路电流只有正序，负序电流

所以$I_{MA}=I_{K1}+I_{K2}=2\times(-j0.00833)=-j0.0166$

$$I_{MB}=I_{K1}\cdot e^{j240^\circ}+I_{K2}\cdot e^{j120^\circ}=j0.00833$$

$$I_{MC}=j0.00833$$

流过N侧线路中的电流只有零序电流，没有正负序电流。

所以$I_{NA}=I_{NB}=I_{NC}=I_{K0}=-j0.00833$（5分）

12. D5BJ04-G17012．在大电流接地系统中，有如图所示的环网。其中220KV线路GH配有高频方向、高频闭锁、三段式相间距离、三段式接地距离、三段式零序保护、综合重合闸投综重方式，且G侧投检同期，H侧为检无压。系统电抗：$X_{G\Sigma1}=X_{G\Sigma2}=X_{G\Sigma0}$、$X_{H\Sigma1}=X_{H\Sigma2}=X_{H\Sigma0}$当线路故障时，高频保护有足够灵敏度，相间距离Ⅰ段保护线路80%，接地距离Ⅰ段保护线路70%，零序电流Ⅰ段正常方式下保护线路78%。相间、接地、零序Ⅱ、Ⅲ段有足够灵敏度，相间、接地、零序Ⅱ段动作时间相同，自动重合闸后加速相间、接地、零序Ⅲ段。（15分）

（1）当距H侧线路全长49%处（故障点1）发生单相永久接地故障时，写出保护及重合闸的动作过程（只写H侧即可）。

（2）正常方式下，线路（两套）高频保护因故停用，当距G侧线路全长18%处（故障点2）发生两相永久接地故障时，写出两侧保护及重合闸的动作过程。此时，H侧零序Ⅰ段保护发动作信号，该保护动作是否正确？为什么？

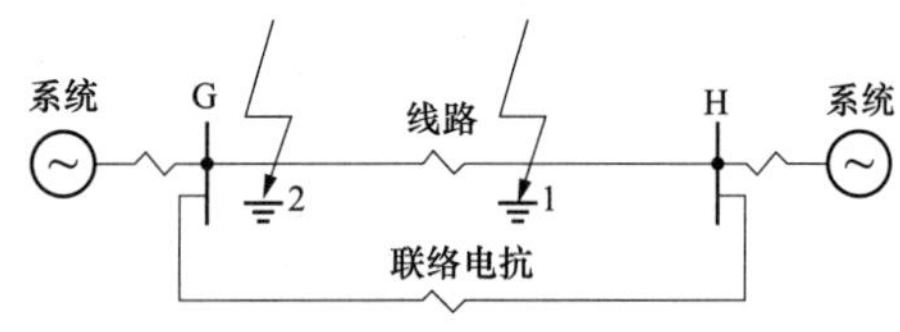

题 D5BJ04-G17012 图

答：（1）动作顺序如下：

第一套保护：零序一段出口，接地距离一段出口，高闭零序出口，重合出口，接地距离三段加速出口，零序三段加速出口。（3分）

第二套保护：零序一段出口，接地距离一段出口，高闭方向出口，接地距离三段加速出口，零序三段加速出口。（3分）

（2）动作顺序如下：

第一套保护：相间距离一段出口，重合出口，相间距离三段加速出口，零序三段加速出口。（3分）

第二套保护：相间距离一段出口，相间距离三段加速出口，零序三段加速出口。（3分）

此时，H侧零序Ⅰ段保护发动作信号是不正确的，因为此时，不在零序Ⅰ段保护整定保护范围之内。（3分）

13. D5BJ04-G17013．试画出工频变化量阻抗继电器在正向短路故障时的动作特性。并说明它保护过渡电阻的能力为什么有自适应功能。（设保护反向阻抗为Zs，整定阻抗为Zzd）（15分）

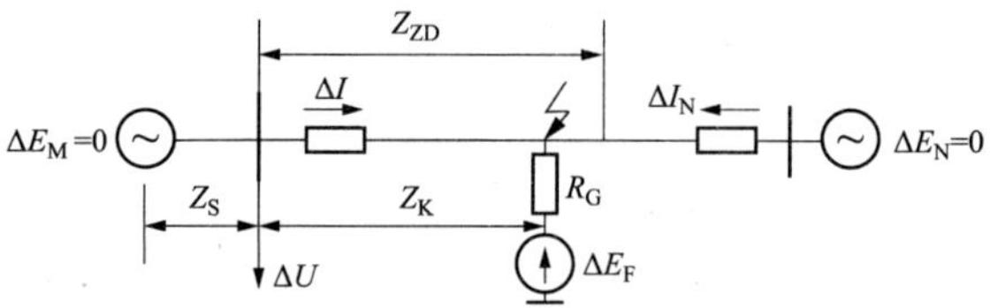

题 D5BJ04-G17013 图 1

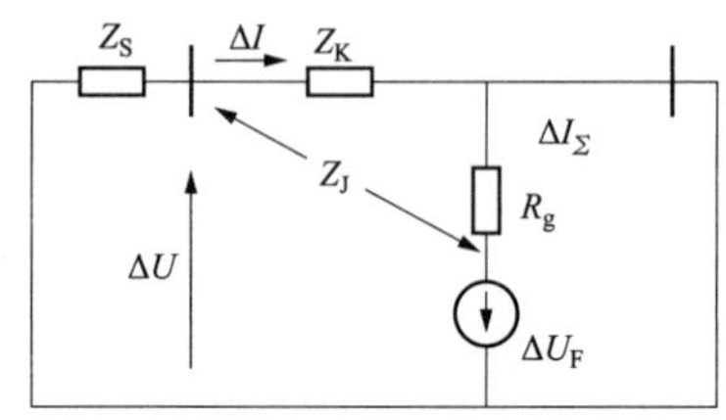

题 D5BJ04-G17013 图 2

解：工频变化量阻抗继电器在正向短路故障时的计算示意图及等效电路图如图1和图2所示。

工频变化量阻抗继电器的动作方程

区内短路：$Z_k<Z_{zd}$或$|\Delta U_{op}|>|\Delta U_F|$（1分）

区外短路：$Z_k>Z_{zd}$或$|\Delta U_{op}|<|\Delta U_F|$（1分）

阻抗继电器在正向短路故障时

$$\Delta U_{op}=\Delta U-\Delta I\cdot Z_{zd}=-\Delta I\cdot(Z_s+Z_{zd})\quad（1分）$$

$$\Delta U_F=\Delta I\cdot(Z_s+Z_J)\quad（1分）$$

$$|Z_s+Z_{zd}|>|Z_s+Z_J|\quad（2分）$$

经过变换后得：

$$90^\circ<\arg\frac{Z_J-Z_{zd}}{Z_J+2Z_s+Z_{zd}}<270^\circ\quad（2分）$$

由式可画出此时得动作向量图，如图3所示。（3分）

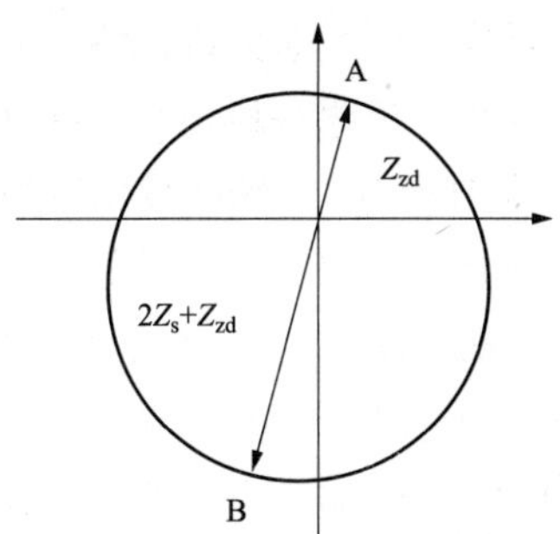

题 D5BJ04-G17014 图 3

考虑过渡电阻时

$$Z_J = Z_k + \frac{\Delta I_\Sigma}{\Delta I} \cdot R_g = Z_k + Z_a \quad (1分)$$

从以上得分析可知，当保护背后电源运行方式最小（即 $Z_s = Z_{smax}$）时，$\Delta I_\Sigma/\Delta I$ 增大，过渡电阻的附加阻抗 Z_a 也随之增大，所以在背后运行方式最小时过渡电阻的影响最大，内部短路时更易拒动。但其动作特性圆由于 Z_s 的增大，使特性圆上的 B 点向第三象限移动（A 点不动），特性圆的直径增大，特性圆在 R 轴方向上的分量随之增大，保护过渡电阻的能力也随之提高，因此说保护过渡电阻的能力有自适应功能。（3 分）

14. D5BJ04-G17014. 试述一个继电器的两相电流差接线不能用在 Yd 接线变压器的情况。（10 分）

答：不能用在 Yd 接线的变压器。（2 分）这种变压器Y侧相绕组承受相电压，△侧相绕相承受线电压，故三角形侧绕组的匝数 $N_\triangle=\sqrt{3}N_Y$，其变比 $I_Y/I_\triangle=N_Y/N_\triangle=\sqrt{3}$，如装在Y侧，在△侧产生两相短路时（ab 相），Y侧的 A、C 相电流均为 $1/\sqrt{3}$，所以继电器不动。（8 分）

15. D5BJ04-G17015. 二次设备常见的故障有哪些？试举例说明。（10 分）

答：二次设备常见的故障有：

（1）直流系统异常、故障，如直流接地，直流电压偏高或偏低等。（2.5 分）

（2）二次接线异常、故障，如接线错误，回路断线等。（2.5 分）

（3）电流互感器、电压互感器等异常、故障，如电流互感器二次开路、电压互感器二次短路等。（2.5 分）

（4）继电保护及安全自动装置异常、故障，如高频或光纤保护通道异常、保护装置及安全自动装置故障等。（2.5 分）

16. D5BJ04-G17016. 继电保护的四个基本要求是什么？如果不能兼顾四个基本要求时，应合理执行哪些原则？（10 分）

答：继电保护的四个基本要求是选择性、快速性、灵敏性、可靠性。（5 分）

如果不能兼顾四个基本要求时，应合理执行如下原则：

（1）地区电网服从主系统电网。（1 分）

（2）下一级电网服从上一级电网。（1 分）

（3）局部问题自行消化。（1 分）

（4）尽可能照顾地区电网和下一级电网的需要。（1 分）

（5）保证重要用户的供电。（1 分）

17. D5BJ04-G17017. 大、中型变压器后备保护的类型都有哪些？（10 分）

答：大、中型变压器后备保护的类型通常有：复合电压闭锁过电流保护、零序过电流及零序方向电流保护、负序电流及零负序方向电流保护、低阻抗保护、复合电压功率方向过电流保护及不带方向的零序过流保护、过励磁保护、间隙保护。后备保护还应具备过负荷报警、启动风冷、闭锁调压等功能。（10 分）

18. D5BJ04-G17018. 电容器保护的常规配置有哪些保护？除此之外还可配置有哪些保护？（10 分）

答：电容器保护的常规配置为两段定时限过流保护、过电压保护、低电压保护、零序电压保护、零序电流保护。（7 分）除此之外还可配置有非电量保护，包括重瓦斯跳闸、轻瓦斯告警、超温报警或跳闸等保护。（3 分）

19. D5BJ04-G17019. 阻抗继电器是距离保护装置的核心元件，主要用作测量元件，也可以作为启动元件或功率方向元件，它应满足哪些基本要求？（至少答对五项）（10 分）

答：阻抗继电器应满足以下要求：

（1）在被保护线路上发生直接短路时，测量阻抗应正比于保护安装地点至短路点距离。（2 分）

（2）在正方向区外短路时不应超越动作。（2 分）

（3）有明确的方向性，正方向出口短路无死区，反方向短路不应误动作。（2 分）

（4）区内故障反应过渡电阻的能力强。（2 分）

（5）在最小负荷阻抗运行条件下不动作。（2 分）

（6）距离保护的主要组成元件构成的距离保护装置有防止系统振荡误动作的措施。（2分）

20. D5BJ04-G17020. 试分析电力系统在什么情况下运行将出现零序电流？举出五种例子。（10分）

答：电力系统在三相不对称运行状况下将出现零序电流，例如：

（1）电力变压器三相运行参数不同。（2分）

（2）电力系统中有接地故障。（2分）

（3）单相保护过程中的两相运行。（2分）

（4）三相重合闸和手动合闸时断路器三相不同期投入。（2分）

（5）空载投入变压器时三相的励磁涌流不相等。（2分）

第三节　相关知识

一、单选题：D5BJ04-G21001～D5BJ04-G21090（每小题1分）

1. D5BJ04-G21001. DL 408—1991《电业安全工作规程（发电厂和变电所电气部分）》规定：在变电站的带电区域或临近带电线路处，不应使用（　　）。

A. 绝缘梯子；　　B. 绳索；

C. 木梯子；　　D. 金属梯子。

答案：D

2. D5BJ04-G21002. DL 408—1991《电业安全工作规程（发电厂和变电所电气部分）》规定：工作人员具备必要的安全生产知识和（　　），从事电气作业的人员应掌握触电急救等救护法。

A. 技术；　　B. 技能；

C. 技巧；　　D. 理论。

答案：B

3. D5BJ04-G21003. DL 408—1991《电业安全工作规程（发电厂和变电所电气部分）》规定：经常有人工作的场所及施工车辆上宜配备急救箱，存放（　　），并指定专人检查、补充或者更换。

A. 急救用品；　　B. 药品；

C. 工具；　　D. 止血贴。

答案：A

4. D5BJ04-G21004. 高空作业应随时检查安全带是否（　　）。

A. 损伤；　　B. 拴牢；

C. 松脱；　　D. 合格。

答案：B

5. D5BJ04-G21005. 试验现场应装设遮栏，遮栏与实验设备高压部分应有足够的安全距离，向外悬挂（　　）的标示牌。

A. 在此工作；

B. 从此进入；

C. 止步，高压危险；

D. 高压危险，禁止攀登。

答案：C

6. D5BJ04-G21006. “从此上下”属于（　　）标志。

A. 警告；　　B. 指令；

C. 提示；　　D. 禁止。

答案：C

7. D5BJ04-G21007. DL 408—1991《电业安全工作规程（发电厂和变电所电气部分）》规定：在变电站户外和高压室内搬动梯子、管子等长物，应（　　）后搬运，并与带电部分保持足够的安全距离。

A. 放倒；　　B. 单人放倒；

C. 多人；　　D. 专人。

答案：A

8. D5BJ04-G21008.《中国南方电网公司事故（事件）调查规程（试行）》中规定发生事故（一、二级事件）的现场有关人员应在事故或事件发生后（　　）h向本单位安全监察部门、有关职能管理部门电话报告。

A. 3；　　B. 1；

C. 0.5；　　D. 2。

答案：C

9. D5BJ04-G21009. 下列那些操作属于恶性误操作事故？

A. 带负荷拉（合）隔离开关、带电挂（合）接地线（接地刀闸）、无投停保护装置；

B. 误拉（合）断路器、带负荷拉合隔离开关、带电挂（合）接地线（接地刀闸）；

C. 带负荷拉（合）隔离开关、带电挂（合）接地线（接地刀闸）、带接地线（接地刀闸）合断路器（隔离开关）；

D. 误拉（合）断路器、带电挂（合）接地线（接地刀闸）、误入带电间隔。

答案：C

10. D5BJ04-G21010.（　　）停、送电指违反《中国南方电网电力调度管理规程》的规定，通过约定时间进行停、送电操作的行为。

A. 约时；　　B. 预约；

C. 约定；　　D. 商量。

答案：A

11. D5BJ04-G21011.《中国南方电网有限责任公司安全生产工作规定》规定，安全生产管理，坚持什么方针？

A. 安全第一、预防为主；

B. 安全第一、经效结合；

C. 安全第一、预防事故；

D. 以人为本、安全第一。

答案：A

12. D5BJ04-G21012.《中国南方电网有限责任公司电气工作票技术规范（发电、变电部分）》规定，一份工作票中非关键词的错、漏的修改不得超过（　　）处，总共不得超过（　　）个字。

A. 1、3；　　B. 3、3；

C. 2、3；　　D. 2、4。

答案：B

13. D5BJ04-G21013. 高压开关柜内手车开关拉至“检修”位置时，隔离带电部位的挡板封闭后不应开启，并设置（　　）的标示牌。

A. “止步，高压危险!”；

B. “止步，高压危险”；

C. “止步！高压危险”；

D. “止步高压危险”。

答案：A

14. D5BJ04-G21014. 同一变电站内在几个电气连接部分上依次进行的同一电压等级、同一类型的不停电工作，可填用一张（　　）。

A. 电气第二种工作票；

B. 电气第一种工作票；

C. 电气第三种工作票；

D. 电气带电作业工作票。

答案：A

15. D5BJ04-G21015. 在同一变电站内，依次进行的同一电压等级、同一类型的带电作业，可填用一张（　　）。

A. 电气第一种工作票；

B. 电气第二种工作票；

C. 电气第三种工作票；

D. 电气带电作业工作票。

答案：D

16. D5BJ04-G21016. 工作间断复工时，工作人员应在（　　）的带领下进入工作地点。

A. 工作许可人或专责监护人；

B. 工作负责人或工作许可人；

C. 工作负责人或专责监护人；

D. 工作班人员或值班负责人。

答案：C

17. D5BJ04-G21017. 在原工作票上增填工作项目若需变更或增设安全措施，应填用（　　）。

A. 工作票；　　B. 第一种工作票；

C. 第二种工作票；　　D. 新的工作票。

答案：D

18. D5BJ04-G21018. 在工作间断期间，若有紧急需要，运行人员可在工作票未交回的情况下合闸送电，但应先通知（　　），在得到工作班全体人员已离开工作地点，可送电的答复，并采取必要措施后方可执行。

A. 监护人；　　B. 工作人员；

C. 值班负责人；　　D. 工作负责人。

答案：D

19. D5BJ04-G21019. 工作人员在35kV等级设备工作中与无绝缘隔板、安全遮拦措施带电设备的距离只有0.8m时，带电设备应（　　）。

A. 带电；　　B. 停电；

C. 停用；　　D. 运行。

答案：B

20. D5BJ04-G21020.《中国南方电网有限责任公司电气工作票技术规范（发电、变电部分）》规定，故障设备在（　　）h内无法恢复者应办理工作票。

A. 2；　　B. 4；

C. 6；　　D. 8。

答案：D

21. D5BJ04-G21021. 电气设备应有明显的标志，包括（　　）等。

A. 命名、编号；

B. 命名、编号、设备相色；

C. 命名、设备相色；

D. 命名、编号、标示牌。

答案：B

22. D5BJ04-G21022. 工作人员必须经医师鉴定，无妨碍工作的病症（体格检查至少____）。

A. 每年一次；　B. 每两年一次；

C. 半年一次；　D. 每三年一次。

答案：B

23. D5BJ04-G21023. 在一经合闸即可送电到工作地点的隔离开关操作把手上，应悬挂（　　）或（　　）的标示牌。

A. “禁止合闸，有人工作”、“禁止合闸，线路有人工作”；

B. “禁止合闸，有人工作!”、“禁止合闸，线路有人工作!”；

C. “禁止合闸 有人工作”、“禁止合闸 线路有人工作”；

D. “禁止合闸！有人工作。”、“禁止合闸！线路有人工作。”。

答案：B

24. D5BJ04-G21024. 变更工作班成员或（　　）时，应履行变更手续。

A. 工作监护人；　B. 负责人；

C. 工作负责人；　D. 工作许可人。

答案：C

25. D5BJ04-G21025. 安全工器具和劳动防护用品在使用前应确认（　　）。

A. 合格；　B. 齐备；

C. 有效、齐备；　D. 合格、齐备。

答案：D

26. D5BJ04-G21026. 属于《贵州电网公司安全生产十大禁令》是（　　）。

A. 严禁非法转包、违规分包；

B. 严禁擅自解锁；

C. 严禁擅自操作带电设备；

D. 严谨擅自开工。

答案：B

27. D5BJ04-G21027. 结合实际对工作班人员进行工作前技术及安全措施交底，是（　　）的安全责任。

A. 工作票签发人；　B. 工作负责人；

C. 工作许可人；　D. 值班负责人。

答案：B

28. D5BJ04-G21028.《贵州电网公司工作票、操作票使用管理标准》规定，一份工作票延期手续可以办理一次，如需再次办理，需将原工作票（　　），重新办理新的工作票。

A. 作废；　B. 交回；

C. 终结；　D. 退回。

答案：C

29. D5BJ04-G21029.《中国南方电网有限责任公司电气工作票技术规范（发电、变电部分）》规定，工作负责人对工作票所列工作任务确认不能按批准期限完成，第一种工作票应在工作批准期限前（　　）h，由工作负责人向值班负责人申请办理延期手续。

A. 1；　B. 2；

C. 3；　D. 4。

答案：B

30. D5BJ04-G21030. 安全带的试验周期是（　　）。

A. 半年；　B. 一年；

C. 两年；　D. 十八个月。

答案：A

31. D5BJ04-G21031. 按照《生产班组规范化管理标准》的要求，实操演练、反事故演习、技能比武可结合进行，（　　）至少进行 1 次。

A. 1 周；　B. 1 个月；

C. 1 个季度；　D. 1 年。

答案：D

32. D5BJ04-G21032. 按照《生产班组规范化管理标准》的规定，大型班组的人员数量为（　　）。

A. 20 人及以上；　B. 15 人及以上；

C. 10～14 人；　D. 9 人及以下。

答案：B

33. D5BJ04-G21033. 按照《生产班组规范化管理标准》的要求，班务会（　　）至少进行 1 次。

A. 1 周；　B. 1 个月；

C. 1 个季度；　D. 1 年。

答案：B

34. D5BJ04-G21034. 在班组环境 5S 管理过程中，第一个“S”代表的是（　　）。

A. 整顿；　B. 整理；

C. 清扫；　D. 素养。

答案：B

35. D5BJ04-G21035. 在班组中，（　　）负责经

常开展与班员谈心活动，了解班组人员的思想动态，结合班组安全、文明生产，协助班长做好职工的政治思想工作。

A. 安全员； B. 考勤员；

C. 工会小组长； D. 宣传员。

答案：C

36. D5BJ04-G21036. 按照安全生产目标三级控制的要求，班组应该（ ）。

A. 控制重伤和事故，不发生人身死亡、重大设备损失和电网事故；

B. 控制轻伤和障碍，不发生重伤和事故；

C. 控制未遂和异常，不发生轻伤和障碍；

D. 其他。

答案：C

37. D5BJ04-G21037. 对可重复性不强、风险较高的作业，如缺陷异常处理、抢修等，按照安全风险体系要求编制相应的（ ）。

A. “四措”；

B. 作业指导书；

C. 安全技术交底单；

D. 危险点控制措施单。

答案：D

38. D5BJ04-G21038. 为纠正行业不正之风，维护用户利益和供电企业的自身利益，保护供电企业市场，必须搞好班组的（ ）。

A. 职业道德建设； B. 专业技术培训；

C. 劳动管理； D. 全面质量管理。

答案：A

39. D5BJ04-G21039. PDCA 循环的工作程序是全面质量管理的基本工作方法，其中进行检查措施计划执行效果的阶段是（ ）。

A. P 阶段； B. D 阶段；

C. C 阶段； D. A 阶段。

答案：C

40. D5BJ04-G21040. 季节性安全检查是班组安全管理的一项重要工作，根据安全检查的种类来看，季节性安全检查属于（ ）。

A. 突击检查； B. 定期检查；

C. 专项检查； D. 抽样检查。

答案：B

41. D5BJ04-G21041. 班组按设备评级管理规范对所维护的设备进行评级工作，其中基本完好，但个别

应评

A. 一类设备； B. 二类设备；

C. 三类设备； D. 其他。

答案：B

42. D5BJ04-G21042. 按照《安全生产风险管理体系标识管理工作标准》的规定，班组库房内设置的“禁止烟火”标识应属于（ ）类别。

A. 禁止类； B. 警告类；

C. 指令类； D. 提示类。

答案：A

43. D5BJ04-G21043. 风险评估的目的：应用规范、动态、系统的方法去（ ）企业安全生产过程中的风险，制定风险控制措施，实现风险的超前控制，把风险降低到可接受程度。

A. 判断及评估； B. 认识及评估；

C. 识别及评估； D. 识别及判定。

答案：C

44. D5BJ04-G21044. 下列危害属于能源危害的是（ ）。

A. 辐射； B. 火灾；

C. 热表面； D. 噪声。

答案：B

45. D5BJ04-G21045. 安全生产风险管理体系的核心是（ ）。

A. 控制； B. 安全管理；

C. 风险控制； D. 识别危害。

答案：C

46. D5BJ04-G21046. 可接受（容忍）风险的风险值范围是（ ）。

A. 70～200 分； B. 20～70 分；

C. 100～200 分； D. 20 分以下。

答案：D

47. D5BJ04-G21047. 安全生产风险管理体系所评两钻的得分率为（ ）。

A. ≥45%； B. ≥55%；

C. ≥65%； D. ≥75%。

答案：B

48. D5BJ04-G21048. 当发生事故/事件时，企业应采取（ ）措施。

A. 控制措施； B. 事故分析；

C. 纠正与预防； D. 回顾。

答案：C

49. D5BJ04-G21049. 安全生产分析会会议由（　　）主持。

A. 分管领导；　B. 安全监察部；
C. 总工程师；　D. 生产技术部。

答案：A

50. D5BJ04-G21050. 人机工效主要优化人、机器及（　　）之间的界面，提高工作效率，保障人员的安全与健康。

A. 办公室；　B. 生产现场；
C. 工作环境；　D. 自然环境。

答案：C

51. D5BJ04-G21051. CPU是按一定规律工作的，在计算机内必须有一个（　　）产生周期性变化的信号。

A. 运算器；　B. 控制器；
C. 寄存器；　D. 时钟发生器。

答案：D

52. D5BJ04-G21052. CPU代表（　　）。

A. 浮点处理器；　B. 存储器；
C. 中央处理器；　D. 输入输出装置。

答案：C

53. D5BJ04-G21053. 电子计算机的中央处理器CPU包括运算器和（　　）两部分。

A. 存储器；　B. 控制器；
C. 输入输出装置；　D. 浮点处理器。

答案：B

54. D5BJ04-G21054. 综合自动化系统中，如果某线路保护的测控单元故障，以下哪种情况是正确的（　　）。

A. 后台机不能接受到保护动作信号；
B. 保护动作后不能跳闸；
C. 断路器不能遥控；
D. 以上三种都正确。

答案：C

55. D5BJ04-G21055. 以下哪种通信方式不属于国电南瑞科技后台系统常采用的通信方式（　　）。

A. RS-485通信；　B. RS-422口通信；
C. LONWORKS通信；　D. 以太网通信。

答案：C

56. D5BJ04-G21056. 综合变电站从结构上来说，继电保护装置属于（　　）。

A. 变电站层；　B. 间隔层；
C. 通信层；　D. 以上都不是。

答案：B

57. D5BJ04-G21057. 综合变电站中，电压无功自动控制功能简称为（　　）。

A. AVC；　B. VQC；
C. SCADA；　D. RTU。

答案：B

58. D5BJ04-G21058. 以下（　　）通信规约适用于故障信息系统子站与保护装置之间通信。

A. 101；　B. 102；
C. 103；　D. 104。

答案：C

59. D5BJ04-G21059. 综合自动化变电站中VFC技术指的是（　　）。

A. 将频率转换为电压；
B. 将电流转换频率；
C. 将电压转换电流；
D. 将电压转换为频率。

答案：D

60. D5BJ04-G21060. 下列哪个选项不属于综合变电站“四遥”功能之一（　　）。

A. 遥视；　B. 遥调；
C. 遥控；　D. 遥信。

答案：A

61. D5BJ04-G21061. 以下不属于故障信息系统主站应该具备的功能是（　　）。

A. 对保护装置定值进行修改；
B. 调取保护装置、故障录波器录波；
C. 调取测控装置定值；
D. 切换保护装置定值区号。

答案：C

62. D5BJ04-G21062. 某变电站发“计量电压消失”信号，该信号应该是从以下哪种装置硬接点开出的？（　　）

A. 保护装置；　B. 电压并联装置；
C. 测控装置；　D. 计量装置。

答案：B

63. D5BJ04-G21063. 变电站某条线路发“交流电压消失”信号，该信号的表达意思最真实的是反应是（　　）。

A. 保护装置交流电压消失；

B. 测控装置交流电压消失；
C. 计量装置交流电压消失；
D. 以上都不全是。
答案：D

64. D5BJ04-G21064. 遥控步骤顺序是（　　）。
A. 命令、返校、执行；
B. 对象、执行、撤销；
C. 执行、命令、反校；
D. 撤销、对象、执行。
答案：A

65. D5BJ04-G21065. 遥控执行屏的输出方式有（　　）。
A. 直接输出；
B. 组合输出；
C. 间接输出；
D. 直接输出和组合输出。
答案：D

66. D5BJ04-G21066. 使用功率表测量功率时，如果发现指针反转，需要更换（　　）接头。
A. 电流；　　B. 电压；
C. 电流和电压；　　D. 以上均不对。
答案：A

67. D5BJ04-G21067. 监控系统以一个变电站的（　　）作为其监控对象。
A. 电流、电压、有功量、无功量；
B. 主变压器；
C. 控制室内运行设备；
D. 全部运行设备。
答案：D

68. D5BJ04-G21068. 计算机系统中包含的软件主要有系统软件和（　　）两部分组成。
A. 字处理软件；　　B. 应用软件；
C. 编辑软件；　　D. 格式化软件。
答案：B

69. D5BJ04-G21069. 电力二次系统安全防护体系分为四个安全工作区，下列不属安全区Ⅰ的是（　　）。
A. 调度自动化系统；
B. 水调自动化系统；
C. 配电自动化系统；
D. 广域相量测量系统。
答案：B

70. D5BJ04-G21070. 屏蔽电缆的屏蔽层应（　　）。
A. 与地绝缘；　　B. 可靠接地；
C. 接 0V；　　D. 无要求。
答案：B

71. D5BJ04-G21071. 在遥控回路编号中，（　　）表示对断路器合闸操作。
A. 01，03；　　B. 01，33；
C. 2，40；　　D. 2，50。
答案：A

72. D5BJ04-G21072. 电压变送器输出直流电压一般为（　　）。
A. 0～1V；　　B. 0～3V；
C. 0～5V；　　D. 0～2V。
答案：C

73. D5BJ04-G21073. 遥信输入回路常用的隔离有继电器隔离和（　　）。
A. 变压器隔离；　　B. 电流互感器隔离；
C. 光电耦合隔离；　　D. 无。
答案：C

74. D5BJ04-G21074. 用跨相 90°接线法测无功功率时，这种接线方法可以在（　　）的三相三线制或三相四线制电路中应用。
A. 三相电流、电压完全对称；
B. 三相电流不完全对称；
C. 三相电压不对称；
D. 三相电压不完全对称。
答案：A

75. D5BJ04-G21075. GPS 卫星对时天线的输入阻抗为（　　）Ω。
A. 100；　　B. 75；
C. 50；　　D. 200。
答案：C

76. D5BJ04-G21076. 下列（　　）文件是描述数字化变电站一次系统的文件。
A. SSD；　　B. ICD；
C. SCD；　　D. CID。
答案：A

77. D5BJ04-G21077. 下列（　　）文件是描述数字化变电站各种类型二次设备的文件。
A. SSD；　　B. ICD；
C. SCD；　　D. CID。
答案：B

78. D5BJ04-G21078. 电子互感器及智能终端在数字化变电站中属于（　　）设备。

A. 间隔层；　　B. 网络层；

C. 过程层；　　D. 站控层。

答案：C

79. D5BJ04-G21079. 数字化变电站通过（　　）网代替了传统变电站的二次回路信号及控制。

A. MMS；　　B. SCL；

C. SMV；　　D. GOOSE。

答案：D

80. D5BJ04-G21080. 数字化变电站通过（　　）网代替了传统变电站的交流采样回路。

A. MMS；　　B. SCL；

C. SMV；　　D. GOOSE。

答案：C

81. D5BJ04-G21081. 下列不属于数字化变电站过程层的功能的是（　　）。

A. 实时运行电气量检测；

B. 运行设备状态检测；

C. 操作控制命令执行；

D. 实施对一次设备的保护控制功能。

答案：D

82. D5BJ04-G21082. 容量为180MVA，各侧电压分别为220kV、110kV和10.5kV的三绕组自耦变压器，一般情况下，其高压侧、中压侧及低压侧的额定容量分别是（　　）。

A. 180MVA，180MVA，90MVA；

B. 180MVA，180MVA，180MVA；

C. 180MVA，90MVA，90MVA。

答案：A

83. D5BJ04-G21083. 在逻辑框图中符号“＞＝1”表示的意思是（　　）。

A. 与非门；　　B. 非门；

C. 或门；　　D. 与门。

答案：C

84. D5BJ04-G21084. 在逻辑框图中符号“&”表示的意思是（　　）。

A. 非门；　　B. 与门；

C. 与非门；　　D. 或门。

答案：B

85. D5BJ04-G21085. 综自系统中，如果某线路的测控单元故障，则下列（　　）情况是正确的。

A. 后台不能接收到保护动作信号；

B. 保护动作后断路器不能跳闸；

C. 保护动作后断路器能跳闸。

答案：C

86. D5BJ04-G21086. 数字化变电站中采样值传输表示为（　　）。

A. GOOSE；　　B. MMS；

C. SV；　　D. SNTP。

答案：C

87. D5BJ04-G21087. 数字化变电站中保护跳闸信号采用（　　）传输。

A. GOOSE；　　B. MMS；

C. SV；　　D. SNTP。

答案：A

88. D5BJ04-G21088. 数字化变电站中保护装置与监控系统的通信采用（　　）传输。

A. GOOSE；　　B. MMS；

C. SV；　　D. SNTP。

答案：B

89. D5BJ04-G21089. 数字化变电站中变电站配置描述文件简称是（　　）。

A. ICD；　　B. CID；

C. SCD；　　D. SSD。

答案：C

90. D5BJ04-G21090. 合并单元MU属于哪一层智能电子设备？（　　）

A. 站控层；　　B. 间隔层；

C. 过程层；　　D. 以上均不是。

答案：C

二、多选题：D5BJ04-G22001～D5BJ04-G22025（每小题2分）

1. D5BJ04-G22001. 工作票签发人不得兼任该项工作的（　　）。工作负责人可以填写工作票。（　　）不得签发工作票。

A. 工作负责人；　　B. 工作许可人；

C. 工作班成员；　　D. 工作监护人。

答案：AB

2. D5BJ04-G22002. 在现场工作过程中遇到异常，如直流系统接地或断路器跳闸时，不论与本身工作是否有关，应（　　）。

A. 立即停止工作；

B. 保持现状；

C. 继续工作；
D. 立即通知运行人员。
答案：ABD

3. D5BJ04-G22003. 现场工作结束前，工作负责人应会同工作人员检查（　　）。经检查无误后，才能拆除试验接线。
A. 试验记录有无漏试项目；
B. 整定值；
C. 试验结论、数据。
答案：ABC

4. D5BJ04-G22004. 根据安全工作规程的规定，以下（　　）属于工作负责人的安全责任。
A. 工作的必要性；
B. 正确安全地组织工作；
C. 结合实际进行安全教育；
D. 工作现场布置的安全措施是否完善。
答案：BC

5. D5BJ04-G22005. 运行中的电气设备，是指（　　）的电气设备。
A. 全部带有电压；
B. 部分带有电压；
C. 一经操作即带有电压。
答案：ABC

6. D5BJ04-G22006. 在带电的电压互感器二次回路上工作时应采取的安全措施是（　　）。
A. 严格防止电压互感器二次侧短路或接地；
B. 工作时应使用绝缘工具，戴手套；
C. 必要时，可在工作前停用有关保护装置；
D. 二次侧接临时负载，必须装有专用的隔离开关和熔断器。
答案：ABCD

7. D5BJ04-G22007. 继电保护现场工作中的习惯性违章主要表现为（　　）。
A. 不履行工作票手续即行工作；
B. 不认真履行现场继电保护工作安全措施票；
C. 使用未经检验的仪器、仪表；
D. 监护人不到位或失去监护；
E. 现场标示牌不全，走错屏位。
答案：ABDE

8. D5BJ04-G22008.《电业安全工作规程》规定：在室外高压设备上工作，应在工作地点四周装设遮栏，遮栏出入口要围至（　　），并设有（　　）的标示牌。
A. 临近道路旁边；　　B. 从此进出；
C. 围栏起始端；　　D. 止步，高压危险。
答案：AB

9. D5BJ04-G22009. “中国南方电网有限责任公司令（第一号）”要求：认真落实与“（　　）”三大敌人作斗争的具体措施，继续严格执行电力安全生产行之有效的规章制度，特别是“（　　）”，狠纠管理性违章，坚决防止人为责任事故。
A. 违章、麻痹、不负责任；
B. 两票三制；
C. 违章作业、擅自扩大工作范围、无票工作；
D. 操作票。
答案：AB

10. D5BJ04-G22010.《中国南方电网有限责任公司电气工作票技术规范（发电、变电部分）》规定，在全部停电或部分停电的电气设备上工作，必须完成下列措施（　　）。
A. 停电；
B. 验电；
C. 装设接地线；
D. 悬挂标示牌和装设遮栏。
答案：ABCD

11. D5BJ04-G22011.《中国南方电网有限责任公司电气工作票技术规范（发电、变电部分）》规定，口头或电话命令的工作为（　　）。
A. 事故抢修、紧急缺陷处理（设备在8h内无法恢复的，则应办理工作票）；
B. 非高压场所的低压回路上工作；
C. 消防、绿化维护工作；
D. 土建施工工作。
答案：AB

12. D5BJ04-G22012. 公司系统内从事电力生产工作的单位及个人必须严格执行（　　）和（　　）等制度。
A. 两票三制；　　B. 安全管理；
C. 安全目标；　　D. 设备缺陷管理。
答案：AD

13. D5BJ04-G22013.《中国南方电网公司输变电设备缺陷管理标准》规定报告缺陷时，应详细、准确，包括哪些内容（　　）。
A. 设备名称、编号、型号、生产厂家、时间及投运时间等；

B. 设备缺陷部位、缺陷内容、造成的影响及可能的后果；

C. 缺陷发现的时间；

D. 缺陷级别。

答案：ABCD

14. D5BJ04-G22014. 下面哪几条是贵州电网公司十大禁令的内容？（　　）

A. 严禁违章指挥；

B. 严禁无票作业；

C. 严禁擅自解锁；

D. 严禁擅自登高作业。

答案：ABC

15. D5BJ04-G22015. 工作票签发人有哪些职责？（　　）

A. 确认工作必要性和安全性；

B. 确认工作票上所填安全措施正确、完备；

C. 确认工作任务正确性；

D. 确认所派工作负责人和工作班人员适当、充足。

答案：ABD

16. D5BJ04-G22016. 在电气设备上工作，保证安全的组织措施为（　　）。

A. 工作票制度；

B. 工作许可制度；

C. 工作监护制度；

D. 工作间断、转移和终结制度。

答案：ABCD

17. D5BJ04-G22017. 在电气设备上工作，保证安全的技术措施有哪些？（　　）

A. 停电；

B. 验电；

C. 装设接地线；

D. 悬挂标示牌和装设遮栏。

答案：ABCD

18. D5BJ04-G22018. 班组的安全教育按内容可分为（　　）。

A. 安全思想教育；　　B. 安全知识教育；

C. 安全技术教育；　　D. 政治思想教育。

答案：ABC

19. D5BJ04-G22019. 以下哪些可作为班组培训的形式？（　　）

A. 技术讲课；　　B. 现场培训；

C. 师带徒；　　D. 技能比武。

答案：ABCD

20. D5BJ04-G22020. 班组计划管理的内容包括（　　）等内容。

A. 班组计划的制定；

B. 班组计划的执行；

C. 班组计划的协调检查和控制；

D. 班组计划执行成果的分析总结与改进。

答案：ABCD

21. D5BJ04-G22021. 安全生产风险管理体系建设的主要特点有（　　）。

A. 突出“一切事故都可以预防”的安全理念；

B. 既与国际接轨又体现南网特色；

C. 实现安全生产的科学管理与创新；

D. 为建设南网安全文化提供有力的支撑。

答案：ABCD

22. D5BJ04-G22022. 安全生产风险管理体系是（　　）安全生产风险管理。

A. 自动的；　　B. 主动的；

C. 超前的；　　D. 动态的。

答案：BCD

23. D5BJ04-G22023. 风险评估的类别有（　　）。

A. 基准风险评估；

B. 基于问题风险评估；

C. 持续风险评估；

D. 纠正风险评估。

答案：ABC

24. D5BJ04-G22024. 事故控制的三个阶段是指（　　）。

A. 发生前控制；　　B. 发生中控制；

C. 发生后控制；　　D. 管理控制。

答案：ABC

25. D5BJ04-G22025. 下列属于物理危害的有（　　）。

A. 辐射；　　B. 废水；

C. 粉尘；　　D. 噪声。

答案：ACD

三、判断题：D5BJ04-G23001 ～ D5BJ04-G23090（每小题 1 分）

1. D5BJ04-G23001. 所有电流互感器和电压互感器的二次绕组应有永久性的、可靠的保护接地。

答案：√

2. D5BJ04-G23002. 对电流互感器的一、二次侧引出端一般采用减极性标注。

答案：√

3. D5BJ04-G23003. 中央信号装置分为事故信号和预告信号。

答案：√

4. D5BJ04-G23004. 事故信号的主要任务是在断路器事故跳闸时，能及时地发出音响并使相应的断路器灯位置信号闪光。

答案：√

5. D5BJ04-G23005. 我国采用的中性点工作方式有：中性点直接接地、中性点经消弧线圈接地和中性点不接地三种。

答案：√

6. D5BJ04-G23006. 变压器的接线组别是表示高低压绕组之间相位关系的一种方法。

答案：√

7. D5BJ04-G23007. 数字式仪表自校功能的作用，在于测量前检查仪表本身各部分的工作是否正常。

答案：√

8. D5BJ04-G23008. 对电子仪表的接地方式应特别注意，以免烧坏仪表和保护装置中的插件。

答案：√

9. D5BJ04-G23009. 高频保护通道传送的信号按其作用的不同，可分为跳闸信号、允许信号和闭锁信号三类。

答案：√

10. D5BJ04-G23010. 采用远方起动和闭锁信号的高频闭锁距离保护，既可用于双电源线路也可用于单电源线路。

答案：×

11. D5BJ04-G23011. 与门置 1 不需要所有条件都满足，任一条件满足即可。

答案：×

12. D5BJ04-G23012. 在任一条件满足时或门置 1。

答案：√

13. D5BJ04-G23013. 主变压器差动保护属于主保护，瓦斯保护属于后备保护。

答案：×

14. D5BJ04-G23014. 继电保护装置属于自动操作型装置。

答案：√

15. D5BJ04-G23015. 自动低周减载装置属于自动调节型装置。

答案：√

16. D5BJ04-G23016. 变压器短路故障后备保护，主要是作为相邻元件及变压器内部故障的后备保护。

答案：√

17. D5BJ04-G23017. BZT 只允许将备用电源投入一次。

答案：√

18. D5BJ04-G23018. 当备用电源或备用设备投于故障时，一般应使其保护后加速动作。

答案：√

19. D5BJ04-G23019. 在多电源供电的线路上传统 ZCH 应考虑同步问题。

答案：√

20. D5BJ04-G23020. 当 QF 不允许重合时，ZCH 不应动作。

答案：√

21. D5BJ04-G23021. 当手动 QF 时，ZCH 应自动闭锁。

答案：√

22. D5BJ04-G23022. 对于单电源线路，ZCH 装置应装于受电侧。

答案：×

23. D5BJ04-G23023. 不按顺序投入两侧 QF 的非同步重合闸方式可避免给系统造成第二次冲击。

答案：×

24. D5BJ04-G23024. 单相全波和桥式整流电路，若 RL 中的电流相等，组成它们的逆向电压单相全波整流比桥式整流大一倍。

答案：√

25. D5BJ04-G23025. 三相桥式整流中，RL 承受的是整流变压器二次绕组的线电压。

答案：√

26. D5BJ04-G23026. 为了便于分别校验保护装置和提高其可靠性，主保护和后备保护宜做到回路彼此独立。

答案：√

27. D5BJ04-G23027. 变电站装设避雷器是为了防止直击雷。

答案：×

28. D5BJ04-G23028. 110kV及以下电力设备的保护一般采用远后备保护。

答案：√

29. D5BJ04-G23029. 相间阻抗继电器不反映接地故障。

答案：×

30. D5BJ04-G23030. 同一基准功率，电压等级越高，基准阻抗越小。

答案：×

31. D5BJ04-G23031. 不可能触及带电设备导电部分的工作，填用电气第二种工作票。

答案：√

32. D5BJ04-G2302. 一个工作负责人不应同时执行两张及以上工作票。

答案：√

33. D5BJ04-G23033. 只要工作负责人和工作许可人在工作票上终结栏填明工作结束时间，经双方签名后，即表示工作票终结。

答案：×

34. D5BJ04-G23034. 在计算机显示屏上操作的隔离开关操作处，可以不设“禁止合闸，有人工作!”或“禁止合闸，线路有人工作!”的标记。

答案：×

35. D5BJ04-G23035. 严禁约时停送电、严禁酒后作业、严禁未落实安全风险控制措施开工作业都属于《贵州电网公司安全生产十大禁令》规定。

答案：×

36. D5BJ04-G23036. 工作许可人对工作票所列内容有疑问，应向工作负责人询问清楚。

答案：×

37. D5BJ04-G23037. 在继电保护现场工作中，工作票签发人可以兼做该项工作的工作负责人。

答案：×

38. D5BJ04-G23038. 在高压开关柜的手车开关拉至“检修”位置后，应确认隔离挡板已封闭。

答案：√

39. D5BJ04-G23039. 在变电站的带电区域内或临近带电线路处，可以使用绝缘梯子。

答案：√

40. D5BJ04-G23040. 工作票应使用统一的票面格式。

答案：√

41. D5BJ04-G23041. 工作票一份交工作负责人，另一份交工作票签发人。

答案：×

42. D5BJ04-G23042. 在电气设备上工作，保证安全的技术措施由运行人员或有操作资格的人员执行。

答案：√

43. D5BJ04-G23043. 工作许可人在完成施工作业现场的安全措施后，即可许可工作。

答案：×

44. D5BJ04-G23044. 若室外只有个别地点设备带电，可在其四周装设全封闭遮栏，遮栏上悬挂适当数量朝向外面的“止步，高压危险!”标示牌。

答案：√

45. D5BJ04-G23045. 室内设备充装 SF_6 气体时，周围环境相对湿度应不大于80%，同时应开启通风系统，避免 SF_6 气体泄漏到工作区。

答案：√

46. D5BJ04-G23046. SF_6 电气设备发生大量泄漏等紧急情况时，人员应迅速撤出现场，开启所有排风机进行排风。未佩戴防毒面具或佩戴正压式空气呼吸器的人员不应入内。

答案：√

47. D5BJ04-G23047. 低压不停电工作，应站在干燥的绝缘物上，使用有绝缘柄的工具，穿绝缘鞋和全棉长袖工作服，戴手套和护目眼镜。

答案：√

48. D5BJ04-G23048. 电缆隧道、电缆井内应有充足的照明，并有防火、防水、通风的措施。

答案：√

49. D5BJ04-G23049. 电力安全事故是指，电力生产、电网运行过程中发生的影响电力系统安全稳定运行或者影响电力（或热力）正常供应的事故（包括热电厂发生的影响热力正常供应的事故）。

答案：√

50. D5BJ04-G23050. 事件的调查期限为15日，特殊情况下，经组织事件调查的单位批准，可以适当延长，但延长的期限不得超过20日。

答案：√

51. D5BJ04-G23051. 一条线路由于同一原因在48h内发生多次事故（事件）时，可认定为一次事故（事件）。

答案：×

52. D5BJ04-G23052. 设备事故是指电力生产、电网运行过程中发生的发电设备或输变电设备损坏造成直接经济损失的事故。

答案：√

53. D5BJ04-G23053. 非责任事故是指因自然灾害等不可抗力因素造成的事故。

答案：√

54. D5BJ04-G23054. 工作负责人：是指组织、指挥工作班人员完成本项工作任务的责任人员。

答案：√

55. D5BJ04-G23055. 填写工作票应对照接线图或模拟图板，与现场设备的名称和编号相符合，可以不使用双重编号。

答案：×

56. D5BJ04-G23056. 设备缺陷的管理工作流程包括设备缺陷的发现与填报、受理分析、处理、验收环节。

答案：√

57. D5BJ04-G23057. 设备缺陷经检修部门处理后，降低了缺陷等级，未能彻底消除缺陷的，可不用重新填报。

答案：×

58. D5BJ04-G23058. 缺陷管理各有关部门不用对紧急、重大、一般缺陷消缺率和消缺及时率进行统计分析。

答案：×

59. D5BJ04-G23059. 安全生产责任制目的是确保企业内安全生产的职责、权限得到规定和沟通。

答案：√

60. D5BJ04-G23060. 贵州电网公司“十大禁令”是保障安全生产的重要举措，共有10项要求。

答案：√

61. D5BJ04-G23061. 班组是供电企业最基层的行政组织，是企业最基层的生产单位。

答案：√

62. D5BJ04-G23062. 小型班组因人员较少，可以不设置班组安全员。

答案：×

63. D5BJ04-G23063. 按照《生产班组规范化管理标准》的要求，实操演练、反事故演习、技能比武可结合进行，至少一季度进行1次。

答案：×

64. D5BJ04-G23064. 班组安全活动每月开展一次，由安全员主持。

答案：×

65. D5BJ04-G23065. 对预试、定检、修理等可重复性强、作业内容规范的生产作业，按照《贵州电网公司作业指导书管理标准》要求应编制相应的作业指导书。

答案：√

66. D5BJ04-G23066. 班组应做好车辆自身及驾乘人员（班员）的安全管理工作，定期组织驾乘人员（班员）参与各类学习活动。

答案：√

67. D5BJ04-G23067. 班组安全员是本班组的安全第一责任人，对本班组人员在生产劳动过程中的安全和健康负责，对所管辖设备的安全运行负责。

答案：×

68. D5BJ04-G23068. 班组应将技术培训评价结果纳入班组绩效管理。

答案：√

69. D5BJ04-G23069. 班组应加强图纸资料的动态管理，制定使用及维护管理办法，设专人管理，确保设备新增、变动后图纸资料能及时更新，建立详细的借阅记录。

答案：√

70. D5BJ04-G23070. 班组的重点问题，班长可自行决定，不需听取班组成员的意见。

答案：×

71. D5BJ04-G23071. 基准风险评估是一个动态的、持续的风险评估。

答案：×

72. D5BJ04-G23072. 安全生产风险管理体系的内审一年一次。

答案：×

73. D5BJ04-G23073. 安全生产风险管理体系建设更为重视结果管理。

答案：×

74. D5BJ04-G23074. 安全生产风险管理体系重点关注事前的风险分析、评估与控制。。

答案：√

75. D5BJ04-G23075. 安全生产风险管理提体系、应急管理体系、安全监察体系是相对独立的三个安全体系。

答案：×

76. D5BJ04-G23076. 安全生产风险管理体系是一个动态的、主动和超前的安全管理。

答案：√

77. D5BJ04-G23077. 安全生产的目标与指标主要包含安全指标、生产技术指标。

答案：√

78. D5BJ04-G23078. 安全生产风险管理体系要求加强对承包商的管理，建立对承包商的评价机制，对承包商的评价主要是工程质量的评价。

答案：×

79. D5BJ04-G23079. 体系要求对生产、办公等区域进行测量、评估、改进，使其符合国家企业要求。

答案：×

80. D5BJ04-G23080. 职工体检的结果将作为判断职工是否适应现在岗位的条件依据。

答案：√

81. D5BJ04-G23081. 未经上级调度自动化运行管理部门的同意，不得在调度自动化装置及其二次回路上工作和操作。

答案：√

82. D5BJ04-G23082. CPU 处理的遥测数据是经 A/D 转换过的。

答案：√

83. D5BJ04-G23083. 在电力互感器极性端靠母线侧的情况下，一般规定进母线的潮流方向为正，出母线为负。

答案：×

84. D5BJ04-G23084. 盘柜安装时，盘间接缝应小于 1mm。

答案：×

85. D5BJ04-G23085. 时间分辨率是事件顺序记录的一项重要指标。

答案：√

86. D5BJ04-G23086. 相位表指针会随负载电流和电压的大小而变化。

答案：×

87. D5BJ04-G23087. 1K 字节表示 1000 个字节。

答案：×

88. D5BJ04-G23088. 示波器的同步（触发）信号有内同步和外同步两种。

答案：√

89. D5BJ04-G23089. 信号回路采用光电隔离的作用是输入具有保护和滤波功能。

答案：×

90. D5BJ04-G23090. 操作系统分三类：批处理系统、分时系统、实时系统。

答案：√

四、简答题：D5BJ04-G25001～D5BJ04-G25015

1. D5BJ04-G25001. 班组设置的“五大员”是指哪些人员？（5 分）

答：是指安全员、技术员、宣传员、考勤考核员、材料员。（五点，每答对一点得 1 分）

2. D5BJ04-G25002. 班组安全管理的主要内容包括哪些？（5 分）

答：主要包括：

（1）安全教育。（1 分）

（2）安全目标管理。（1 分）

（3）安全工器具、劳动防护用品用具管理。（2 分）

（4）不安全情况调查分析上报。（1 分）

3. D5BJ04-G25003. 供电设备按检修性质可分为哪几类？（5 分）

答：可分为以下几类：

（1）设备大修。（1 分）

（2）设备小修。（1 分）

（3）设备临修。（1 分）

（4）事故检修。（2 分）

4. D5BJ04-G25004. 班组工作计划的编制，按时间分为哪几种？（5 分）

答：按时间分为：

（1）年度计划。（1.5）

（2）月度计划。（1.5）

（3）周计划、日计划。（2 分）

5. D5BJ04-G25005. 安全生产风险管理体系包括哪 9 个管理单元？（5 分）

答：包括安全管理、风险评估与控制、应急与事故处理、作业环境、生产用具、生产管理、职业健康、能力要求与培训、检查与审核等九个管理单元。（答对 1 个管理单元得 0.5 分，回答完整得 5 分）

6. D5BJ04-G25006. 安全生产风险管理体系实施

要求设立哪三大员？（5分）

答：体系建设的三大员：巡查员即安全区代表或安全员、内审员即内部审核员、调查员即事故/事件调查员。（答对1大员得2分，回答完整得5分）

7. D5BJ04-G25007. 安全生产风险管理体系的原则是什么？（5分）

答：（1）基于风险的原则。

（2）事件/事故预先控制的原则。

（3）系统性原则。

（4）全员参与的原则。

（5）安全的行为与态度的原则。

（6）持续改进的原则。

（答对1个原则得1分，回答完整得5分）

8. D5BJ04-G25008. 与常规站相比，变电站综合自动化系统的监视控制功能具有哪些优越性？（5分）

答：优越性表现在：

（1）弥补了常规继电器保护装置不能与外间通信的缺陷。（1分）

（2）取代常规的测量系统，如变送器、指针式仪表等。（1分）

（3）改变常规的操作机构，如操作盘、模拟盘、手动同期及手控无功补偿等装置。（1分）

（4）取代了常规的告警、报警装置，如中央信号系统、光字牌等。（1分）

（5）取代了常规的电磁式和机械式防误闭锁设备。（1分）

（6）取代了常规远动装置。（1分）

9. D5BJ04-G25009. 微机保护的模/数（A/D）变换与VFC的变换方式有哪些不同？（5分）

答：这两种变换方式原理到结构都大不相同。A/D是直接将模拟量直接转变为数字量的A/D变换方式，而VFC是将电压模拟量先变为频率脉冲量，通过脉冲计数变换为数字量的一种方式。

（答对1种变换方式得2分，回答完整得5分）

10. D5BJ04-G25010. 什么是通信规约？（5分）

答：在通信网中，为了保证通信双方能正确、有效、可靠地进行数据传输，在通信的发送和接受的过程中有一系列的规定，以约束双方进行正确、协调的工作，我们将这些规定称为数据控制规程，简称通信规约。（答对前面部分得2分，答对后面部分得2分，回答完整得5分）

11. D5BJ04-G25011. 简述光电耦合器的作用。（5分）

答：光电耦合器常用于开关量信号的隔离，使其输入与输出之间电气上完全隔离，尤其是可以实现地电位的隔离，这可以有效地抑制共模干扰。（答对一点得2分，回答完整得5分）

12. D5BJ04-G25012. 在综合自动化变电站系统中，什么叫事故追忆？（5分）

答：事故追忆是指对变电站内的一些模拟量、如线路、主变压器各侧的电流、有功功率、主变压器母线电压等，在事故前后一段时间内作连续的测量记录。通过从变电站综合自动化系统中调取事故前后的记录，了解系统或某一回路在事故前后所处的工作状态，对于分析和处理事故起辅助作用。（答对前面部分得2分，答对后面部分得2分，回答完整得5分）

13. D5BJ04-G25013. 变电站监控系统的核心和纽带是什么？（5分）

答：变电站综合自动化的核心是自动监控系统。变电站的综合自动化的纽带是监控的局域通信网络，它把微机保护、微机自动装置、微机远动装置等功能综合在一起，形成一个具有远方功能的自动监控系统。

（答对核心得2分，答对纽带得2分，回答完整得5分）

14. D5BJ04-G25014. 什么是数字化变电站？数字化变电站主要技术特征主要体现在哪些方面？（5分）

答：数字化变电站是由智能化一次设备和网络化二次设备分层构建，建立在IEC 61850通信规范基础上，能够实现变电站内智能电气设备间信息共享和互操作的现代化变电站。（2分）

数字化变电站主要技术特征主要体现在：

（1）数据采集数据化。（0.5分）

（2）系统分层分布化。（0.5分）

（3）信息交互网络化。（0.5分）

（4）设备检修状态化。（0.5分）

（5）设备操作智能化。（0.5分）

（回答完整得5分）

15. D5BJ04-G25015. 什么是合并单元？其有何特点？（5分）

答：合并单元是对传感模块传来的三相电气量进行合并和同步处理，并将处理后的数字信号按特定的格式提供给间隔级设备使用的装置。

其特点是：（2 分）

（1）具有完善的监测功能，能够检测出各个插件、远端电子式互感器模块的工作状态，能够检查光纤信号的强弱，在信号偏弱时给出告警信息。（1 分）

（2）具有模拟数据输出功能，便于现场与保护的联调。（1 分）

（3）具有测量功能能够实时显示电压电流功率等测量值，方便现场的调试和测试。（1 分）

第四节　基本技能

识图题：D5BJ00-Z26001～D6BJ00-Z26020

1. D5BJ00-Z26001. 如图所示电路，$U(t)$ 为交流电源，当电源频率增加时，3 个灯亮度如何变化？（10 分）

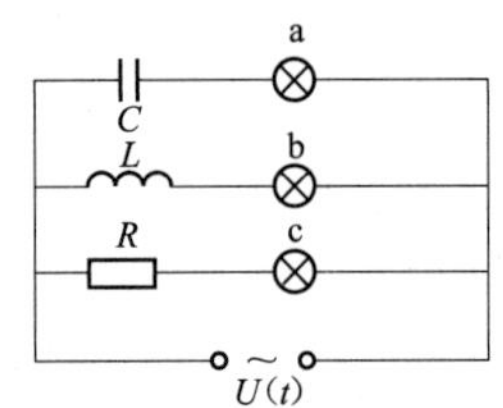

题 D5BJ00-Z26001 图

答：a 支路电容压降减小，a 灯压降增加，变亮；（4 分）

b 支路线圈压降增加，b 灯压降降低，变暗；（4 分）

c 支路与原来一样，c 灯亮度不变。（2 分）

2. D5BJ00-Z26002. 把下图中（a）电压源接线图转换为电流源接线图，并标出电流 I、电导 G 的表达式。（10 分）

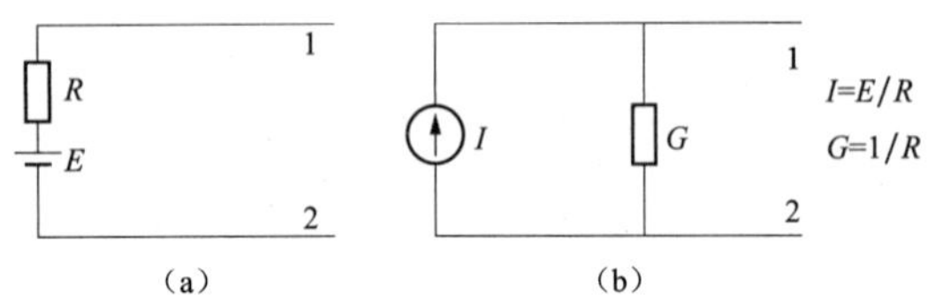

题 D5BJ00-Z26002 图

评分标准：

（1）画出电流源接线图。（4 分）

（2）写出 $I=E/R$。（3 分）

（3）写出 $G=1/R$。（3 分）

答：如图（b）所示。

3. D5BJ00-Z26003. 画出三相四线具有 R、L、C 三种负荷的接线图。（10 分）

答：如图所示。

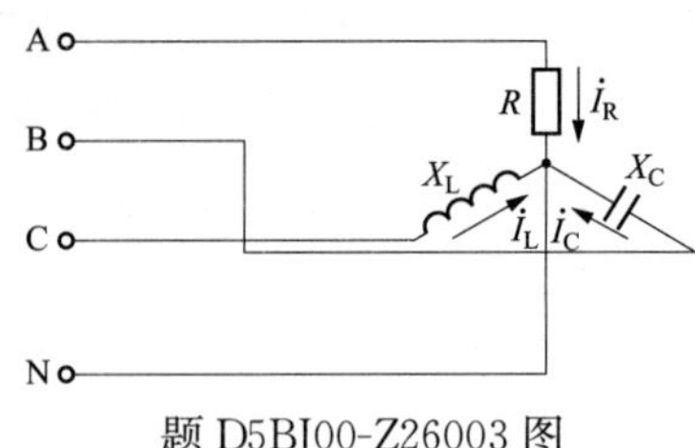

题 D5BJ00-Z26003 图

评分标准：

（1）正确画出图形。（6 分）

（2）正确标明电流方向。（4 分）

4. D5BJ00-Z26004. 画出纯电感交流电路的相量图。（10 分）

答：如图所示。

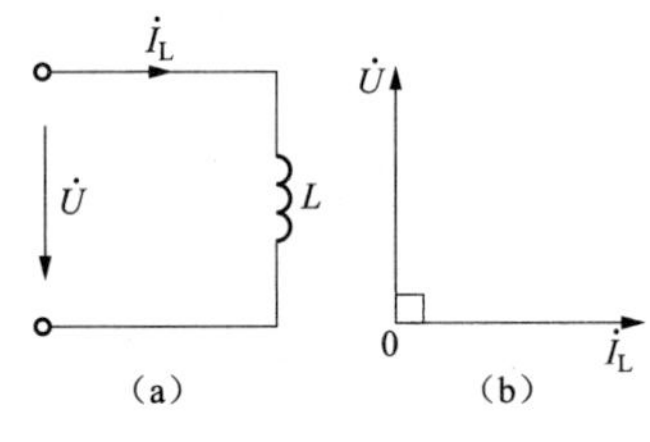

题 D5BJ00-Z26004 图

评分标准：

（1）正确画出图形。（6 分）

（2）正确标明电压、电流方向。（4 分）

5. D5BJ00-Z26005. 已知三个电流的瞬时值分别为：$i_1=15\sin(\omega t+30°)$，$i_2=14\sin(\omega t-60°)$，$i_3=120\sin\omega t$。画出它们的相量图，并比较它们的相位关系。（10 分）

答：相量如图所示。i_1 超 $i_{330°}$，i_3 超 $i_{260°}$，i_1 超 $i_{290°}$。

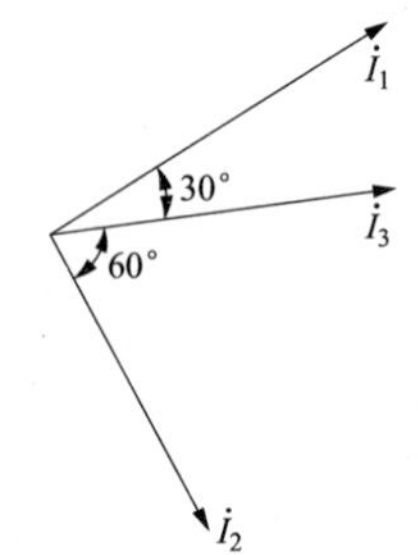

题 D5BJ00-Z26005 图

评分标准：

（1）正确画出图形。（5 分）

（2）正确标明电流方向及角度。（5 分）

6. D5BJ00-Z26006. 画出下列电气设备的图形符号：双绕组变压器、自耦变压器、电抗器。（10 分）

答：如图所示。

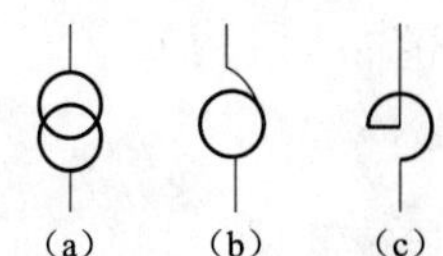

题 D5BJ00-Z26006 图

(a) 双绕组变压器；(b) 自耦变压器；(c) 电抗器。

评分标准：

(1) 双绕组变压器两圆相交，(4 分) 相离、相切不得分。

(2) 正确画出自耦变压器。(3 分)

(3) 正确画出电抗器。(3 分)

7. D5BJ00-Z26007. 画出单臂电桥的原理图，标明符号，可以不标出电流方向。(10 分)

答：如图所示。

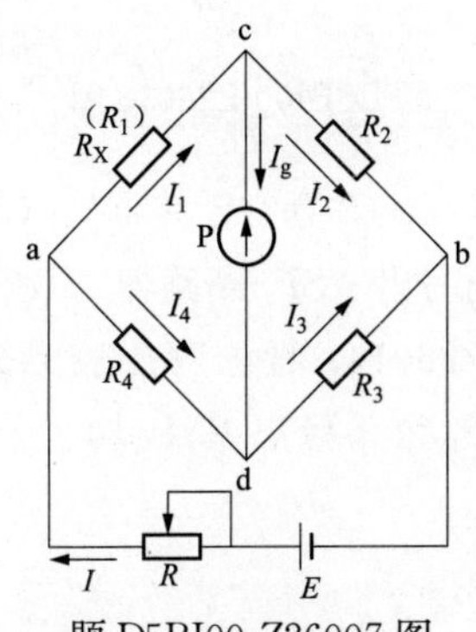

题 D5BJ00-Z26007 图

评分标准：

(1) 正确画出图形。(6 分)

(2) 正确标明电流方向。(4 分)

8. D5BJ00-Z26008. 画出低压三相异步电机点动具有自锁的正转控制电路图（自保持）。(10 分)

答：如图所示。

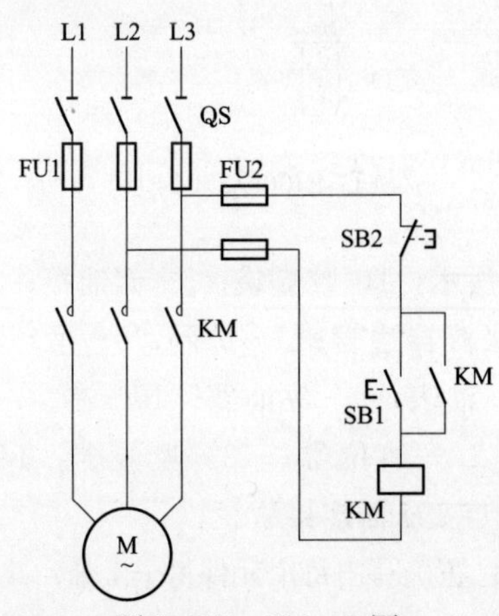

题 D5BJ00-Z26008 图

QS—隔离开关；FU1、FU2—熔断器；KM—接触器；SB1、SB2—按钮开关。

评分标准：

(1) 正确画出图形。(6 分)

(2) 正确标明各元件名称。(4 分)

9. D5BJ00-Z26009. 画出变压器负载时的简化等值电路图，标明各参数的组成参数。

答：在变压器负载运行时 $I_1 I_0$。故可将 I_0 忽略，即认为 Z_m 无限大而断开，于是等值电路被简化，如图所示，各参数的组成参数如下。

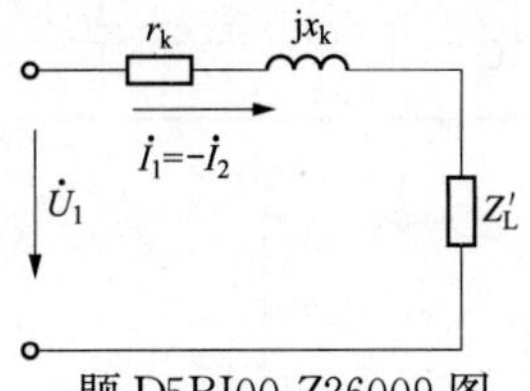

题 D5BJ00-Z26009 图

$$Z_k = Z_1 + Z_2 = r_k + jx_k$$
$$r_k = r_1 + r_2 = r_1 + k^2 r_2$$
$$x_k = x_1 + x_2 = x_1 + k^2 x_2$$

评分标准：

(1) 正确画出图形。(4 分)

(2) 正确标明各参数的组成参数。(6 分，每个 2 分)

10. D5BJ00-Z26010. 已知 T 为铁芯，N1、N2 为变压器的一次、二次绕组，R 为负载，画出变压器的原理图，并标出电流电压方向。(10 分)

答：如图所示。

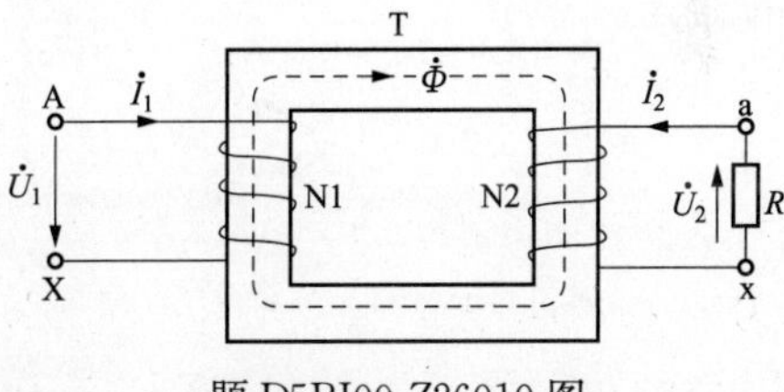

题 D5BJ00-Z26010 图

评分标准：

(1) 正确画出变压器原理图。(6 分)

(2) 正确标注电流方向。(2 分)

(3) 正确标注电压方向。(2 分)

11. D5BJ00-Z26011. 根据下列图说出电力系统的中性点运行方式。(10 分)

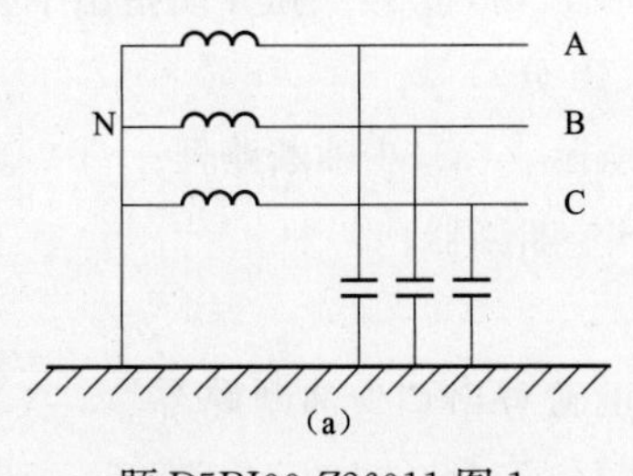

题 D5BJ00-Z26011 图 1

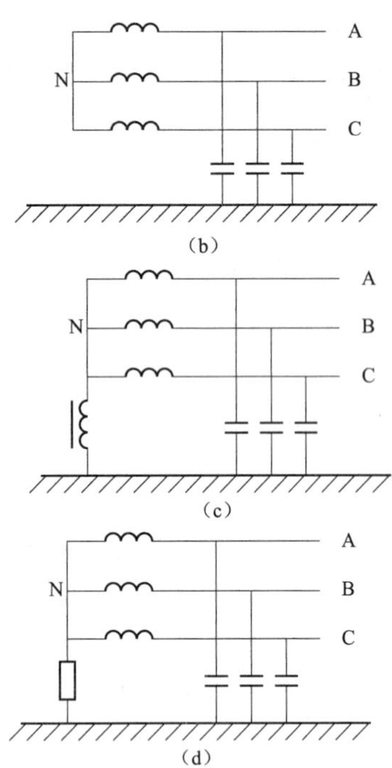

题 D5BJ00-Z26011 图 2

答：如图所示。(a) 中性点直接接地；(b) 中性点不接地；(c) 中性点经消弧线圈接地；(d) 中性点经电阻接地。

评分标准：正确写出接地方式每个 2.5 分，共4 个。

12. D5BJ00-Z26012. 在电阻、电感串联正弦交流电路中，画出其阻抗三角形图。(10 分)。

答：如图所示。

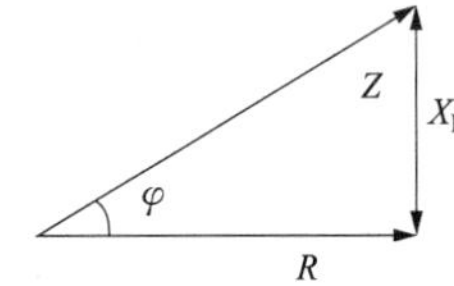

题 D5BJ00-Z26012 图

评分标准：

(1) 画出直角三角形。(4 分)

(2) 标注 R 在水平线上。(2 分)

(3) 标注 X 在垂直线上。(2 分)

(4) 标注 Z 在斜边上。(2 分)

13. D5BJ00-Z26013. 按灭弧介质指出下列断路器的类型。(10 分)

答：如图所示。(a) 少油断路器；(b) 真空断路器；(c) SF_6 断路器。

评分标准：

(1) 正确写出“少油断路器”，（4 分）写“油断路器”。(3 分)

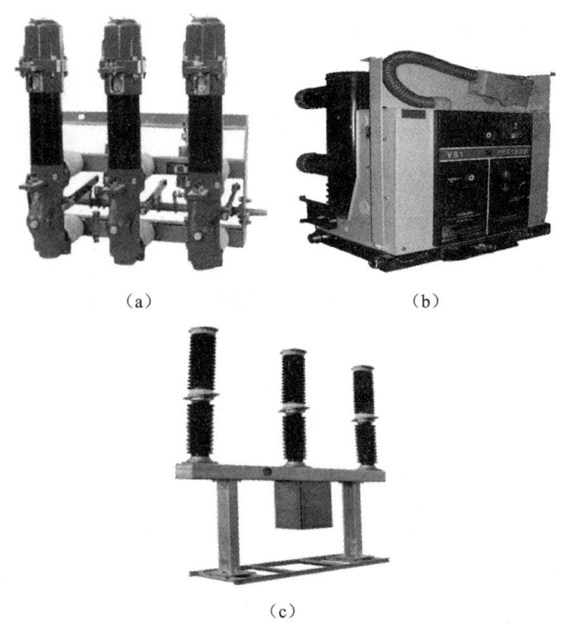

题 D5BJ00-Z26013 图

(2) 正确写出“真空断路器”。(3 分)

(3) 正确写出“SF_6 断路器”。(3 分)

14. D5BJ00-Z26014. 看图写出胶囊袋密封储油柜各元件的名称（写出其中 10 个元件名称）。(10 分)

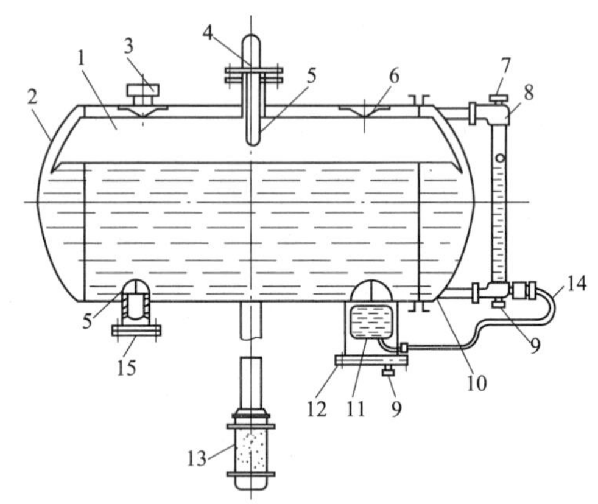

题 D5BJ00-Z26014 图

答：如图所示。1—胶囊袋；2—储油柜；3—放缩塞；4—吸湿器边管；5—护网；6—吊环；7—放气塞；8—油表；9—放油塞；10—端盖；11—小胶囊袋；12—油位器；13—吸湿器；14—导油管；15—与变压器连接法兰。

评分标准：正确写出每个元件每个 1 分，共 10 个。

15. D5BJ00-Z26015. 画出 10kV 固定式断路器分闸二次回路原理图，并标出各元件的名称。(10 分)

答：如图所示。

评分标准：正确画出分闸回路图。(10 分)

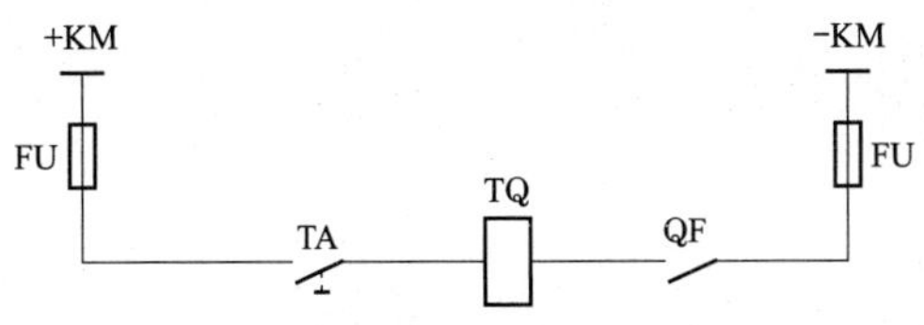

题 D5BJ00-Z26015 图

KM—控制母线；FU—熔断器；TA—分闸按钮；TQ—分闸线圈；QF—辅助开关。

16. D5BJ00-Z26016. 说出下图变压器各部件的名称。

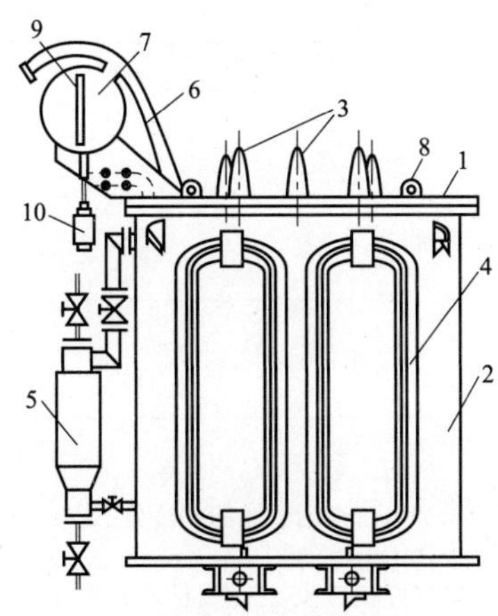

题 D5BJ00-Z26016 图

答：1—箱盖；2—箱壳；3—出线套管；4—散热器；5—净油器；6—防爆管；7—油枕；8—箱盖吊环；9—油位计；10—呼吸器。(每个 1 分)

17. D5BJ00-Z26017. 画出双母线单分段接线并说明其特点。(10 分)

答：特点：(1) 具有分段单母线和一般双母线的优点，而且有更高的灵活性和可靠性。

(2) 这种接线的断路器及配电装置的投资更大，用于进出回路数更多的配电装置。

评分标准：

(1) 正确画出图形。(6 分)

(2) 正确说明该接线特点。(4 分)

18. D5BJ00-Z26018. 画出电喇叭、调压变压器、电流互感器图形符号。(10 分)

答：如图所示。

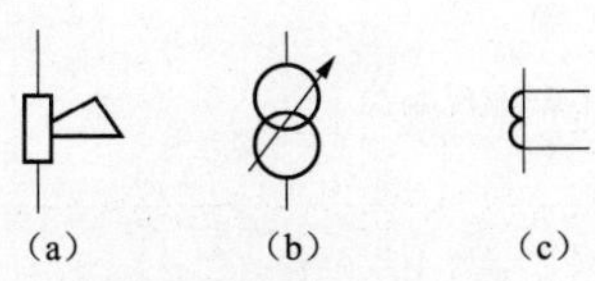

题 D5BJ00-Z26018 图

评分标准：

(1) 正确画出“电喇叭”。(3 分)

(2) 正确画出“真空断路器”。(4 分)

(3) 正确画出“SF_6 断路器”。(3 分)

19. D5BJ00-Z26019. 根据原图，画出 A-A、B-B 剖视图。(10 分)

答：如图所示。

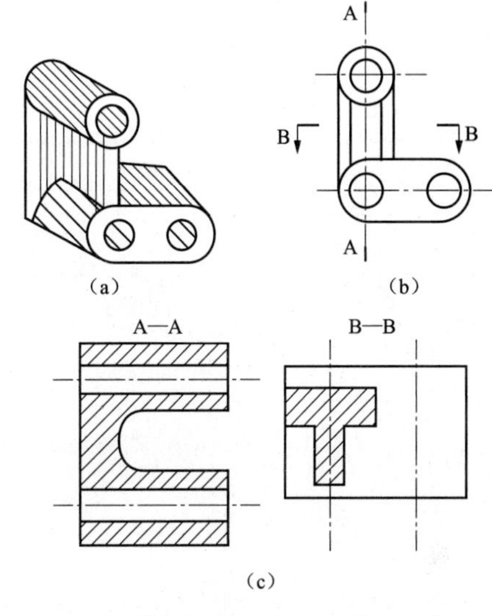

题 D5BJ00-Z26019 图

(a) 原图；(b) 主视图；(c) 剖视图

评分标准：画出 1 个 5 分。

20. D5BJ00-Z26020. 画出图中 $\dot{I}_B$、$\dot{I}_C$ 及 $\dot{I}_k$ 的向量图。(10 分)

答：相量图如图 (b) 所示。

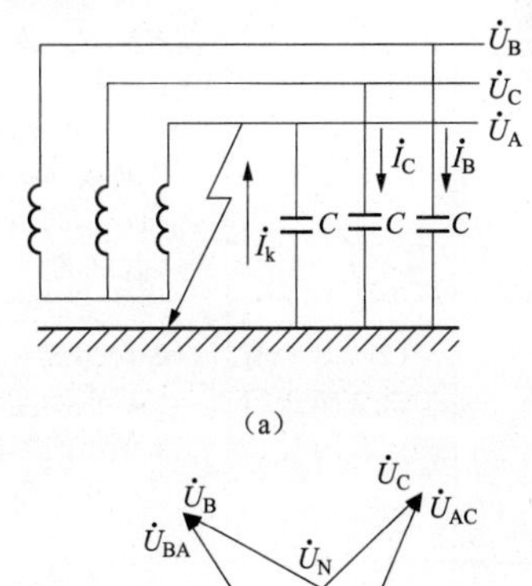

(a)

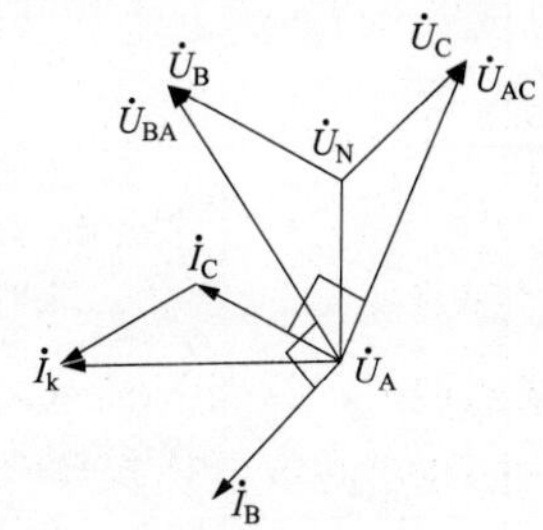

(b)

题 D5BJ00-Z26020 图

评分标准：

(1) 正确画出该图形。(6 分)

(2) 正确标明电流方向。(2 分)

(3) 正确标明电压方向。(2 分)

第五节　专业技能

实际操作题：D5BJ04-G30001～D5BJ04-G30010

1. D5BJ04-G30001. 电流互感器的极性试验。

答案：电流互感器的极性试验见下表。

题 D5BJ04-G30001 表

<table>
<tr><td>考核时限</td><td>60min</td><td>编号</td><td>D5BJ04-G30001</td><td>题分</td><td>100</td></tr>
<tr><td>考核方式</td><td colspan="2">实操</td><td>考核地点</td><td colspan="2"></td></tr>
<tr><td>项目名称</td><td colspan="5">电流互感器的极性试验</td></tr>
<tr><td>需要说明的问题和要求</td><td colspan="5">（1）要求单人进行操作；
（2）需填写试验报告单；
（3）各分栏总扣分不超过本分栏的标准分值</td></tr>
<tr><td>工具、材料设备、场地</td><td colspan="5">工具、材料、设备、场地均满足试验要求</td></tr>
<tr><td rowspan="5">考核标准</td><td>项目名称（100 分值）</td><td colspan="2">质量要求</td><td>扣分标准</td><td>得分</td></tr>
<tr><td>（1）仪表及材料的准备和选用（15 分）</td><td colspan="2">（1）选好第一组测试线，准备用于接电流互感器的一次；
（2）选好第二组测试线，准备用于接电流互感器的二次；
（3）干电池一只；
（4）选好接微安表接线桩的接头；
（5）检查表计是否完好；
（6）检查表计是否在有效的检验期内</td><td>（1）未选第一组测试线的扣 2 分；
（2）未选第二组测试线的扣 2 分；
（3）未选干电池的扣 2 分；
（4）未选好接微安表接线桩的接头扣 2 分；
（5）未对表计进行检查的扣 2 分；
（6）未发现表计超期的扣 5 分</td><td></td></tr>
<tr><td>（2）对所有二次绕组进行测试（70 分）</td><td colspan="2">（1）直流微安表的正负接线桩与电流互感器二次绕组的接线端子连接正确；
（2）干电池的正负极与电流互感器一次绕组的接线正确；
（3）用瞬时接通法进行测试，即接通后立即断开；
（4）对电流互感器的第一个二次绕组进行测试；
（5）正确读取电流互感器的第一个二次绕组的测试结果；
（6）对电流互感器的第二个二次绕组进行测试；
（7）正确读取电流互感器的第二个二次绕组的测试结果；
（8）正确判断电流互感器第一个二次绕组的极性；
（9）正确判断电流互感器第二个二次绕组的极性</td><td>（1）直流微安表的正负接线桩与电流互感器二次绕组接线端子连接不正确的扣 5 分；
（2）干电池的正负极与电流互感器一次绕组接线不正确的扣 5 分；
（3）不会用瞬时接通法进行测试的扣 10 分；
（4）未测试第一个绕组的扣 5 分；
（5）未正确读取电流互感器的第一个二次绕组的测试结果的扣 10 分；
（6）未测试第二个绕组的扣 5 分；
（7）未正确读取电流互感器的第二个二次绕组的测试结果的扣 10 分；
（8）未能正确判断电流互感器第一个二次绕组的极性的扣 10 分；
（9）未能正确判断电流互感器第二个二次绕组的极性的扣 10 分</td><td></td></tr>
<tr><td>（3）工作完毕，整理现场（5 分）</td><td colspan="2">（1）整理现场，设备全部归位</td><td>（1）不整理现场扣 5 分</td><td></td></tr>
<tr><td>（4）编写报告、给出结论（10 分）</td><td colspan="2">（1）报告编写规范；
（2）报告必须完整；
（3）试验结论正确</td><td>（1）报告编写不规范扣 2 分；
（2）报告不完整扣 3 分；
（3）未下结论或结论错误扣 5 分</td><td></td></tr>
<tr><td colspan="4">考评员签字：</td><td colspan="2">日期：</td></tr>
</table>

2. D5BJ04-G30002. 微机线路保护装置交流采样检查。

答案：微机线路保护装置交流采样检查见下表。

题 D5BJ04-G30002 表

<table>
<tr><td>考核时限</td><td>60min</td><td>编号</td><td>D5BJ04-G30002</td><td>题分</td><td>100</td></tr>
<tr><td>考核方式</td><td colspan="2">实操</td><td>考核地点</td><td colspan="2"></td></tr>
<tr><td>项目名称</td><td colspan="5">微机线路保护装置交流采样检查</td></tr>
<tr><td>需要说明的问题和要求</td><td colspan="5">（1）要求单独操作；
（2）填写试验报告单；
（3）给考生提供线路保护的相关图纸；
（4）各分栏总扣分不超过本分栏的标准分值</td></tr>
<tr><td>工具、材料、设备、场地</td><td colspan="5">工具、材料、设备、场地均满足试验要求</td></tr>
<tr><td rowspan="8">考核标准</td><td>项目名称（100 分值）</td><td colspan="2">质量要求</td><td>扣分标准</td><td>得分</td></tr>
<tr><td>（1）执行工作票流程（10 分）</td><td colspan="2">（1）按《工作票、操作票使用管理标准》、《电业安全工作规程（发电厂和变电所电气部分）》填写工作票</td><td>（1）执行工作票过程中发现一处不规范扣 2 分</td><td></td></tr>
<tr><td>（2）安全措施的执行（10 分）</td><td colspan="2">（1）断开交流电压回路接线；
（2）打开交流电流回路连接片</td><td>（1）没有隔离交流电压的扣 5 分；
（2）没有隔离交流电流的扣 5 分</td><td></td></tr>
<tr><td>（3）交流电压、电流采样点的选择和精度检查（45 分）</td><td colspan="2">（1）试验台使用正确；
（2）电流测试线接线正确；
（3）电压测试线接线正确；
（4）对所有电压通道进行测试；
（5）对所有电流通道进行测试；
（6）保护装置菜单操作正确；
（7）至少选取 5 个采样点；
（8）检查 0 刻度采样点；
（9）检查大于额定值的采样点</td><td>（1）试验台使用不正确扣 5 分；
（2）电流测试线接线错误的扣 5 分；
（3）电压测试线接线错误的扣 5 分；
（4）未检查交流电压通道的扣 5 分；
（5）未检查交流电流通道的扣 5 分；
（6）不会正确操作保护装置菜单的扣 5 分；
（7）采样点少于 5 个的扣 10 分；
（8）未检查 0 刻度的扣 2 分；
（9）未检查大于额定值的采样点的扣 3 分</td><td></td></tr>
<tr><td>（4）交流电流、电压的相位检查（10 分）</td><td colspan="2">（1）正确操作保护装置菜单；
（2）检查保护装置上的相位显示与外加量一致</td><td>（1）不会正确操作保护装置菜单的扣 5 分；
（2）没有进行相位检查的扣 5 分</td><td></td></tr>
<tr><td>（5）恢复安全措施（10 分）</td><td colspan="2">（1）恢复交流电压回路接线；
（2）恢复交流电流回路连接片</td><td>（1）没有恢复交流电压回路的扣 5 分；
（2）没有恢复交流电流回路的扣 5 分</td><td></td></tr>
<tr><td>（6）工作完毕，整理现场（5 分）</td><td colspan="2">（1）整理现场，设备全部归位</td><td>（1）不整理现场扣 5 分</td><td></td></tr>
<tr><td>（7）编写报告、给出结论（10 分）</td><td colspan="2">（1）报告编写规范；
（2）报告完整；
（3）给出正确结论</td><td>（1）试验报告不规范扣 2 分；
（2）试验报告不完整扣 3 分；
（3）未下结论或结论错误的扣 5 分</td><td></td></tr>
<tr><td colspan="4">考评员签字：</td><td colspan="2">日期：</td></tr>
</table>

3. D5BJ04-G30003. 微机故障录波器录波报告的调取、分析。

答案：微机故障录波器录波报告的调取、分析见下表。

题 D5BJ04-G30003 表

<table>
<tr><td>考核时限</td><td>60min</td><td>编号</td><td>D5BJ04-G30003</td><td>题分</td><td>100</td></tr>
<tr><td>考核方式</td><td colspan="2">实操</td><td>考核地点</td><td colspan="2"></td></tr>
<tr><td>项目名称</td><td colspan="5">微机故障录波器录波报告的调取、分析</td></tr>
<tr><td>需要说明的问题和要求</td><td colspan="5">（1）要求单独操作；
（2）若遇生产事故，立即停止考核退出现场；
（3）考评员指定某时刻某条线路发生了故障，考生调取并打印对应的故障录波文件，填写故障分析报告；
（4）各分栏总扣分不超过本分栏的标准分值</td></tr>
<tr><td>工具、材料、设备、场地</td><td colspan="5">工具、材料、设备、场地均满足试验要求</td></tr>
<tr><td rowspan="5">考核标准</td><td>项目名称（100 分值）</td><td colspan="2">质量要求</td><td>扣分标准</td><td>得分</td></tr>
<tr><td>（1）执行工作票流程（10 分）</td><td colspan="2">（1）按《工作票、操作票使用管理标准》、《电业安全工作规程（发电厂和变电所电气部分）》填写工作票</td><td>（1）执行工作票过程中发现一处不规范扣 2 分</td><td></td></tr>
<tr><td>（2）查找录波文件并对录波文件进行操作获取原始数据（40 分）</td><td colspan="2">（1）根据考评员指定需要调取的录波文件，熟练操作录波装置；
（2）对录波数据进行模拟通道、开关量通道选择；
（3）读取故障电压的数据；
（4）读取故障电流的数据；
（5）对故障电压、电流相位进行数据读取；
（6）对故障持续时间进行读取；
（7）按要求打印相关通道及开关量；
（8）有选择性地打印故障报告</td><td>（1）操作不熟练扣 5 分；
（2）对通道选择不合适或查找文件不正确扣 5 分；
（3）对故障电压读取不正确的扣 5 分；
（4）对故障电流读取不正确的扣 5 分；
（5）没有对故障电压、电流相位进行数据读取的扣 5 分；
（6）未对故障持续时间进行读取或读取不正确的扣 5 分；
（7）没有打印相关通道及开关量的扣 5 分；
（8）没有选择性地打印故障报告的扣 5 分</td><td></td></tr>
<tr><td>（3）分析故障（40 分）</td><td colspan="2">（1）对故障电压进行分析和描述；
（2）对故障电流进行分析和描述；
（3）对故障持续时间进行分析和描述；
（4）正确描述故障类型（如描述此故障是 A 相瞬时性接地故障等）</td><td>（1）未分析和描述故障电压的扣 10 分；
（2）未分析和描述故障电流的扣 10 分；
（3）未分析和描述故障持续时间的扣 5 分；
（4）未正确描述故障类型的扣 15 分</td><td></td></tr>
<tr><td>（4）编写报告、给出结论（10 分）</td><td colspan="2">（1）报告编写规范；
（2）报告完整；
（3）给出正确结论</td><td>（1）试验报告不规范扣 2 分；
（2）试验报告不完整扣 3 分；
（3）未下结论或结论错误的扣 5 分</td><td></td></tr>
<tr><td colspan="4">考评员签字：</td><td colspan="2">日期：</td></tr>
</table>

4. D5BJ04-G30004. 微机变压器保护差动动作电流门槛值检查（中压侧）。

答：微机变压器保护差动动作电流门槛值检查（中压侧）见下表。

题 D5BJ04-G30004 表

<table>
<tr><td>考核时限</td><td>60min</td><td>编号</td><td>D5BJ04-G30004</td><td>题分</td><td>100</td></tr>
<tr><td>考核方式</td><td colspan="2">实操</td><td>考核地点</td><td colspan="2"></td></tr>
<tr><td>项目名称</td><td colspan="5">微机变压器保护差动动作电流门槛值检查（中压侧）</td></tr>
<tr><td>需要说明的问题和要求</td><td colspan="5">（1）要求单独操作；
（2）考评员提供差动保护的整定书及相关图纸；
（3）要求考生测试动作时间；
（4）填写试验报告单；
（5）各分栏总扣分不超过本分栏的标准分值</td></tr>
<tr><td>工具、材料、设备、场地</td><td colspan="5">工具、材料、设备、场地均满足试验要求</td></tr>
<tr><td rowspan="8">考核标准</td><td>项目名称（100 分值）</td><td colspan="2">质量要求</td><td>扣分标准</td><td>得分</td></tr>
<tr><td>（1）执行工作票流程（10 分）</td><td colspan="2">（1）按《工作票、操作票使用管理标准》、《电业安全工作规程（发电厂和变电所电气部分）》填写工作票；
（2）要求切除联跳母联、分段等其他运行设备的连接片</td><td>（1）执行工作票过程中发现一处不规范扣 2 分；
（2）工作票未按要求切除联跳母联、分段等其他运行设备的连接片的扣 5 分</td><td></td></tr>
<tr><td>（2）安全措施的执行（10 分）</td><td colspan="2">（1）打开差动保护交流电流回路连接片；
（2）检查所有差动电流回路连接片已经打开</td><td>（1）没有打开差动保护交流电流回路连接片的扣 5 分；
（2）没有完全打开所有差动电流回路连接片的扣 5 分</td><td></td></tr>
<tr><td>（3）将整定值录入（10 分）</td><td colspan="2">（1）正确操作保护装置菜单；
（2）正确录入整定值</td><td>（1）不会正确操作保护装置菜单的扣 5 分；
（2）没有正确录入保护整定值的扣 5 分</td><td></td></tr>
<tr><td>（4）差动电流门槛值检查（中压侧）（50 分）</td><td colspan="2">（1）正确使用试验台；
（2）正确将测试线接入电流回路；
（3）对中压侧 A 相差动电流门槛值进行测试；
（4）对中压侧 A 相差动电流门槛值测试正确；
（5）对中压侧 A 相差动电流动作时间进行测试；
（6）对中压侧 B 相差动电流门槛值进行测试；
（7）对中压侧 B 相差动电流门槛值测试正确；
（8）对中压侧 B 相差动电流动作时间进行测试；
（9）对中压侧 C 相差动电流门槛值进行测试；
（10）对中压侧 C 相差动电流门槛值测试正确；
（11）对中压侧 C 相差动电流动作时间进行测试</td><td>（1）试验台使用不正确扣 2 分；
（2）测试线接入错误扣 3 分；
（3）未对中压侧 A 相差动电流门槛值进行测试扣 5 分；
（4）对中压侧 A 相差动电流门槛值测试错误的扣 7 分；
（5）未对中压侧 A 相差动电流动作时间进行测试扣 3 分；
（6）未对中压侧 B 相差动电流门槛值进行测试扣 5 分；
（7）对中压侧 B 相差动电流门槛值测试错误的扣 7 分；
（8）未对中压侧 B 相差动电流动作时间进行测试扣 3 分；
（9）未对中压侧 C 相差动电流门槛值进行测试扣 5 分；
（10）对中压侧 C 相差动电流门槛值测试错误的扣 7 分；
（11）未对中压侧 C 相差动电流动作时间进行测试扣 3 分</td><td></td></tr>
<tr><td>（5）恢复安全措施（5 分）</td><td colspan="2">（1）恢复电流回路连接片</td><td>（1）没有恢复扣 5 分</td><td></td></tr>
<tr><td>（6）工作完毕，整理现场（5 分）</td><td colspan="2">（1）整理现场，设备全部归位</td><td>（1）不整理现场扣 5 分</td><td></td></tr>
<tr><td>（7）编写报告、给出结论（10 分）</td><td colspan="2">（1）报告编写规范；
（2）报告完整；
（3）给出正确结论</td><td>（1）试验报告不规范扣 2 分；
（2）试验报告不完整扣 3 分；
（3）未下结论或结论错误的扣 5 分</td><td></td></tr>
<tr><td colspan="4">考评员签字：</td><td colspan="2">日期：</td></tr>
</table>

5. D5BJ04-G30005. 微机电容器保护动作值检查（过流保护、低电压保护）。

答案：微机电容器保护动作值检查（过流保护、低电压保护）见下表。

题 D5BJ04-G30005 表

考核时限	60min	编号	D5BJ04-G30005	题分	100
考核方式	实操		考核地点		
项目名称	微机电容器保护动作值检查（过流保护、低电压保护）				
需要说明的问题和要求	（1）要求单独操作； （2）考评员提供电容器保护的整定书及相关图纸； （3）要求考生测试动作时间； （4）填写试验报告单； （5）各分栏总扣分不超过本分栏的标准分值				
工具、材料、设备、场地	工具、材料、设备、场地均满足试验要求				
考核标准	项目名称（100分值）	质量要求	扣分标准	得分	
	（1）执行工作票流程（10分）	（1）按《工作票、操作票使用管理标准》、《电业安全工作规程（发电厂和变电所电气部分）》填写工作票	（1）执行工作票过程中发现一处不规范扣2分		
	（2）安全措施的执行（10分）	（1）断开交流电压回路接线； （2）打开交流电流回路连接片	（1）没有断开交流电压回路接线的扣5分； （2）没有打开交流电流回路连接片的扣5分		
	（3）将整定值录入（10分）	（1）正确操作保护装置菜单； （2）正确录入整定值	（1）不会正确操作保护装置菜单的扣5分； （2）没有正确录入保护整定值的扣5分		
	（4）对过流保护动作值、低电压保护动作值进行测试（45分）	（1）试验台使用正确； （2）测试线接线正确； （3）对过流保护动作值进行测试； （4）对过流保护动作值测试正确； （5）对过流保护的动作时间进行测试； （6）对低电压保护动作值进行测试； （7）对低电压保护动作值测试正确； （8）对低电压保护动作时间进行测试	（1）试验台使用不正确扣2分； （2）测试线接线错误的扣3分； （3）未对过流保护动作值进行测试的扣5分； （4）对过流保护动作值测试不正确的扣10分； （5）未对过流保护的动作时间进行测试或测试不正确的扣5分； （6）未对低电压保护动作值进行测试的扣5分； （7）对低电压保护动作值测试不正确的扣10分； （8）未对低电压保护动作时间进行测试或测试不正确的扣5分		
	（5）恢复安全措施（5分）	（1）恢复交流电压回路接线； （2）恢复交流电流回路连接片	（1）未恢复交流电压回路接线的扣5分； （2）未恢复交流电流回路连接片的扣5分		
	（6）工作完毕，整理现场（5分）	（1）整理现场，设备全部归位	（1）不整理现场扣5分		
	（7）编写报告、给出结论（10分）	（1）报告编写规范； （2）报告完整； （3）给出正确结论	（1）试验报告不规范扣2分； （2）试验报告不完整扣3分； （3）未下结论或结论错误的扣5分		
考评员签字：			日期：		

6. D5BJ04-G30006. 微机变压器保护装置整组检验。

答案：微机变压器保护装置整组检验见下表。

题 D5BJ04-G30006 表

<table>
<tr><td>考核时限</td><td>60min</td><td>编号</td><td>D5BJ04-G30006</td><td>题分</td><td>100</td></tr>
<tr><td>考核方式</td><td colspan="2">实操</td><td>考核地点</td><td colspan="2"></td></tr>
<tr><td>项目名称</td><td colspan="5">微机变压器保护装置整组检验</td></tr>
<tr><td>需要说明的问题和要求</td><td colspan="5">（1）需他人协助进行操作试验；
（2）现场就地操作演示，不得触动运行设备；
（3）保护屏上保护装置已整定、单体调试完毕、实际接线，二次电缆已核实查对，接线正确；
（4）填写试验报告单；
（5）提供相关图纸资料；
（6）要求对差动保护、高压侧复合电压过流保护；重瓦斯保护；轻瓦斯保护；温度过高保护进行整组传动试验；
（7）各分栏总扣分不超过本分栏的标准分值</td></tr>
<tr><td>工具、材料、设备、场地</td><td colspan="5">工具、材料、设备、场地均满足试验要求</td></tr>
<tr><td rowspan="6">考核标准</td><td>项目名称（100 分值）</td><td colspan="2">质量要求</td><td>扣分标准</td><td>得分</td></tr>
<tr><td>（1）执行工作票流程（10 分）</td><td colspan="2">（1）按《工作票、操作票使用管理标准》、《电业安全工作规程（发电厂和变电所电气部分）》填写工作票</td><td>（1）执行工作票过程中发现一处不规范扣 2 分</td><td></td></tr>
<tr><td>（2）安全措施的执行（10 分）</td><td colspan="2">（1）断开交流电压回路接线；
（2）打开交流电流回路连接片</td><td>（1）没有断开交流电压回路接线的扣 5 分；
（2）没有打开交流电流回路连接片的扣 5 分</td><td></td></tr>
<tr><td>（3）手动分合闸，检查断路器分、合闸回路完好性（5 分）</td><td colspan="2">（1）检查断路器是否能够正常分合闸</td><td>（1）未检查断路器是否能够正常分合闸扣 5 分</td><td></td></tr>
<tr><td>（4）微机变压器保护装置整组检验（50 分）</td><td colspan="2">（1）正确投切保护压板；
（2）正确设置故障量；
（3）分别模拟主变压器各侧差动动作情况；
（4）模拟高压侧复合电压过流保护动作情况；
（5）模拟重瓦斯保护动作情况，采用按重瓦斯继电器探头的方法，正确按压重瓦斯探头；
（6）模拟轻瓦斯保护动作情况，采用短接轻瓦斯继电器触点的方法，正确短接轻瓦斯接点；
（7）模拟温度过高保护动作情况，采用短接温度计触点的方法，正确短接温度计接点；
（8）检查后台监控正确显示；
（9）检查录波装置正确动作</td><td>（1）错误投切保护压板的扣 5 分；
（2）故障量设置错误的扣 5 分；
（3）未模拟主变压器各侧差动动作情况或模拟错误的扣 10 分；
（4）未模拟高压侧复合电压过流保护动作情况或模拟错误的扣 5 分；
（5）未模拟重瓦斯保护动作情况或模拟错误的扣 5 分；
（6）未模拟轻瓦斯保护动作情况或模拟错误的扣 5 分；
（7）未模拟温度过高保护动作情况或模拟错误的扣 5 分；
（8）未检查后台监控是否正确显示的扣 5 分；
（9）未检查录波装置是否正确动作的扣 5 分</td><td></td></tr>
<tr><td>（5）恢复安全措施（5 分）</td><td colspan="2">（1）恢复交流电压回路接线；
（2）恢复交流电流回路连接片</td><td>（1）未恢复交流电压回路接线的扣 5 分；
（2）未恢复交流电流回路连接片的扣 5 分</td><td></td></tr>
</table>

续表

	项目名称（100分值）	质量要求	扣分标准	得分
考核标准	（6）工作完毕，整理现场（5分）	（1）整理现场，设备全部归位	（1）不整理现场扣5分	
	（7）编写报告、给出结论（10分）	（1）报告编写规范； （2）报告完整； （3）给出正确结论	（1）试验报告不规范扣2分； （2）试验报告不完整扣3分； （3）未下结论或结论错误的扣5分	
考评员签字：			日期：	

7. D5BJ04-G30007. 保护交、直流回路的绝缘电阻试验。

答案：保护交、直流回路的绝缘电阻试验见下表。

题 D5BJ04-G30007 表

考核时限	60min	编号	D5BJ04-G30007	题分	100
考核方式	实操		考核地点		
项目名称	保护交、直流回路的绝缘电阻试验				
需要说明的问题和要求	（1）单独操作完成； （2）填写试验结果； （3）现场进行操作，注意现场运行设备的安全； （4）各分栏总扣分不超过本分栏的标准分值； （5）各分栏总扣分不超过本分栏的标准分值				
工具、材料、设备、场地	工具、材料、设备、场地均满足试验要求				
考核标准	项目名称（100分值）	质量要求	扣分标准	得分	
	（1）执行工作票流程（10分）	（1）按《工作票、操作票使用管理标准》、《电业安全工作规程（发电厂和变电所电气部分）》填写工作票	（1）执行工作票过程中发现一处不规范扣2分		
	（2）安全措施的执行（10分）	（1）断开交流电压回路接线； （2）打开交流电流回路连接片	（1）没有断开交流电压回路接线的扣5分； （2）没有打开交流电流回路连接片的扣5分		
	（3）正确摇测保护接线全回路的绝缘电阻（60分）	（1）实验线和绝缘电阻表的接线正确； （2）正确使用绝缘电阻表，摇动绝缘电阻表到额定转速（120r/min），绝缘电阻应是摇1min以后，电阻值稳定时的读数。测量时绝缘电阻表转速不应低于额定转速的80%； （3）摇测保护电源对地； （4）摇测控制回路对地； （5）摇测交流电流回路对地； （6）摇测交流电压回路对地； （7）摇测出口回路间的绝缘	（1）实验线和绝缘电阻表的接线错误的扣5分； （2）错误使用绝缘电阻表的扣15分； （3）未摇测保护电源对地的扣8分； （4）未摇测控制回路对地的扣8分； （5）未摇测交流电流回路对地的扣8分； （6）未摇测交流电压回路对地的扣8分； （7）未摇测出口回路间的绝缘的扣8分		
	（4）编写报告、给出结论（10分）	（1）报告编写规范； （2）报告完整； （3）给出正确结论	（1）试验报告不规范扣2分； （2）试验报告不完整扣3分； （3）未下结论或结论错误的扣5分		
考评员签字：			日期：		

8. D5BJ04-G30008. 断路器控制回路的检查。

答案：断路器控制回路的检查见下表。

题 D5BJ04-G30008 表

<table>
<tr><td>考核时限</td><td>60min</td><td>编号</td><td>D5BJ04-G30008</td><td>题分</td><td>100</td></tr>
<tr><td>考核方式</td><td colspan="2">实操</td><td>考核地点</td><td colspan="2"></td></tr>
<tr><td>项目名称</td><td colspan="5">断路器控制回路的检查</td></tr>
<tr><td>需要说明的问题和要求</td><td colspan="5">(1) 要求单独操作处理，另一人协作；
(2) 按图纸进行，不得乱碰其他设备；
(3) 不允许造成直流电源短路和接地；
(4) 现场断路器间隔在冷备用状态，设置故障点使监控后台发“控制回路断线信号”；
(5) 各分栏总扣分不超过本分栏的标准分值</td></tr>
<tr><td>工具、材料、设备、场地</td><td colspan="5">工具、材料、设备、场地均满足试验要求</td></tr>
<tr><td rowspan="6">考核标准</td><td>项目名称（100 分值）</td><td colspan="2">质量要求</td><td>扣分标准</td><td>得分</td></tr>
<tr><td>(1) 执行工作票流程（10 分）</td><td colspan="2">(1) 按《工作票、操作票使用管理标准》、《电业安全工作规程（发电厂和变电所电气部分）》填写工作票</td><td>(1) 执行工作票过程中发现一处不规范扣 2 分</td><td></td></tr>
<tr><td>(2) 初步判断是否为误发信号（10 分）</td><td colspan="2">(1) 检查监控后台及对应间隔的测控单元工作是否正常；
(2) 检查断路器位置指示灯显示是否正常</td><td>(1) 未检查监控后台及对应间隔的测控单元工作是否正常的扣 5 分；
(2) 未检查断路器位置指示灯显示是否正常的扣 5 分</td><td></td></tr>
<tr><td>(3) 判断控制电源是否完好（10 分）</td><td colspan="2">(1) 检查控制电源空气开关是否完好；
(2) 测试控制电源是否正常</td><td>(1) 未检查控制电源空气开关是否完好的扣 5 分；
(2) 未测试控制电源是否正常的扣 5 分</td><td></td></tr>
<tr><td>(4) 准确找到故障点（55 分）</td><td colspan="2">(1) 判断跳合闸回路是否完好；
(2) 判断故障部位是在断路器机构还是在保护装置内；
(3) 通过对跳合闸回路关键点的测试缩小故障范围；
(4) 通过电压法或者电阻法确认故障元件；
(5) 准确找到故障点</td><td>(1) 首先就未判断跳合闸回路是否完好的扣 5 分；
(2) 未判断故障部位是在断路器机构还是在保护装置内的扣 15 分；
(3) 不会通过对跳合闸回路关键点的测试缩小故障范围进行查找的扣 10 分；
(4) 不会使用电压法或者电阻法确认故障元件的扣 10 分；
(5) 未准确找到故障点的扣 15 分</td><td></td></tr>
<tr><td>(5) 填写检查结果（15 分）</td><td colspan="2">(1) 填写并记录检查结果；
(2) 得出正确结论</td><td>(1) 未填写并记录检查结果的扣 5 分；
(2) 结论不正确的扣 10 分</td><td></td></tr>
<tr><td colspan="4">考评员签字：</td><td colspan="2">日期：</td></tr>
</table>

9. D5BJ04-G30009. 新投运主变压器差动保护带负荷测试。

答案：新投运主变压器差动保护带负荷测试见下表。

题 D5BJ04-G30009 表

考核时限	60min	编号	D5BJ04-G30009	题分	100
考核方式	实操	考核地点			
项目名称	新投运主变压器差动保护带负荷测试				
需要说明的问题和要求	(1) 独立操作，选配两名对设备和仪器熟悉的工作人员配合工作； (2) 现场进行实际操作，不得误动、误碰与本次工作无关的任何设备； (3) 若遇生产事故，立即停止考核退出现场； (4) 要求考生编写测试报告，绘制向量图； (5) 提供相关图纸资料； (6) 各分栏总扣分不超过本分栏的标准分值				
工具、材料、设备、场地	工具、材料、设备、场地均满足试验要求				
考核标准	项目名称（100 分值）	质量要求	扣分标准	得分	
	(1) 执行工作票流程（10 分）	(1) 按《工作票、操作票使用管理标准》、《电业安全工作规程（发电厂和变电所电气部分）》填写工作票	(1) 执行工作票过程中发现一处不规范扣 2 分		
	(2) 带负荷测试主变压器差动保护（75 分）	(1) 相位表电流线的接线正确； (2) 相位表电压线的接线正确； (3) 对主变压器各侧差动电流的幅值进行测试； (4) 对主变压器各侧差动电流的角度进行测试； (5) 读取正确读数； (6) 根据读数作出向量图； (7) 根据测试数据进行分析、判断接线是否正确； (8) 能正确在保护装置菜单中检查差流	(1) 相位表电流线的接线错误的扣 5 分； (2) 相位表电压线的接线错误的扣 5 分； (3) 未对主变压器各侧差动电流幅值进行测试的扣 10 分（漏测一组差动电流幅值的扣 5 分）； (4) 未对主变压器各侧差动电流角度进行测试的扣 10 分（漏测一组差动电流角度的扣 5 分）； (5) 未读取正确读数的扣 10 分； (6) 未作出向量图的扣 15 分； (7) 未根据测试数据进行分析、判断接线是否正确的扣 10 分； (8) 未检查保护装置差流是否合格的扣 10 分		
	(3) 编写报告、给出结论（15 分）	(1) 报告编写规范； (2) 报告完整； (3) 给出正确结论	(1) 试验报告不规范扣 2 分； (2) 试验报告不完整扣 3 分； (3) 未下结论或结论错误的扣 10 分		
考评员签字：			日期：		

10. D5BJ04-G30010. 35kV 线路电流电压保护的整组检验。

答案：35kV 线路电流电压保护的整组检验见下表。

考核时限	60min	编号	D5BJ04-G30010	题分	100
考核方式	实操	考核地点			
项目名称	35kV 线路电流电压保护的整组检验				
需要说明的问题和要求	(1) 需他人协助进行操作试验； (2) 现场就地操作演示，不得触动运行设备； (3) 保护屏上保护装置已整定、单体调试完毕、实际接线，二次电缆已核实查对，接线正确； (4) 填写试验报告单； (5) 提供相关图纸资料； (6) 要求对无时限电压闭锁电流保护、定时限过电流保护、三相一次重合闸进行整组传动试验； (7) 各分栏总扣分不超过本分栏的标准分值				

续表

<table>
<tr><td>工具、材料、设备、场地</td><td colspan="4">工具、材料、设备、场地均满足试验要求</td></tr>
<tr><td rowspan="8">考核标准</td><td>项目名称（100分值）</td><td>质量要求</td><td>扣分标准</td><td>得分</td></tr>
<tr><td>（1）执行工作票流程（10分）</td><td>（1）按《工作票、操作票使用管理标准》、《电业安全工作规程（发电厂和变电所电气部分）》填写工作票</td><td>（1）执行工作票过程中发现一处不规范扣2分</td><td></td></tr>
<tr><td>（2）安全措施（10分）</td><td>（1）断开线路保护交流电压回路接线；
（2）打开线路保护交流电流回路连接片</td><td>（1）没有断开线路保护交流电压回路接线的扣5分；
（2）没有打开线路保护交流电流回路连接片的扣5分</td><td></td></tr>
<tr><td>（3）手动分合闸，检查断路器分、合闸回路完好性（5分）</td><td>（1）检查断路器是否能够正常分合闸</td><td>（1）未检查断路器是否能够正常分合闸的扣5分</td><td></td></tr>
<tr><td>（4）模拟故障进行试验（55分）</td><td>（1）正确投切保护压板；
（2）能够正确设置无时限电压闭锁电流速断保护故障量；
（3）模拟无时限电压闭锁电流速断保护动作情况；
（4）能够正确设置定时限过流保护故障量；
（5）模拟定时限过流保护动作情况；
（6）带开关模拟线路瞬时故障时三相一次重合闸装置动作情况；
（7）带开关模拟线路永久性故障时三相一次自动重合闸动作情况；
（8）带开关模拟手动合闸于永久性故障线路时三相一次重合闸装置的动作；
（9）检查后台监控正常显示；
（10）检查录波装置正确动作；
（11）检查保护装置、断路器动作正确</td><td>（1）投切保护压板不正确的扣5分；
（2）未能正确设置无时限电压闭锁电流速断保护故障量的扣5分；
（3）未能模拟无时限电压闭锁电流速断保护动作情况的扣5分；
（4）未能正确设置定时限过流保护故障量的扣5分；
（5）未能模拟定时限过流保护动作情况的扣5分；
（6）未带开关模拟线路瞬时故障时三相一次重合闸装置动作情况的扣5分；
（7）未带开关模拟线路永久性故障时三相一次自动重合闸动作情况的扣5分；
（8）未带开关模拟手动合闸于永久性故障线路时三相一次重合闸装置的动作的扣5分；
（9）未检查后台监控能否正常显示的扣5分；
（10）未检查录波装置能否正确动作的扣5分；
（11）未检查保护装置、断路器是否动作正确的扣5分</td><td></td></tr>
<tr><td>（5）恢复安全措施（5分）</td><td>（1）恢复电压回路接线；
（2）恢复电流回路连接片</td><td>（1）没有恢复电压回路接线的扣2分；
（2）没有恢复电流回路连接片的扣3分</td><td></td></tr>
<tr><td>（6）工作完毕，整理现场（5分）</td><td>（1）整理现场，设备全部归位</td><td>（1）不整理现场扣5分</td><td></td></tr>
<tr><td>（7）编写报告、给出结论（10分）</td><td>（1）报告编写规范；
（2）报告完整；
（3）给出正确结论</td><td>（1）试验报告不规范扣2分；
（2）试验报告不完整扣3分；
（3）未下结论或结论错误的扣5分</td><td></td></tr>
<tr><td colspan="3">考评员签字：</td><td colspan="2">日期：</td></tr>
</table>

第六节 相关技能

实际操作题：D5BJ04-G40001～D5BJ04-G40010

1. D5BJ04-G40001. 三相电压回路的电压幅值及相序检查。

答案：三相电压回路的电压幅值及相序检查见下表。

题 D5BJ04-G40001 表

<table>
<tr><td>考核时限</td><td>60min</td><td>编号</td><td>D5BJ04-G40001</td><td>题分</td><td>100</td></tr>
<tr><td>考核方式</td><td colspan="2">实操</td><td>考核地点</td><td colspan="2"></td></tr>
<tr><td>项目名称</td><td colspan="5">三相电压回路的电压幅值及相序检查</td></tr>
<tr><td>需要说明的问题和要求</td><td colspan="5">（1）要求单人进行操作；
（2）在试验室进行操作；
（3）需填写试验报告单</td></tr>
<tr><td>工具、材料、设备、场地</td><td colspan="5">工具、材料、设备、场地均满足考试要求</td></tr>
<tr><td rowspan="8">考核标准</td><td>项目名称（100 分值）</td><td colspan="2">质量要求</td><td>扣分标准</td><td>得分</td></tr>
<tr><td>（1）仪表及材料的准备和选用（10 分）</td><td colspan="2">（1）仪表、材料准备齐全</td><td>（1）相序表、数字万用表、测试线包；
漏一件扣 5 分，扣完 10 分为止</td><td></td></tr>
<tr><td>（2）仪表使用前的检查（5 分）</td><td colspan="2">（1）检查表计是否完好</td><td>（1）对表计不进行检查扣 5 分</td><td></td></tr>
<tr><td>（3）使用万用表检查电压的幅值是否正常（30 分）</td><td colspan="2">（1）万用表使用正确；
（2）测量相电压；
（3）线电压正确</td><td>（1）万用表挡位不正确扣 10 分；
（2）测试相电压漏测或错误扣 10 分；
（3）测试线电压漏测或错误扣 10 分</td><td></td></tr>
<tr><td>（4）相序表与测试点接线（15 分）</td><td colspan="2">（1）相序表与测点的接线正确</td><td>（1）接线不正确扣 15 分</td><td></td></tr>
<tr><td>（5）对相序进行测试（20 分）</td><td colspan="2">（1）测试方法正确</td><td>（1）测试方法不正确扣 20 分</td><td></td></tr>
<tr><td>（6）工作完毕，整理现场（5 分）</td><td colspan="2">（1）现场整理，设备归位</td><td>（1）不整理现场扣 5 分</td><td></td></tr>
<tr><td>（7）报告编写、报告结论（15 分）</td><td colspan="2">（1）编写清晰规范；
（2）报告编写必须完整；
（3）试验结论正确</td><td>（1）报告编写不清晰或规范扣 1 分；
（2）相电压数据不正确或漏项扣 2 分；
线电压数据不正确或漏项扣 2 分；
（3）未下结论或结论错误扣 10 分</td><td></td></tr>
<tr><td colspan="4">考评员签字：</td><td colspan="2">日期：</td></tr>
</table>

2. D5BJ04-G40002. 光缆衰耗测试。

答案：光缆衰耗测试见下表。

题 D5BJ04-G40002 表

考核时限	60min	编号	D5BJ04-G40002	题分	100
考核方式	实操		考核地点		
项目名称	光缆衰耗测试				
需要说明的问题和要求	(1) 要求单人进行操作； (2) 在试验室进行操作； (3) 需填写试验报告单				
工具、材料、设备、场地	工具、材料、设备、场地均满足考试要求				
考核标准	项目名称（100分值）	质量要求	扣分标准	得分	
	(1) 仪表及材料的准备和选用（10分）	(1) 仪表、材料准备齐全	(1) 光功率计、光源漏一件扣5分		
	(2) 仪表使用前的检查（10分）	(1) 检查表计是否完好	(1) 对表计不进行检查扣10分		
	(3) 光功率计、光源的设置（10分）	(1) 将光源、光功率计的波长设置一致	(1) 波长设置不一致扣10分		
	(4) 依次对光缆的每一芯进行测试（50分）	(1) 仪表使用正确； (2) 8芯全部进行测试	(1) 仪表使用不正确扣10分； (2) 漏测一芯扣5分		
	(5) 工作完毕，整理现场（5分）	(1) 现场整理，设备归位	(1) 不整理现场扣5分		
	(6) 报告编写、报告结论（15分）	(1) 编写清晰规范； (2) 报告编写必须完整； (3) 试验结论正确	(1) 报告编写不清晰或规范扣1分； (2) 8芯数据应完整正确，每芯数据漏项或不正确扣0.5分； (3) 未下结论或结论错误扣10分		
考评员签字：			日期：		

3. D5BJ04-G40003. 常用电子元器件识别与简单测试。

答案：常用电子元器件识别与简单测试见下表。

题 D5BJ04-G40003 表

考核时限	60min	编号	D5BJ04-G40003	题分	100
考核方式	实操		考核地点		
项目名称	常用电子元器件识别与简单测试				
需要说明的问题和要求	(1) 要求单人进行操作； (2) 在试验室进行操作； (3) 需填写试验报告单（填写电子元器件的主要参数，是否完好）				
工具、材料、设备、场地	工具、材料、设备、场地均满足考试要求				

续表

	项目名称（100分值）	质量要求	扣分标准	得分
考核标准	（1）电子元器件识别（30分）	（1）能明确区分常用电子元器件	（1）三种元器件不能识别出一种扣10分	
	（2）二极管测试（20分）	（1）万用表使用正确； （2）能正确测试元件的正向导通，反向截止	（1）万用表挡位不正确扣10分； （2）测试不正确扣10分	
	（3）电阻测试（20分）	（1）万用表使用正确； （2）能正确测试元件的电阻值	（1）万用表挡位不正确扣10分； （2）测试不正确扣10分	
	（4）电容测试（20分）	（1）能正确测试元件的电容量； （2）万用表使用正确	（1）万用表挡位不正确扣10分； （2）测试不正确扣10分	
	（5）报告编写、报告结论（10分）	（1）编写清晰规范； （2）报告编写必须完整； （3）试验结论正确	（1）报告编写不清晰或规范扣1分； （2）二极管测试数据漏项或不正确扣1分； 电阻测试数据漏项或不正确扣1分； 电容测试数据漏项或不正确扣1分； （3）未下结论或结论错误扣6分	
考评员签字：			日期：	

4. D5BJ04-G40004. 使用直流接地探测仪查找直流接地。

答案：使用直流接地探测仪查找直流接地见下表。

题 D5BJ04-G40004 表

考核时限	60min	编号	D5BJ04-G40004	题分	100
考核方式	实操		考核地点		
项目名称	使用直流接地探测仪查找直流接地				
需要说明的问题和要求	（1）要求单人进行操作； （2）在试验室进行操作； （3）注意安全，不允许造成多点接地				
工具、材料、设备、场地	工具、材料、设备、场地均满足考试要求				
考核标准	项目名称（100分值）	质量要求	扣分标准	得分	
	（1）探测仪使用前的检查（10分）	（1）外观检查直流接地探测仪主机及探头是否完好； （2）探测仪带电后自校正常	（1）未检查设备是否完好扣5分； （2）探测仪未自校扣5分		
	（2）判断直流系统的接地母线（10分）	（1）使用万用表或通过直流系统的监视设备判断是正接地还是负接地	（1）未用万用表对接地母线进行判断扣10分		
	（3）解开直流系统绝缘监测装置的接地点（10分）	（1）解开接地点，便于探测仪正常查找	（1）没有解开接地点扣10分		

续表

	项目名称（100分值）	质量要求	扣分标准	得分
考核标准	（4）将直流接地探测仪主机接入直流系统（10分）	（1）将直流接地探测仪主机接入直流系统接地的母线	（1）接线不正确扣10分	
	（5）使用探测仪探头逐步查找故障支路（40分）	（1）正确使用探头； （2）准确找到接地的故障支路	（1）探测仪使用不正确扣20分； （2）查找故障方式不正确扣20分	
	（6）恢复接线，整理现场（20分）	（1）正确恢复接线，现场整理，设备归位	（1）未恢复接线扣10分，不整理现场扣10分	
考评员签字：			日期：	

5. D5BJ04-G40005. 安全帽、安全带的正确使用。

答案：安全帽、安全带的正确使用见下表。

题 D5BJ04-G40005 表

考核时限	60min	编号	D5BJ04-G40005	题分	100
考核方式	实操		考核地点		
项目名称	安全帽、安全带的正确使用				
需要说明的问题和要求	考核是否能正确检查、使用安全工器具				
工具、材料、设备、场地	工具、材料、设备、场地均满足考试要求				
考核标准	项目名称（100分值）	质量要求		扣分标准	得分
	（1）安全帽使用前检查（10分）	（1）安全帽外观无破损； （2）在检定期限内		（1）未检查安全帽外观扣5分； （2）未检查安全帽检定期扣5分	
	（2）安全带使用前检查（10分）	（1）安全带应在有效试验周期内； （2）安全带组件［护腰带、围带（绳）、保险绳、金属挂钩］完整、无破损，绳索、编织带、皮革配件完好； （3）金属配件无裂纹、焊接牢固、无严重锈蚀； （4）挂钩的钩舌咬口平整不错位； （5）保险装置完整可靠，活梁灵活，铆钉无明显偏位，表面平整		（1）未正确检查安全带在有效周期内扣2分； （2）未正确检查安全带组件每项扣2分； （3）未正确检查安全带金属配件一项2分； （4）未正确检查安全带挂钩扣2分； （5）未正确检查安全带保险装置一项扣2分	
	（3）正确佩戴安全帽（30分）	（1）调整安全帽，使安全帽与自己头形合适，顶端与帽壳内顶，保持25～50mm的空间； （2）安全帽必须戴正； （3）必须系好下颌带		（1）未正确调整安全帽扣10分； （2）未将安全帽戴正扣10分； （3）未系下颌带扣10分	

续表

	项目名称（100分值）	质量要求	扣分标准	得分
考核标准	（4）正确系好安全带（40分）	（1）将安全带系于腰间，并尽量使安全带贴近身体并感觉舒适为宜； （2）将多余的带子穿到余夹中，防止带子松脱； （3）安全带要悬挂在牢固的构件或物体上； （4）要防止摆动或碰撞； （5）绳子不能打结使用； （6）钩子要挂在连接环上； （7）使用安全带必须严格遵守“高挂低用”的原则，如果在作业时不能做到高挂低用，也可以水平拴挂，但决不能低挂高用	（1）未正确使用安全带扣6分； （2）未正确使用安全带扣5分； （3）未正确悬挂安全带扣6分； （4）未正确使用安全带每项扣5分； （5）未正确使用安全带每项扣6分； （6）未正确使用安全带每项扣6分； （7）未按原则使用安全带每项扣6分	
	（5）相关要求（10分）	（1）应在规定时间内完成相关操作； （2）操作完成后将相关用具摆放于指定位置	（1）未在规定时间完成操作，每延时1min扣1分，延时5min终止操作； （2）操作完成后未将用具摆放于指定位置扣5分	
考评员签字：			日期：	

6. D5BJ04-G40006. 钳形电流表的检查、使用。

答案：钳形电流表的检查、使用见下表。

题 D5BJ04-G40006 表

考核时限	60min	编号	D5BJ04-G40006	题分	100
考核方式	实操		考核地点		
项目名称	钳形电流表的检查、使用				
需要说明的问题和要求	能正确检查钳形电流表，会使用钳形电流表测量低压回路电流				
工具、材料、设备、场地	工具、材料、设备、场地均满足考试要求				
考核标准	项目名称（100分值）	质量要求	扣分标准	得分	
	（1）钳形电流表检查（40分）	（1）钳形表应在有效试验周期内； （2）钳形电流表外观应完好，无脏污、破损等现象； （3）钳形电流表表笔等配件齐全完好； （4）钳形电流表电池电量应充足； （5）检查钳形电流表良好：将钳形电流表档位切换至Ω档，将两表笔开路，钳形电流表应指示“∞”，将两表笔短路，钳形电流表应指示“0”	（1）未正确检查钳形电流表在有效周期内扣10分； （2）未正确检查钳形电流表外观每项扣10分； （3）未正确检查钳形电流表配件齐全每项扣10分； （4）未检查钳形电流表电池电量扣2分； （5）未正确检查钳形电流表是否良好每项扣8分		
	（2）使用钳形电流表测量低压导线电流（50分）	（1）进入高压电气场所使用钳形电流表进行测量工作应戴安全帽； （2）测量前将测试导线从钳形电流表上取下； （3）转动旋转开关至适当量程； （4）选择正确档位测量相应的电流； （5）按压卡钳打开扳机以打开卡钳，将被测导线夹入卡钳； （6）关闭卡钳并使用对正标记使导线处于中间位置； （7）观察LCD上的读数	（1）未正确检查、佩戴安全防护用品一项扣5分； （2）未将测试导线从钳形电流表上取下扣5分； （3）未正确选用钳形电流表的量程扣5分； （4）未正确选择相应档位测量相应的电流扣10分； （5）测量方法不正确扣10分； （6）测量方法不正确扣10分； （7）测量方法不正确扣5分		

续表

	项目名称（100 分值）	质量要求	扣分标准	得分
考核标准	（3）相关要求（10 分）	（1）应在规定时间内完成相关操作； （2）操作完成后将相关用具摆放于指定位置	（1）未在规定时间完成操作，每延时 1min 扣 1 分，延时 5min 终止操作； （2）操作完成后未将用具摆放于指定位置扣 5 分	
考评员签字：			日期：	

7. D5BJ04-G40007. 使低压触电者脱离电源。

答案：使低压触电者脱离电源见下表。

题 D5BJ04-G40007 表

考核时限	60min	编号	D5BJ04-G40007	题分	100
考核方式	实操		考核地点		
项目名称	使低压触电者脱离电源				
需要说明的问题和要求	需要模拟的低压触电急救现场				
工具、材料、设备、场地	工具、材料、设备、场地均满足考试要求				
考核标准	项目名称（100 分值）	质量要求	扣分标准	得分	
	（1）迅速切断电源（25 分）（口述）	（1）迅速切断电源，如拉开电源开关或刀闸，拔除电源插头等	（1）未按规定口述完整，漏一项扣 10 分，直至扣完为止		
	（2）使用绝缘工具解脱触电者（25 分）（口述）	（1）使用绝缘工具，干燥的木棒、木板、绳索等不导电的东西解脱触电者； （2）站在绝缘垫上或干木板上，绝缘自己进行救护； （3）戴绝缘手套或将手用干燥衣物等包起绝缘后解脱触电者	（1）未按规定口述完整扣 9 分； （2）未按规定口述完整扣 8 分； （3）未按规定口述完整扣 8 分		
	（3）没有绝缘工具的操作（25 分）（口述）	（1）抓住触电者干燥而不贴身的衣服，将其拖开，切记要避免碰到金属物体和触电者的裸露身躯	（1）未按规定口述完整，漏一项扣 10 分，直至扣完为止		
	（4）触电者紧握电线的解脱（25 分）（口述）	（1）如果电流通过触电者入地，并且触电者紧握电线，可设法用干木板塞到身下，与地隔离，也可用干木把斧子或有绝缘柄的钳子等将电线剪断。剪断电线要分相，一根一根地剪断，并尽可能站在绝缘物体或干木板上	（1）未按规定口述完整，漏一项扣 10 分，直至扣完为止		
考评员签字：			日期：		

8. D5BJ04-G40008. 心肺复苏法的具体操作。

答案：心肺复苏法的具体操作见下表。

题 D5BJ04-G40008 表

<table>
<tr><td>考核时限</td><td>60min</td><td>编号</td><td>D5BJ04-G40008</td><td>题分</td><td>100</td></tr>
<tr><td>考核方式</td><td colspan="2">实操</td><td>考核地点</td><td colspan="2"></td></tr>
<tr><td>项目名称</td><td colspan="5">心肺复苏法的具体操作</td></tr>
<tr><td>需要说明的问题和要求</td><td colspan="5">需要模拟触电急救现场</td></tr>
<tr><td>工具、材料、设备、场地</td><td colspan="5">工具、材料、设备、场地均满足考试要求</td></tr>
<tr><td rowspan="5">考核标准</td><td>项目名称（100分值）</td><td colspan="2">质量要求</td><td>扣分标准</td><td>得分</td></tr>
<tr><td>（1）呼吸、心跳情况的判定（25分）（口述、演示）</td><td colspan="2">（1）触电伤员如意识丧失，应在10s内，用看、听、试的方法，判定伤员呼吸心跳情况；
（2）看—看伤员的胸部、腹部有无起伏动作；
（3）听—用耳贴近伤员的口鼻处，听有无呼气声音；
（4）试—试测口鼻有无呼气的气流。再用两手指轻试一侧（左或右）喉结旁凹陷处的颈动脉有无搏动；
（5）若看、听、试结果，既无呼吸又无颈动脉搏动，可判定呼吸心跳停止</td><td>（1）口述、演示不正确扣5分；
（2）口述、演示不正确扣5分；
（3）口述、演示不正确扣5分；
（4）口述、演示不正确扣5分；
（5）口述、演示不正确扣5分</td><td></td></tr>
<tr><td>（2）畅通气道（25分）（用人体模型进行示范）</td><td colspan="2">（1）如发现伤员口内有异物，可将其身体及头部同时侧转，迅速用一个手指或用两手指交叉从口角处插入，取出异物；操作中要注意防止将异物推到咽喉深部；
（2）用一只手放在触电者前额，另一只手的手指将其下颌骨向上抬起，两手协同将头部推向后仰，舌根随之抬起，气道即可通畅</td><td>（1）操作不规范扣12.5分；
（2）操作不规范扣12.5分</td><td></td></tr>
<tr><td>（3）口对口（鼻）人工呼吸（25分）（用人体模型进行示范）</td><td colspan="2">（1）在保持伤员气道通畅的同时，救护人员用放在伤员额上的手的手指捏住伤员鼻翼，救护人员深吸气后，与伤员口对口紧合，在不漏气的情况下，先连续大口吹气两次，每次1～1.5s；
（2）如两次吹气后试测颈动脉仍无搏动，可判断心跳已经停止，要立即同时进行胸外按压；
（3）触电伤员如牙关紧闭，可口对鼻人工呼吸。口对鼻人工呼吸吹气时，要将伤员嘴唇紧闭，防止漏气</td><td>（1）操作不规范扣8分；
（2）操作不规范扣8分；
（3）操作不规范扣9分</td><td></td></tr>
<tr><td>（4）胸外按压（25分）（用人体模型进行示范）</td><td colspan="2">（1）右手的食指和中指沿触电伤员的右侧肋弓下缘向上，找到肋骨和胸骨接合处的中点；
（2）两手指并齐，中指放在切迹中点（剑突底部），食指平放在胸骨下部；
（3）另一只手的掌根紧挨食指上缘，置于胸骨上，即为正确按压位置；
（4）使触电伤员仰面躺在平硬的地方，救护人员立或跪在伤员一侧肩旁，救护人员的两肩位于伤员胸骨正上方，两臂伸直，肘关节固定不屈，两手掌根相叠，手指翘起，不接触伤员胸壁；
（5）以髋关节为支点，利用上身的重力，垂直将正常成人胸骨压陷3～5cm（儿童和瘦弱者酌减）；
（6）压至要求程度后，立即全部放松，但放松时救护人员的掌根不得离开胸壁</td><td>（1）操作不规范扣4分；
（2）操作不规范扣4分；
（3）操作不规范扣4分；
（4）操作不规范每项扣4分；
（5）操作不规范每项扣4分；
（6）操作不规范每项扣5分</td><td></td></tr>
<tr><td colspan="4">考评员签字：</td><td colspan="2">日期：</td></tr>
</table>

9. D5BJ04-G40009. 干粉灭火器的使用。

答案：干粉灭火器的使用见下表。

题 D5BJ04-G40009 表

考核时限	60min	编号	D5BJ04-G40009	题分	100
考核方式	实操		考核地点		
项目名称	干粉灭火器的使用				
需要说明的问题和要求	需要模拟起火现场				
工具、材料、设备、场地	工具、材料、设备、场地均满足考试要求				
考核标准	项目名称（100 分值）	质量要求		扣分标准	得分
	（1）灭火器的检查（20 分）	（1）灭火器应在有效试验周期内； （2）灭火器压力值应在正常范围内		（1）未正确检查灭火器在有效试验期内扣 10 分； （2）未正确检查灭火器压力 10 分	
	（2）灭火器的使用（70 分）	（1）灭火器的正确选用； （2）进入高压电气场所使用灭火器进行灭火工作应戴安全帽； （3）除掉铅封，拔掉保险栓； （4）一只手握着灭火器的喷管，另一只手提着灭火器的压把； （5）在距火焰 2m 的地方，用力压下压把，另一只手握着喷管左右摆动，喷射干粉覆盖整个燃烧区		（1）灭火器选用不正确扣 15 分； （2）未正确检查、佩戴安全防护用品一项扣 5 分； （3）未正确除掉铅封，拔掉保险栓扣 10 分； （4）手提灭火器方法不正确扣 10 分； （5）灭火方法不正确扣 30 分	
	（3）相关要求（10 分）	（1）应在规定时间内完成相关操作； （2）操作完成后将相关用具摆放于指定位置		（1）未在规定时间完成操作，每延时 1min 扣 1 分，延时 5min 终止操作； （2）操作完成后未将用具摆放于指定位置扣 5 分	
考评员签字：				日期：	

10. D5BJ04-G40010. 防毒面具的检查、使用。

答案：防毒面具的检查、使用见下表。

题 D5BJ04-G40010 表

考核时限	60min	编号	D5BJ04-G40010	题分	100
考核方式	实操		考核地点		
项目名称	防毒面具的检查、使用				
需要说明的问题和要求	（1）各考生在规定时间内独立完成操作； （2）现场发现问题由监考老师给予解决； （3）分栏总扣分不超过标准分值				
工具、材料、设备、场地	工具、材料、设备、场地均满足考试要求				
考核标准	项目名称（100 分值）	质量要求		扣分标准	得分
	（1）防毒面具的检查（40 分）	（1）防毒面具使用前需检查面具无裂纹、破口； （2）检查呼气阀片无变形、破裂及裂缝； （3）检查带头弹性良好； （4）检查滤毒盒座密封圈完好； （5）检查滤毒盒在使用期内		（1）未正确检查面具表面每项扣 5 分； （2）未正确检查呼气阀片每项扣 5 分； （3）未正确检查带头扣 10 分； （4）未正确检查滤毒盒座密封圈扣 10 分； （5）未正确检查滤毒盒座在使用期内扣 10 分	

续表

	项目名称（100分值）	质量要求	扣分标准	得分
考核标准	（2）防毒面具的使用（50分）	（1）滤毒盒装配：将滤毒盒的密封层去掉，并将滤毒螺口对准滤盒座，正时针方向拧紧，压扣滤线盒对准盒座压紧； （2）将面具盖住口鼻，然后将头带框套拉至头顶； （3）用双手将下面的头带拉向颈后，然后扣住； （4）用手掌盖住呼气阀并缓缓呼气，若面部感到有一定压力，但没感到空气从面部及面罩之间泄漏，表示佩戴密合性良好；若面部与面罩之间有泄漏，则需重新调节头带与面罩排除漏气现象； （5）用手掌盖住滤毒盒座的连接口，缓缓吸气，若感到呼吸有困难，则表示佩戴面具密闭性良好。若感觉能吸入空气，则需重新调整面具位置及调整头带松紧度，消除漏气现象	（1）未正确装配滤毒盒扣10分； （2）未正确佩戴防毒面具扣5分； （3）未正确佩戴防毒面具扣5分； （4）未正确使用呼气试验检查密合性良好扣15分； （5）未正确使用吸气试验检查密合性良好扣15分	
	（3）相关要求（10分）	（1）应在规定时间内完成相关操作； （2）操作完成后将相关用具摆放于指定位置	（1）未在规定时间完成操作，每延时1min扣1分，延时5min终止操作； （2）操作完成后未将用具摆放于指定位置扣5分	
考评员签字：			日期：	

第二章

直流设备检修中级作业员

第一节 基础知识

（同第一章第一节）

第二节 专业知识

一、单选题：D5BJ03-G11001～D5BJ03-G11180（每小题1分）

1. D5BJ03-G11001. 放电试验用的可调电阻，其额定电流应大于放电电流的（　　）倍，并可任意调整所需的电流值。

A. 1.05；　　B. 1.1；
C. 1.2；　　D. 1.5。

答案：C

2. D5BJ03-G11002. 用指针式万用表 $R\times100\Omega$ 挡测量二极管的正、反向电阻，（　　）时可判断二极管是好的。

A. 正向电阻几欧，反向电阻几兆欧；
B. 正向电阻几十欧，反向电阻几千欧；
C. 正向电阻几十欧，反向电阻几十千欧；
D. 正向电阻几十欧，反向电阻几百千欧。

答案：D

3. D5BJ03-G11003. 使用钳型电流表时，如果将被测回路绝缘导线在钳口铁芯里多串绕几圈，此时被测回路的实际电流值为（　　）。

A. 钳型表指示值；
B. 钳型表指示值乘以匝数；
C. 钳型表指示值除以匝数；
D. 无法准确确定。

答案：C

4. D5BJ03-G11004. 直流电压表的“＋”、“－”符号表示（　　）。

A. 电压的实际极性；
B. 电压的参考极性；
C. 没有什么意义；
D. 只表示是接线端子，可随意接。

答案：B

5. D5BJ03-G11005. 直流电源和交流电源（　　）共用同一根电缆。

A. 可以；
B. 可以，但要做好隔离措施；
C. 只要线间绝缘良好就可以；
D. 不允许。

答案：D

6. D5BJ03-G11006. 判断通电线圈产生磁通方向是用（　　）。

A. 右手螺旋法则；　　B. 右手定则；
C. 左手定则；　　D. 楞次定律。

答案：A

7. D5BJ03-G11007. 如下图所示，A灯与B灯电阻相同，当电阻器滑动片向下滑动时，（　　）。

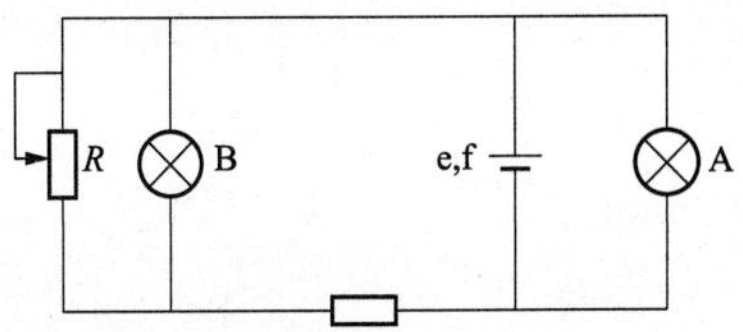

题 D5BJ03-G11007 图

A. A灯变亮、B灯变亮；
B. A灯变暗、B灯变亮；

C. 灯变暗、B灯变暗；

D. A灯变亮、B灯变暗。

答案：C

8. D5BJ03-G11008. 负荷的有功功率为 P，无功功率为 Q，电压为 U，电流为 I 时，电阻 R 和电抗 X 的表达式为（　　）。

A. $R=P/I^2$，$X=Q/I^2$；

B. $R=P/I$，$X=Q/I$；

C. $R=I^2/P^2$，$X=I^2/Q^2$；

D. $R=\frac{U^2I}{P}$，$X=\frac{U^2I}{Q}$。

答案：A

9. D5BJ03-G11009. 如下图所示，当开关 S 打开时，（　　）。

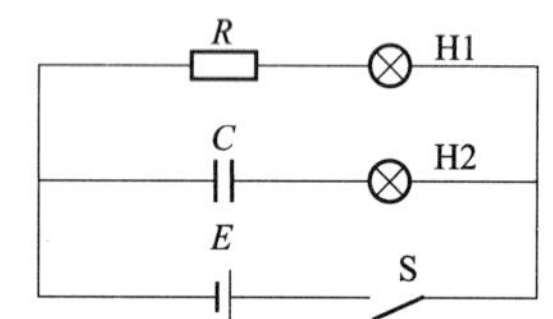

题 D5BJ03-G11009 图

A. H1 先熄灭；

B. H2 先熄灭；

C. H1 熄灭，然后 H1、H2 亮（较前暗），最后全熄；

D. H1、H2 同时熄灭。

答案：C

10. D5BJ03-G11010. 如下图所示电工仪表符号中（　　）表示磁电系仪表。

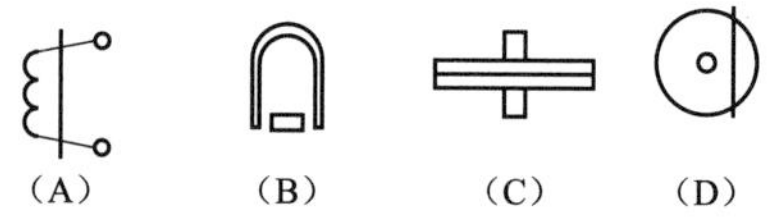

题 D5BJ03-G11010 图

答案：B

11. D5BJ03-G11011. 测量仪表准确度等级的百分数是（　　）。

A. 最大基本误差；　　B. 最大引用误差；

C. 最大决定误差；　　D. 最大相对误差。

答案：B

12. D5BJ03-G11012. 两只变比相同、容量相同的 TA，在二次绕组串联使用时（　　）。

A. 容量和变比都增加 1 倍；

B. 变比增加 1 倍，容量不变；

C. 变比不变，容量增加 1 倍；

D. 变比和容量均不变。

答案：C

13. D5BJ03-G11013. 有一个单相交流电路，所加的电压为 U，当电路中串联电容后，若维持电压不变，电流增加，则原电路是（　　）的。

A. 容性；　　B. 感性；

C. 纯电阻性；　　D. 阻容性。

答案：B

14. D5BJ03-G11014. 三极管基极的作用是（　　）载流子。

A. 发射；　　B. 输送和控制；

C. 收集；　　D. 储存。

答案：B

15. D5BJ03-G11015. 自饱和电抗器的铁芯完全去磁时铁芯的磁导率最小，工作绕组的电感量最大，因此，直流输出的电流（电压）（　　）。

A. 最大；　　B. 最小；

C. 不变；　　D. 无法确定。

答案：B

16. D5BJ03-G11016. 晶体三极管基极电流保持不变，当（　　）时，三极管工作在截止区。

A. 发射结加正向电压，集电结加反向电压；

B. 发射结加正向电压，集电结加正向电压；

C. 发射结加反向电压，集电结加反向电压；

D. 发射结加反向电压，集电结加正向电压。

答案：C

17. D5BJ03-G11017. 所谓三相对称负荷就是（　　）。

A. 三个相的相电流有效值相等；

B. 三个相的相电压相等且相位互差 120°；

C. 三个相的相电流有效值相等，三个相的相电压相等且相位互差 120°；

D. 三个相的负荷阻抗相等，阻抗角相同。

答案：D

18. D5BJ03-G11018. 负荷是按星形连接，还是三角连接，是根据（　　）。

A. 电源的接法而定；

B. 电源的额定电压而定；

C. 负荷所需电流大小而定；

D. 电源电压大小、负荷额定电压大小而定。

答案：D

19. D5BJ03-G11019. 绕组中自感电流的方向（　）。

A. 与原电流方向相反；

B. 与原电流方向相同；

C. 阻止原电流的变化；

D. 与原电流无关。

答案：C

20. D5BJ03-G11020. *LC* 串联电路，当感抗等于容抗时，会发生（　）谐振。

A. 电流；　B. 电压；

C. 铁磁；　D. 无规律的。

答案：B

21. D5BJ03-G11021. 在 *RL* 串联电路中，下列功率表达式（　）正确。

A. $P=I^2R$；　B. $P=U^2/R$；

C. $P=UI$；　D. $P=U^2/Z$。

答案：A

22. D5BJ03-G11022. 当有一个开关电源模块故障时，高频开关直流电源（　）工作。

A. 不能；

B. 继续；

C. 影响最大输出电流，但能继续正常；

D. 保持出厂设定的。

答案：C

23. D5BJ03-G11023. 三相变压器的低压侧接成三角形接线，其相电流较线电流（　）倍。

A. 大$\sqrt{3}$；　B. 小$\sqrt{3}$；

C. 大$\sqrt{2}$；　D. 小$\sqrt{2}$。

答案：B

24. D5BJ03-G11024. 如单相桥式整流直流电流为20A，则通过每个硅元件上的电流为（　）A。

A. 20；　B. 10；

C. 5；　D. 4。

答案：B

25. D5BJ03-G11025. 交流母线水平布置时从里向外（面向设备）的安装顺序是（　）。

A. 黄绿红；　B. 黄红绿；

C. 红黄绿；　D. 可以任选。

答案：A

26. D5BJ03-G11026. 交流母线垂直布置时从里向外（面向设备）的安装顺序是（　）。

A. 黄绿红；　B. 黄红绿；

C. 红黄绿；　D. 可以任选。

答案：A

27. D5BJ03-G11027. 铅酸蓄电池放电电流大于10h放电率电流时，电池的放电容量将（　）。

A. 增大；　B. 减小；

C. 不变；　D. 无规律变化。

答案：B

28. D5BJ03-G11028. 电容器储能式直流系统同一台断路器中，直流系统额定电压分别为110V和220V时，储能电容器的电容量（　）。

A. 相等；

B. 220V系统是110V系统的2倍；

C. 110V系统是220V系统的2倍；

D. 110V系统是220V系统的4倍。

答案：D

29. D5BJ03-G11029. 不符合高频开关电源模块基本性能要求的为（　）。

A. 均流；　B. 均压；

C. 功率因数；　D. 谐波电流含量。

答案：B

30. D5BJ03-G11030. UPS的功能是（　）。

A. 稳压；

B. 抗干扰；

C. 保证不间断供直流电；

D. 保证不间断供交流电。

答案：D

31. D5BJ03-G11031 三相桥式整流电路输出脉动电压的频率为（　）Hz。

A. 50；　B. 100；

C. 150；　D. 300。

答案：D

32. D5BJ03-G11032. 三相桥式全控整流电路相邻两脉冲的相位差为（　）℃。

A. 80；　B. 60；

C. 100；　D. 120。

答案：B

33. D5BJ03-G11033. 电力线路的三相输送功率 *S* 和线电压 *U*、线电流 *I* 之间的关系为（　）。

A. $S=UI$；　B. $S=3UI$；

C. $S=\sqrt{2}UI$；　D. $S=\sqrt{3}UI$。

答案：D

34. D5BJ03-G11034. 高频开关电源模块的使用寿命与（　　）有关。

A. 温度；　　B. 电流；

C. 电压；　　D. 谐波。

答案：A

35. D5BJ03-G11035. 以下不属于高频开关电源模块的特点是（　　）。

A. 效率高；　　B. 体积大；

C. 寿命长；　　D. 可靠性高。

答案：B

36. D5BJ03-G11036. GGF-300 型蓄电池 10h 放电率终止电压（　　）V。

A. 1.75；　　B. 1.80；

C. 1.85；　　D. 1.90。

答案：B

37. D5BJ03-G11037. 蓄电池容量用（　　）表示。

A. 放电功率与放电时间的乘积；

B. 放电电流与放电时间的乘积；

C. 充电功率与时间的乘积；

D. 充电电流与电压的乘积。

答案：B

38. D5BJ03-G11038. 对于两组蓄电池两组充电装置的系统，每组高频开关电源模块数量≥7 块时，应选择（　　）热备份方式。

A. N；　　B. $N+1$；

C. $N+2$；　　D. $N+3$。

答案：C

39. D5BJ03-G11039. 蓄电池组的电池总个数由（　　）的额定电压来确定。

A. 单个电池；　　B. 直流负荷；

C. 交流母线；　　D. 交流负荷。

答案：B

40. D5BJ03-G11040. 充电设备额定电压的上限电压值可按（　　）确定。

A. 全部蓄电池充电终止电压；

B. 蓄电池组的额定电压；

C. 蓄电池组的最低运行电压；

D. 单个蓄电池的放电终止电压。

答案：A

41. D5BJ03-G11041. 铅酸蓄电池在（　　）环境下会缩短蓄电池浮充运行寿命。

A. 潮湿；　　B. 干燥；

C. 低温；　　D. 高温。

答案：D

42. D5BJ03-G11042. 镉镍蓄电池在放电终止后，正极板的活性物质是（　　）。

A. 氧基氢氧化镍（NiOOH）；

B. 金属 CD；

C. 氢氧化亚镍 Ni（OH）$_2$；

D. 氢氧化镉 Cd（OH）$_2$。

答案：C

43. D5BJ03-G11043. 铅酸蓄电池在初充电过程中，当发现电解液液面低于上部红线时，则（　　）。

A. 应补加浓硫酸；

B. 应补加纯水；

C. 应补加配制好的电解液；

D. 不应补充液面。

答案：B

44. D5BJ03-G11044. 控制、信号回路母线采用环网开环供电时，由直流屏至最远断开点的电压降不应超过直流母线额定电压的（　　）。

A. 5%；　　B. 10%；

C. 15%；　　D. 20%。

答案：A

45. D5BJ03-G11045. 蓄电池充电属于（　　）。

A. 热电效应；　　B. 电化学效应；

C. 光电效应；　　D. 压电效应。

答案：B

46. D5BJ03-G11046. 2V 一节的阀控式蓄电池浮充电电压宜取（　　）V。

A. 2.10～2.15；　　B. 2.13～2.25；

C. 2.23～2.28；　　D. 2.30～2.35。

答案：C

47. D5BJ03-G11047. 2V 一节的阀控式蓄电池均充电电压宜取（　　）V。

A. 2.10～2.15；　　B. 2.13～2.25；

C. 2.23～2.28；　　D. 2.30～2.35。

答案：D

48. D5BJ03-G11048. 阀控蓄电池的闭阀压力应在（　　）～10kPa 范围内。

A. 1；　　B. 2；

C. 3；　　D. 4。

答案：A

49. D5BJ03-G11049. 蓄电池电解液温度升高，电化反应增强，蓄电池容量（　　）。

A. 增大；　　B. 减小；
C. 无变化；　　D. 与温度无关。

答案：A

50. D5BJ03-G11050. 在变电站设计中，蓄电池容量是由（　　）决定的。

A. 经常负荷；
B. 事故负荷；
C. 正常负荷；
D. 满足事故全停时的放电容量，满足冲击负荷，满足直流母线电压要求。

答案：D

51. D5BJ03-G11051. 阀控式密封免维护铅酸蓄电池浮充电应采用（　　）充电法。

A. 半恒流；　　B. 恒流；
C. 恒压；　　D. 恒压限流。

答案：D

52. D5BJ03-G11052. 恒压充电情况下，充电后期的充电电流连续（　　）h 不变，即可视为电池已充足电。

A. 1；　　B. 2；
C. 3；　　D. 4。

答案：C

53. D5BJ03-G11053. 组柜安装的蓄电池组的各个蓄电池间的间距应不小于（　　）mm。

A. 2；　　B. 5；
C. 10；　　D. 15。

答案：D

54. D5BJ03-G11054. 阀控蓄电池在安装结束后，投运前应进行（　　）。

A. 初充电；　　B. 补充充电；
C. 均衡充电；　　D. 浮充电。

答案：B

55. D5BJ03-G11055. 对个别落后电池可采取（　　）法进行恢复。

A. 浮充电；　　B. 均衡充电；
C. 定期充放电；　　D. 个别充电。

答案：D

56. D5BJ03-G11056. 与阀控式铅酸蓄电池配套的整流器的波纹系数应（　　）。

A. ≤0.01%；　　B. ≤0.1%；
C. ≤1%；　　D. ≤2%。

答案：D

57. D5BJ03-G11057. 高频开关直流电源装置所用的数字表应采用（　　）表。

A. 三位；　　B. 三位半；
C. 四位；　　D. 四位半。

答案：D

58. D5BJ03-G11058. 在寻找直流系统接地时，应使用（　　）。

A. 绝缘电阻表；　　B. 低内阻电压表；
C. 高内阻电压表；　　D. 验电笔。

答案：C

59. D5BJ03-G11059. 密闭式铅酸蓄电池，它的容器是用合成树脂制作的，可用（　　）轻轻擦拭。

A. 汽油；　　B. 有机溶剂；
C. 酒精；　　D. 煤油。

答案：C

60. D5BJ03-G11060. 复式整流的直流系统在正常运行时，由（　　）提供电源。

A. 电流源；　　B. 电压源；
C. 电流源和电压源；　　D. 蓄电池。

答案：B

61. D5BJ03-G11061. 直流控制、信号回路的馈线，一般采用截面不小于（　　）mm^2 的铜芯电缆。

A. 1.5；　　B. 2.5；
C. 2.0；　　D. 4.0。

答案：B

62. D5BJ03-G11062. 将一额定电压数值相同的交流接触器应用到直流电路中，将引起（　　）。

A. 线圈烧毁；　　B. 触头烧毁；
C. 铁芯烧毁；　　D. 允许使用。

答案：A

63. D5BJ03-G11063. 关于电位正确的说法是（　　）。

A. 电位是标量，没有方向性，但它的值可为正、负或零；
B. 电场将单位负电荷从电场中的某点移到参考点所做的功叫该点电位；
C. 电位是矢量，具有方向性；
D. 若参考点一经选定，则某一点电位的大小与所选路径无关。

答案：A

64. D5BJ03-G11064. 铅酸蓄电池的电解液的密度下降到（　　）时，即可认为放电终了。

A. 1.10～1.11；　　B. 1.12～1.14；

C. 1.15～1.17；　　D. 1.18～1.19。

答案：C

65. D5BJ03-G11065. 不属于直流系统微机测控装置基本功能是（　　）。

A. 测量；　　B. 信号；

C. 保护；　　D. 控制。

答案：C

66. D5BJ03-G11066. 在变电站常用的直流电源中，最为可靠的是（　　）。

A. 硅整流；

B. 电容器储能式硅整流；

C. 复式整流；

D. 蓄电池。

答案：D

67. D5BJ03-G11067. 蓄电池出口熔断器熔体的额定电流应按（　　）h蓄电池放电电流来选择。

A. 1；　　B. 2；

C. 3；　　D. 4。

答案：A

68. D5BJ03-G11068. 蓄电池设备在浮充电方式运行，当提供冲击负荷时，直流母线电压不低于直流标称电压的（　　）。

A. 90%；　　B. 80%；

C. 85%；　　D. 95%。

答案：A

69. D5BJ03-G11069. 放完电后的铅酸蓄电池应立即进行充放电，最长的时间不得超过（　　）h。

A. 4；　　B. 8；

C. 12；　　D. 24。

答案：D

70. D5BJ03-G11070. 铅酸蓄电池在充电后，正极板形成的活性物质是（　　）。

A. PbO_2；　　B. PB；

C. $PbSO_4$；　　D. $PbSO_4$ 晶体。

答案：A

71. D5BJ03-G11071. 站内每组蓄电池容量选取应按全站事故放电不小于（　　）h计算。

A. 1；　　B. 3；

C. 2；　　D. 5。

答案：C

72. D5BJ03-G11072. 固定型铅酸蓄电池充电末期端电压为（　　）V。

A. 2.30～2.40；　　B. 2.40～2.50；

C. 2.70～2.80；　　D. 2.80～2.85。

答案：C

73. D5BJ03-G11073. 220kV变电站直流系统应采用（　　）方式。

A. 双母线；　　B. 双电池组；

C. 双电池组、双母线；　　D. 单母线。

答案：B

74. D5BJ03-G11074. 蓄电池组电池安装在柜内，上下层之间距离不应小于（　　）cm。

A. 8；　　B. 10；

C. 15；　　D. 20。

答案：C

75. D5BJ03-G11075. 直流系统发生负极完全接地时，正极对地电压（　　）。

A. 升高到极间电压；　　B. 降低；

C. 不变；　　D. 略升高。

答案：A

76. D5BJ03-G11076. 直流绝缘监察装置的接地属于（　　）。

A. 保护接地；　　B. 保护接零；

C. 工作接地；　　D. 重复接地。

答案：C

77. D5BJ03-G11077. 铅酸蓄电池负极板硫化的特征为（　　）。

A. 灰白色，表面有细小硫酸铅结晶颗粒；

B. 灰白色，表面有粗大硫酸铅结晶颗粒；

C. 褐色，表面有粗大硫酸铅结晶颗粒；

D. 表面为纯灰色绒状铅。

答案：B

78. D5BJ03-G11078. 蓄电池的短路电流与蓄电池的工作状态（　　）。

A. 成正比；　　B. 有关；

C. 无关；　　D. 成反比。

答案：B

79. D5BJ03-G11079. 蓄电池引出线绝缘电阻应用500V绝缘电阻表测量，对于220V蓄电池组，绝缘电阻不低于（　　）MΩ。

A. 1；　　B. 10；

C. 20；　　D. 50。

答案：C

80. D5BJ03-G11080. 测量铅酸蓄电池电解液的密度应换算到（　　）℃时的密度。

A. 15；　　B. 25；

C. 35；　　D. 40。

答案：B

81. D5BJ03-G11081. 在可控硅导通时，下列条件中（　　）不能使可控硅关断。

A. 降低主回路正向电压到一定值；

B. 降低主回路电流到一定值；

C. 断开主回路；

D. 控制回路断开。

答案：D

82. D5BJ03-G11082. 有一电子线路需用一只耐压为1000V、电容为8μF的电容器，现在只有4只耐压500V、电容量为8μF的电容器，将（　　）就能满足要求。

A. 两只两只串联然后并联；

B. 四只串联；

C. 四只并联；

D. 三只并联与另一只串联。

答案：A

83. D5BJ03-G11083. 监控器故障或退出运行时，模块应自动处于（　　）工作状态。

A. 保持原来的；　　B. 均充；

C. 浮充；　　D. 保持出厂设定的。

答案：C

84. D5BJ03-G11084. 2V阀控蓄电池组各个电池开路电压最大最小电压差值不应该超过（　　）V。

A. ＋0.03；　　B. 0.03；

C. ＋0.05；　　D. 0.05。

答案：B

85. D5BJ03-G11085. 温度和放电速率对电池放出的容量有影响，环境温度越低，放电速度越大，电池放出的容量就（　　）。

A. 越大；　　B. 越小；

C. 越多；　　D. 越少。

答案：B

86. D5BJ03-G11086. 带有整流元件的回路，摇绝缘时，整流元件（　　）。

A. 两端应短路；

B. 两端应断路；

C. 两端应短路或断路均可；

D. 可以和其他回路一起加压。

答案：A

87. D5BJ03-G11087. 直流系统发生一点接地应在（　　）h内处理设法消除。

A. 3；　　B. 2；

C. 8；　　D. 1。

答案：C

88. D5BJ03-G11088. 直流断路器装设在熔断器的下一级时，熔断器的额定电流宜为直流断路器额定电流的（　　）及以上。

A. 1倍；　　B. 2倍；

C. 3倍；　　D. 4倍。

答案：B

89. D5BJ03-G11089. 下面哪个描述不是蓄电池巡检仪单元的主要功能（　　）。

A. 检测2路电池组温度；

B. 检测55节单体2V电池电压；

C. 适宜用于54节/108节电池检测；

D. 检测电池内部密度。

答案：D

90. D5BJ03-G11090. 直流绝缘监察继电器是（　　）。

A. 监视直流母线绝缘情况的继电器；

B. 监视电池电压的继电器；

C. 监视直流母线电压情况的继电器；

D. 以上都是。

答案：A

91. D5BJ03-G11091. 充电装置交流供电输入端应采取防止电网（　　）电压侵入充电模块的技术措施。

A. 浪涌冲击；　　B. 正序；

C. 零序；　　D. 负序。

答案：A

92. D5BJ03-G11092. 铅酸蓄电池在放电过程中，正、负极板上都产生（　　）。

A. 铅；　　B. 二氧化铅；

C. 硫酸；　　D. 硫酸铅。

答案：D

93. D5BJ03-G11093. 在直流电压监察装置中，过

电压继电器的动作值一般选取（　　）U_N。

A. 1.1；　　B. 1.15；

C. 1.2；　　D. 1.25。

答案：B

94. D5BJ03-G11094. GFM-400 型蓄电池 10h 放电率放电电流为（　　）A。

A. 20；　　B. 30；

C. 40；　　D. 50。

答案：C

95. D5BJ03-G11095. 当直流电源系统设有合闸母线与控制母线，并在其间设有降压装置时，应采取防止该降压装置（　　）造成控制母线失压的措施。

A. 短路；　　B. 开路；

C. 接地；　　D. 短接。

答案：B

96. D5BJ03-G11096. 保护直流电压正常时应保持在额定电压下（　　）内运行。

A. ±25%；　　B. ±18%；

C. ±12%；　　D. ±5%。

答案：D

97. D5BJ03-G11097. 绝缘监视仪主机和设置在各场地上的分机之间的通信采取（　　）的方式通信。

A. 光电隔离；　　B. R232 接口；

C. R485 接口；　　D. R886 接口。

答案：A

98. D5BJ03-G11098. 新装机调换电池后进行直流压降测试，利用固定负荷来测试，以满足母线末端电压不大于（　　）的要求。

A. 5%；　　B. 10%；

C. 15%；　　D. 20%。

答案：A

99. D5BJ03-G11099. 绝缘监视仪一定要有（　　）才能正常工作。

A. 全接地；　　B. 一点接地；

C. 二点接地；　　D. 不接地。

答案：B

100. D5BJ03-G1100. 当充电装置的监控器退出工作时，（　　）应能可靠运行。

A. 电源模块；　　B. 监控模块；

C. 充电模块；　　D. 保护模块。

答案：C

101. D5BJ03-G11101. 蓄电池与硅整流充电机并联于直流母线上作浮充电运行，当断路器合闸时，突增的大电流负荷（　　）。

A. 主要由蓄电池承担；

B. 主要由硅整流充电机承担；

C. 蓄电池和硅整流充电机各承担 1/2；

D. 无法确定。

答案：A

102. D5BJ03-G11102. 当发生直流接地时，应按（　　）原则进行查找。

A. 先室外后室内；　　B. 先室内后室外；

C. 用灯泡查找；　　D. 先重要后次要。

答案：A

103. D5BJ03-G11103. 以下叙述不符合直流系统接地查找原则的是（　　）。

A. 使用仪表的内阻不低于 2000/Ω；

B. 采用瞬间间断法进行查找；

C. 用灯泡查找；

D. 不得造成另一点直流接地情况。

答案：C

104. D5BJ03-G11104. 在可控硅装置中，自动稳流调整回路常采用直流互感器作为（　　）。

A. 保护用元件；　　B. 测量用元件；

C. 反馈用元件；　　D. 补偿用元件。

答案：C

105. D5BJ03-G11105. 降压硅链单元利用大功率整流二极管的（　　）叠加来产生调整压降。

A. PN 结反向压降；　　B. PN 结正向压降；

C. NP 结反向压降；　　D. NP 结正向压降。

答案：B

106. D5BJ03-G11106. 直流电源系统在对蓄电池组进行均衡充电时，充电模块的输出电压会高于控制回路的额定电压值，降压硅链单元就是串接在（　　）之间，由其自动控制电路或手动控制旋钮改变其电压值，从而保证控制母线的电压在正常范围的调压装置。

A. 合闸母线；　　B. 控制母线；

C. 合闸母线与控制母线；　　D. 馈线。

答案：C

107. D5BJ03-G11107. 当母线对绝缘电阻低于设定的告警限时，绝缘监测仪进入支路巡检状态，测量出有绝缘下降的支路和绝缘电阻，并通过面板的 LED 指示灯发出告警，同时将此告警信息上送到（　　）显示。

A. 电源模块；　B. 监控模块；
C. 充电模块；　D. 保护模块。

答案：B

108. D5BJ03-G11108. 电池监测仪的电源板上有一个绿色的电源指示灯和电源开关，开启开关后，电源指示灯点亮，正常时此灯（　　）。

A. 长亮；　B. 闪亮；
C. 不亮；　D. 以上说法都不对。

答案：A

109. D5BJ03-G11109. 投运后的蓄电池组，每2～3年应进行一次核对性充放电试验，运行 6 年以后的蓄电池组，（　　）应进行一次核对性放电试验。

A. 1～2 年；　B. 每年；
C. 半年；　D. 三个月。

答案：B

110. D5BJ03-G11110. 如发现电池组有落后电池，而无法恢复容量时应及时进行（　　）。

A. 过充电；　B 补充电；
C. 更换；　D. 浮充电。

答案：C

111. D5BJ03-G11111. 站内若有两组蓄电池，可相对其中一组蓄电池进行（　　）放电，当蓄电池端电压下降到 1.8V×N 时，停止放电。

A. 用 I_{10} 电流恒流放出额定容量的 50%；
B. 用 I_{10} 电流恒流放出额定容量的 80%；
C. 全核对性；
D. 用 I_{10} 电流恒流放出额定容量的 60%。

答案：C

112. D5BJ03-G11112. 铅酸蓄电池在均衡充电末期，应将电解液的密度及液面高度调整好。电池在均衡充电时，不宜极端（　　），以免因严重过充电而损坏电池。

A. 过充电；　B. 补充电；
C. 浮充电；　D. 恒流限压充电。

答案：A

113. D5BJ03-G11113. 铅酸蓄电池容量降低到额定容量的（　　）以下后就不能再用了。

A. 90%；　B. 80%；
C. 70%；　D. 60%。

答案：B

114. D5BJ03-G11114. 电解液密度越高，极板腐蚀和隔离物损坏（　　），电池使用寿命（　　）。

A. 越慢，越短；　B. 越快，越短；
C. 越慢，越长；　D. 越快，越长。

答案：B

115. D5BJ03-G11115. 调整铅酸蓄电池密度时，应用密度为（　　）的稀硫酸和纯水进行。

A. 2.0；　B. 1.8；
C. 1.6；　D. 1.4。

答案：D

116. D5BJ03-G11116. 当铅酸蓄电池电解液中含有铁质时，极板的颜色为（　　）。

A. 浅红色；　B. 紫色；
C. 蓝色；　D. 绿色。

答案：A

117. D5BJ03-G11117. 当铅酸蓄电池电解液中含有锰质时，极板的颜色为（　　）。

A. 浅红色；　B. 紫色；
C. 蓝色；　D. 绿色。

答案：B

118. D5BJ03-G11118. 监控装置中控制母线电压值、合闸母线电压值称为（　　）量。

A. 遥信；　B. 遥控；
C. 遥调；　D. 遥测。

答案：D

119. D5BJ03-G11119. 蓄电池组电压过低、控制母线电压过高或过低、合闸母线电压过高或过低、充电装置异常、直流系统绝缘故障、交流电源中断或缺相、装置运行方式、总路直流断路器或熔断器状态称为（　　）量。

A. 遥信；　B. 遥控；
C. 遥调；　D. 遥测。

答案：A

120. D5BJ03-G11120. 铅酸蓄电池以 10h 放电率放电，可放出蓄电池容量的（　　）。

A. 100%；　B. 90%；
C. 80%；　D. 70%。

答案：A

121. D5BJ03-G11121. 阀控式铅酸蓄电池的放电特性受放电速率影响较大，放电速率越高，放电终止电压（　　）。

A. 越高；　　B. 越低；

C. 越大；　　D. 越小。

答案：B

122. D5BJ03-G11122. 铅酸蓄电池的电势高低与蓄电池的（　　）无关。

A. 极板上的活性物质的电化性质；

B. 电解液的浓度；

C. 极板大小；

D. 电解液的密度。

答案：C

123. D5BJ03-G11123. 铅酸蓄电池最外边的两块极板（　　）。

A. 都是正极板；

B. 都是负极板；

C. 一块是正极板，一块是负极板；

D. 没有严格规定。

答案：B

124. D5BJ03-G11124. 阀控式蓄电池组的恒流限压充电电流和恒流放电电流均为（　　）。

A. I_{10}；　　B. I_8；

C. I_6；　　D. I_4。

答案：A

125. D5BJ03-G11125. 以下对直流电源装置中监视功能描述不正确的是（　　）。

A. 监视三相交流输入电压值和是否缺相；

B. 监视直流母线的电压值是否正常；

C. 监视蓄电池进线、充电进线、浮充电电流是否正常；

D. 监视合闸母线的电压值是否正常。

答案：D

126. D5BJ03-G11126. 高频开关模块型充电装置的稳流精度应不大于（　　）。

A. ±(0.5%～1%)；

B. ±(1%～1.5%)；

C. ±(1.5%～2%)；

D. ±(2.5%～3%)。

答案：A

127. D5BJ03-G11127. 在均衡充电运行情况下，直流母线电压应满足：对控制负荷和动力负荷合并供电的直流系统，应不高于直流系统标称电压的（　　）。

A. 100%；　　B. 105%；

C. 110%；　　D. 112.5%。

答案：C

128. D5BJ03-G11128. 阀控蓄电池的温度补偿系数受环境温度影响，基准温度为25℃时，每下降1℃，单体2V阀控蓄电池浮冲电压应提高（　　）mV。

A. 1～3；　　B. 2～4；

C. 3～5；　　D. 5～7。

答案：C

129. D5BJ03-G11129. 阀控蓄电池在运行巡视中应检查单体电池电压值，连接片有无松动和腐蚀现象，壳体有无（　　），极柱与安全阀周围有无酸雾溢出，绝缘电阻是否下降，蓄电池温度是否过高等。

A. 渗漏和变形；　　B. 腐蚀；

C. 变色；　　D. 变形。

答案：A

130. D5BJ03-G11130. 蓄电池在存放中，由于自放电，容量逐渐减小，甚至于损坏，需要定期充电的叫（　　）。

A. 浮充电；　　B. 均衡充电；

C. 恒流充电；　　D. 补充电。

答案：D

131. D5BJ03-G11131. 充电电流在充电电压范围内，维持在恒定值的充电叫（　　）。

A. 浮充电；　　B. 均衡充电；

C. 恒流充电；　　D. 补充电。

答案：C

132. D5BJ03-G11132. 为补偿蓄电池在使用过程中产生的电压不均现象，使其恢复到规定范围内而进行的充电叫（　　）。

A. 浮充电；　　B. 均衡充电；

C. 恒流充电；　　D. 补充电。

答案：B

133. D5BJ03-G11133. 站内只有一组蓄电池，不能退出运行，也不能进行全核对性放电，只能（　　），当蓄电池端电压下降到2V×N时，停止放电。

A. 用I_{10}电流恒流放出额定容量的50%；

B. 用I_{10}电流恒流放出额定容量的80%；

C. 用I_{10}电流恒流放出额定容量的70%；

D. 用 I_{10} 电流恒流放出额定容量的 60％。

答案：A

134. D5BJ03-G11134. 相同额定容量的熔丝和断路器，通过同样倍数的过电流，它们的动作时间（　　）。

A. 熔丝快于断路器；　　B. 断路器快于熔丝；

C. 动作时间都一样；　　D. 动作时间无联系。

答案：B

135. D5BJ03-G11135. 大修后的铅酸蓄电池组允许使用的最小容量不低于额定容量的（　　）。

A. 80％；　　B. 85％；

C. 90％；　　D. 95％。

答案：A

136. D5BJ03-G11136. 铅酸蓄电池组在事故放电末期，每个电池的电压，对于变电站而言可取（　　）V。

A. 1.75；　　B. 1.8；

C. 1.85；　　D. 1.95。

答案：D

137. D5BJ03-G11137. 先以恒流方式进行充电，当蓄电池组电压上升到限压值时，充电装置自动转换为恒压充电，直到充电完毕叫（　　）充电。

A. 浮充电；　　B. 恒流限压充电；

C. 均衡充电；　　D. 补偿充电。

答案：B

138. D5BJ03-G11138. 浮充电运行的 GGF 型蓄电池单只电池电压应保持在（　　）V。

A. 2.35±0.05；　　B. 2.25±0.05；

C. 2.15±0.05；　　D. 2.05±0.05。

答案：C

139. D5BJ03-G11139. 直流绝缘监察装置的作用是监视直流系统的对地绝缘，当直流系统的绝缘水平下降小于（　　）时，该装置将发出预告信号。

A. 15～20kΩ；　　B. 25～30kΩ；

C. 35～40kΩ；　　D. 45～50kΩ。

答案：A

140. D5BJ03-G11140. 用电压表检查直流系统接地时，将电压表的一根引线接地，另一根接非接地极（对地电压较高的一极），然后断开开关，如断开后，电压表指示明显（　　），则说明该回路有接地。

A. 升高；　　B. 降低；

C. 无变化；　　D. 短路。

答案：B

141. D5BJ03-G11141. 根据《中国南方电网输变电设备状态评价标准》，直流充电设备装置各元器件、模块、端子、二次回路的名称和编号等标示不清晰，则应属于（　　）设备。

A. 一类；　　B. 二类；

C. 三类；　　D. 四类。

答案：B

142. D5BJ03-G11142. 根据《中国南方电网输变电设备状态评价标准》，直流充电设备直流调压硅链工作不正常，不能进行手动/自动切换，则应属于（　　）设备。

A. 一类；　　B. 二类；

C. 三类；　　D. 四类。

答案：C

143. D5BJ03-G11143. 根据《中国南方电网输变电设备状态评价标准》，直流充电设备充电模块中有部分模块因损坏退出运行，系统失去 $n-1$ 备份，则应属于（　　）设备。

A. 一类；　　B. 二类；

C. 三类；　　D. 四类。

答案：C

144. D5BJ03-G11144. 根据《中国南方电网输变电设备状态评价标准》，阀控密封铅酸蓄电池组运行年限超过 10 年，则应属于（　　）设备。

A. 一类；　　B. 二类；

C. 三类；　　D. 四类。

答案：C

145. D5BJ03-G11145. 根据《中国南方电网输变电设备状态评价标准》，蓄电池容量核对性试验结果不满足 DL/T 724—2000《电力系统用蓄电池直流电源装置》要求，即三次充放电后电池组容量均达不到额定容量的 80％，则应属于（　　）设备。

A. 一类；　　B. 二类；

C. 三类；　　D. 四类。

答案：D

146. D5BJ03-G11146. 根据 GB/T 19826—2005《电力工程直流电源设备通用技术条件及安全要求》，蓄电池应以 $30I_{10}$ 的电流放电（　　）min，极柱不应熔断，其外观不得出现异常。

A. 1；　　B. 2；

C. 3；　　D. 4。

答案：A

147. D5BJ03-G11147. 根据 GB/T 19826—2005《电力工程直流电源设备通用技术条件及安全要求》，控制母线电压最大变化范围为（　　）直流系统标称电压。

A. 80%～105%；　　B. 85%～110%；

C. 90%～115%；　　D. 95%～120%。

答案：B

148. D5BJ03-G11148. 根据 GB/T 19826—2005《电力工程直流电源设备通用技术条件及安全要求》，在额定负载和周围环境噪声不大于 40dB 的条件下，距噪声源水平位置 1m 处，测得产品的噪声最大值应不大于（　　）dB（A 级）。

A. 40；　　B. 50；

C. 60；　　D. 70。

答案：C

149. D5BJ03-G11149. 根据 GB/T 19826—2005《电力工程直流电源设备通用技术条件及安全要求》，各独立电路与地（即金属框架）之间的绝缘电阻不小于（　　）MΩ。

A. 1；　　B. 2；

C. 5；　　D. 10。

答案：D

150. D5BJ03-G11150. 根据 DL/T 5044—2004《电力工程直流系统设计技术规程》，两组蓄电池的直流系统，应采用二段单母线接线，蓄电池组应分别接于（　　）母线段。二段直流母线之间应设联络电器。

A. 相同；　　B. 不同；

C. 三段；　　D. 二段。

答案：B

151. D5BJ03-G11151. 根据 DL/T 5044—2004《电力工程直流系统设计技术规程》，有人值班的变电站，全站交流电源事故停电时间应按（　　）h 计算。

A. 1；　　B. 2；

C. 3；　　D. 4。

答案：A

152. D5BJ03-G11152. 根据 DL/T 5044—2004《电力工程直流系统设计技术规程》，无人值班的变电站，全站交流电源事故停电时间应按（　　）h 计算。

A. 1；　　B. 2；

C. 3；　　D. 4。

答案：B

153. D5BJ03-G11153. 根据 DL/T 5044—2004《电力工程直流系统设计技术规程》，由直流柜和直流分电柜引出的控制、信号和保护馈线应选择铜芯电缆，其电压降不应大于直流系统标称电压的（　　）。

A. 1%；　　B. 2%；

C. 5%；　　D. 10%。

答案：C

154. D5BJ03-G11154. 根据 DL/T 724—2000《电力系统用蓄电池直流电源装置运行与维护技术规程》，蓄电池室的温度应经常保持在（　　）之间，并保持良好的通风和照明。

A. 5℃～30℃；　　B. 5℃～35℃；

C. 0℃～30℃；　　D. 0℃～35℃。

答案：B

155. D5BJ03-G11155. 根据 DL/T 724—2000《电力系统用蓄电池直流电源装置运行与维护技术规程》，大容量的阀控蓄电池应安装在专用蓄电池室内，容量较小阀控蓄电池（　　）Ah 及以下可安装在柜内之间，并保持良好的通风和照明。

A. 200；　　B. 300；

C. 400；　　D. 500。

答案：B

156. D5BJ03-G11156. 根据 DL/T 724—2000《电力系统用蓄电池直流电源装置运行与维护技术规程》，阀控蓄电池组在（　　）次充放电循环之内，若达不到额定容量值的 100%，此组蓄电池为不合格。

A. 1；　　B. 2；

C. 3；　　D. 4。

答案：C

157. D5BJ03-G11157. 根据 DL/T 724—2000《电力系统用蓄电池直流电源装置运行与维护技术规程》，阀控蓄电池组发电厂或变电站中只有一组电池，不能退出运行、也不能作全核对性放电、只能用 I_{10} 电流恒流放出额定容量的（　　）。

A. 40%；　　B. 50%；
C. 60%；　　D. 70%。
答案：B

158. D5BJ03-G11158. 根据DL/T 856—2004《电力用直流电源监控装置》，直流监控装置交流电源电压允许波动范围：（　　）标称值。
A. ±5%；　　B. ±10%；
C. ±15%；　　D. ±20%。
答案：D

159. D5BJ03-G11159. 根据DL/T 637—1997《阀控式密封铅酸蓄电池订货技术条件》，蓄电池间的连接条电压降应不大于（　　）mV。
A. 3；　　B. 5；
C. 8；　　D. 10。
答案：C

160. D5BJ03-G11160. 根据DL/T 637—1997《阀控式密封铅酸蓄电池订货技术条件》，蓄电池静置（　　）天后其荷电保持能力不低于80%。
A. 30；　　B. 40；
C. 60；　　D. 90。
答案：D

161. D5BJ03-G11161. 根据DL/T 637—1997《阀控式密封铅酸蓄电池订货技术条件》，蓄电池除安全阀外，应能承受（　　）的正压或负压而不破裂、不开胶，压力释放后壳体无残余变形。
A. 5kPa；　　B. 10kPa；
C. 30kPa；　　D. 50kPa。
答案：D

162. D5BJ03-G11162. 根据《中国南方电网直流电源系统运行维护管理办法》，专项维护重点针对直流屏和蓄电池组作专业检查。检查周期为：直流屏一般（　　）次/年；蓄电池组投运6年内1次/年，6年及以上6个月1次。视设备运行情况可适当缩减检查周期。
A. 0.5；　　B. 1；
C. 2；　　D. 3。
答案：B

163. D5BJ03-G11163. 根据《中国南方电网直流电源系统运行维护管理办法》，新安装或大修后的阀控蓄电池应进行全核对性充放电试验，以后每（　　）应进行一次核对性试验。
A. 1～2年；　　B. 2～3年；
C. 3～4年；　　D. 4～5年。
答案：B

164. D5BJ03-G11164.《电业安全工作规程》系列标准规定，下面哪一条不属于变电工作负责人的安全责任？（　　）
A. 正确、安全地组织工作；
B. 确认工作票所列安全措施正确、完备。符合现场实际条件，必要时予以补充；
C. 完成工作现场的安全措施布置；
D. 工作前向工作班全体成员告知危险点，督促、监护工作班成员执行现场安全措施和技术措施。
答案：C

165. D5BJ03-G11165. DL/T 408—1991《电业安全工作规程（发电厂和变电所电气部分）》规定：在变电站的带电区域或临近带电线路处，不应使用（　　）。
A. 绝缘梯子；　　B. 绳索；
C. 木梯子；　　D. 金属梯子。
答案：D

166. D5BJ03-G11166. DL/T 408—1991《电业安全工作规程（发电厂和变电所电气部分）》规定：在带电设备周围严禁使用（　　）、皮卷尺和线尺（夹有金属丝者）进行测量工作。
A. 绝缘绳；　　B. 绝缘尺；
C. 绝缘棒；　　D. 钢卷尺。
答案：D

167. D5BJ03-G11167. 高压设备发生接地时，室内不得接近故障点（　　）m内。
A. 4；　　B. 3；
C. 8；　　D. 10。
答案：A

168. D5BJ03-G11168. DL/T 408—1991《电业安全工作规程（发电厂和变电所电气部分）》规定：一个工作负责人不应同时（　　）两张及以上工作票。
A. 持有；　　B. 执行；
C. 拥有；　　D. 办理。
答案：B

169. D5BJ03-G11169. DL/T 408—1991《电业安全工作规程（发电厂和变电所电气部分）》规定，用于配电的交流系统中（　　）及以下的电压等级为低压。

A. 10kV；　　B. 1000V；

C. 500V；　　D. 250V。

答案：B

170. D5BJ03-G11170. 凡在离地面（坠落高度基准面）（　　）的地点进行的工作，都应视作高处作业。

A. 2m；　　B. 2m 及以上；

C. 5m；　　D. 5m 及以上。

答案：B

171. D5BJ03-G11171. DL/T 408—1991《电业安全工作规程（发电厂和变电所电气部分）》规定：在屋外变电站和高压室内搬动梯子、管子等长物，应（　　）搬运，并与带电部分保持足够的安全距离。

A. 放倒；　　B. 单人放倒；

C. 多人；　　D. 专人。

答案：A

172. D5BJ03-G11172.《中国南方电网有限责任公司安全生产工作规定》规定短期合同工从事有危险的工作时必须在（　　）的带领和监护下进行，并做好安全措施。

A. 工作负责人；　　B. 有经验的职工；

C. 班组长；　　D. 工作人员。

答案：B

173. D5BJ03-G11173. “从此上下”属于（　　）标志。

A. 警告；　　B. 指令；

C. 提示；　　D. 禁止。

答案：C

174. D5BJ03-G11174. “止步高压危险”属于（　　）标志。

A. 警告；　　B. 指令；

C. 提示；　　D. 禁止。

答案：A

175. D5BJ03-G11175.《中国南方电网公司事故（事件）调查规程（试行）》中规定发生事故（一、二级事件）的现场有关人员应在事故或事件发生后（　　）向本单位安全监察部门、有关职能管理部门电话报告。

A. 3h；　　B. 1h；

C. 0.5h；　　D. 6h。

答案：C

176. D5BJ03-G11176.《中国南方电网公司事故（事件）调查规程（试行）》中定义，电力事故包括电力人身伤亡事故、（　　）和电力安全事故。

A. 设备事故；　　B. 电网事故；

C. 交通事故；　　D. 基建事故。

答案：A

177. D5BJ03-G11177. 国家实行生产安全事故（　　）制度，依照本法和有关法律、法规的规定，追究生产安全事故责任人员的法律责任。

A. 责任追究；　　B. 调查；

C. 行为追究；　　D. 举报。

答案：A

178. D5BJ03-G11178. 一次事故造成 10 人以上 30 人以下死亡（包括急性工业中毒）为（　　）。

A. 特别重大事故；　　B. 重大事故；

C. 一般事故；　　D. 特大事故。

答案：B

179. D5BJ03-G11179. 电力设备损坏，直接经济损失达 1 亿元以上者为（　　）。

A. 特大设备事故；　　B. 重大设备事故；

C. 一般设备事故；　　D. 设备事故。

答案：A

180. D5BJ03-G11180. 根据《中国南方电网直流电源系统运行维护管理办法》，备用搁置的阀控蓄电池，每（　　）个月进行一次补充充电。

A. 3；　　B. 6；

C. 9；　　D. 12。

答案：A

二、多选题：D5BJ03-G12001 ～ D5BJ03-G12035（每小题 2 分）

1. D5BJ03-G12001. 发电厂、变电站的电气系统，按其作用分为（　　）。

A. 模拟系统；　　B. 数字系统；

C. 二次系统；　　D. 一次系统。

答案：CD

2. D5BJ03-G12002. 电力系统图主要分为（　　）。

A. 一次系统接线图；　　B. 系统原理图；

C. 二次系统接线图；　　D. 三次系统接线图。

答案：AC

3. D5BJ03-G12003. 根据《中国南方电网输变电设备状态评价标准》，符合（　　）条件之一的蓄电池组为四类设备。

A. 蓄电池容量核对性试验结果不满足 DL/T 724—2000 标准要求，即三次充放电后电池组容量均达不到额定容量的 80%；

B. 运行中蓄电池发生爆炸或爆裂；

C. 防酸隔爆铅酸蓄电池组、镍镉蓄电池组漏液严重；

D. 超过使用年限。

答案：ABCD

4. D5BJ03-G12004. 根据 DL/T 724—2000《电力系统用蓄电池直流电源装置运行与维护技术规程》，电力系统用直流系统充电装置一般分为（　　）几类。

A. 磁放大型充电装置；

B. 相控型充电装置；

C. 集成型充电装置；

D. 高频开关电源型充电装置。

答案：ABD

5. D5BJ03-G12005. 根据 DL/T 5044—2004《电力工程直流系统设计技术规程》，直流负荷按性质分类，通常可分为（　　）。

A. 经常负荷；　　B. 动力负荷；

C. 冲击负荷；　　D. 事故负荷。

答案：ACD

6. D5BJ03-G12006. 根据 DL/T 5044—2004《电力工程直流系统设计技术规程》，直流负荷按功能分类，通常可分为（　　）。

A. 经常负荷；　　B. 动力负荷；

C. 事故负荷；　　D. 控制负荷。

答案：BD

7. D5BJ03-G12007. 根据 DL/T 5044—2004《电力工程直流系统设计技术规程》，我国规定电力系统用直流系统标称电压一般有（　　）几个等级。

A. 220V；　　B. 110V；

C. 48V；　　D. 24V。

答案：ABC

8. D5BJ03-G12008. 变电站的直流电源是独立的，其主要用于（　　）。

A. 信号回路；　　B. 事故照明；

C. 控制回路；　　D. 跳、合闸回路。

答案：ABCD

9. D5BJ03-G12009. 电力用操作直流电源系统以母线分段为标准接线分类可分为（　　）。

A. 单母线接线方式；

B. 双母线接线方式；

C. 单母线分段接线方式；

D. 单双母线接线方式。

答案：ABC

10. D5BJ03-G12010. 蓄电池的基本构成部件有（　　）。

A. 两个不同材料的电极；　　B. 电解质；

C. 隔膜；　　D. 外壳。

答案：ABCD

11. D5BJ03-G12011. 直流系统的保护元件配置原则有（　　）。

A. 直流电源供电的可靠性；

B. 直流电源供电的稳定性；

C. 能够快速、准确地切除故障点；

D. 尽力避免故障点的扩大化。

答案：ACD

12. D5BJ03-G12012. 高频开关整流器的主要组成部分有（　　）。

A. 主电路；　　B. 控制调整电路；

C. 辅助电路；　　D. 整流滤波电路。

答案：ABC

13. D5BJ03-G12013. 国产阀控蓄电池现用型号中，字母 GFM 表示对这种蓄电池代表的意义是（　　）。

A. 固定型；　　B. 密封；

C. 防酸隔爆；　　D. 阀控。

答案：ABD

14. D5BJ03-G12014. 蓄电池选型的型式上一般规定大型和中型发电厂、220kV 及以上变电站和直流输电换流站宜采用（　　）蓄电池。

A. 高倍率镉镍碱性；　　B. 中倍率镉镍碱性；

C. 防酸式铅酸；　　D. 阀控式密封铅酸。

答案：CD

15. D5BJ03-G12015. 直流断路器要求本身至少具有（　　）保护，一般要带辅助接点和报警触点。

A. 速断；　　B. 零序；

C. 过流；　　D. 失灵。

答案：AC

16. D5BJ03-G12016. 直流系统装置做绝缘监察信

号报警试验，直流电源装置在空载运行时，对采用接地电阻的大小规定（　　）。

A. 额定电压为 220V，用 20kΩ 电阻；

B. 额定电压为 220V，用 25kΩ 电阻；

C. 额定电压为 110V，用 5kΩ 电阻；

D. 额定电压为 110V，用 7kΩ 电阻。

答案：BD

17. D5BJ03-G12017. 在现场工作过程中，如遇到异常（如直流系统接地等或断路器跳闸时），不论与本身工作是否有关，应（　　）。

A. 立即停止工作；

B. 保持现状；

C. 继续工作；

D. 立即通知运行人员。

答案：ABD

18. D5BJ03-G12018. 根据 DL/T 724—2000《电力系统用蓄电池直流电源装置运行与维护技术规程》，发电厂或变电站中只有一组阀控铅酸电池进行核对性放电时，以下（　　）说法是正确的。

A. 可以退出运行；

B. 不能退出运行；

C. 可以作全核对性放电；

D. 不能作全核对性放电。

答案：BD

19. D5BJ03-G12019. 用分路试停的方法查找直流接地有时查找不到，可能是由于（　　）。

A. 分路正极接地；

B. 分路负极接地；

C. 环路供电方式合环运行；

D. 充电设备或蓄电池发生直流接地。

答案：CD

20. D5BJ03-G12020. 根据 DL/T 724—2000《电力系统用蓄电池直流电源装置运行与维护技术规程》，直流系统充电装置过电压继电器的过电压整定值规定（　　）。

A. 额定直流电压 110V 系统为 121V；

B. 额定直流电压 110V 系统为 126V；

C. 额定直流电压 220V 系统为 242V；

D. 额定直流电压 220V 系统为 253V。

答案：AC

21. D5BJ03-G12021. 根据 DL/T 724—2000《电力系统用蓄电池直流电源装置运行与维护技术规程》，直流系统充电装置欠电压继电器的过电压整定值规定（　　）。

A. 额定直流电压 110V 系统为 99V；

B. 额定直流电压 110V 系统为 105V；

C. 额定直流电压 220V 系统为 198V；

D. 额定直流电压 220V 系统为 209V。

答案：AC

22. D5BJ03-G12022. 对于直流系统效率，以下（　　）说法是正确的。

A. 相控型充电装置的效率应不小于 60%；

B. 相控型充电装置的效率应不小于 70%；

C. 高频开关电源型充电装置的效率应不小于 90%；

D. 高频开关电源型充电装置的效率应不小于 95%。

答案：BC

23. D5BJ03-G12023. 直流系统高频开关电源型充电装置稳流精度、稳压精度要求（　　）。

A. 稳流精度≤±0.5；　　B. 稳流精度≤±1；

C. 稳压精度≤±0.5；　　D. 稳压精度≤±1。

答案：BC

24. D5BJ03-G12024. 直流系统充电装置交流输入电源的额定电压为（　　）。

A.（380±5%）V；　　C.（380±10%）V；

B.（220±5%）V；　　D.（220±10%）V。

答案：CD

25. D5BJ03-G12025. 微机控制直流电源装置有（　　）特点。

A. 可实现远程对变电站直流系统参数的设置；

B. 运行中出现的各种问题，微机能自动地做出相应指令，进行处理；

C. 能很好适应变电站无人值守的要求；

D. 对电网及直流系统的各种运行状态，均汇编为微机执行的程序。

答案：BCD

26. D5BJ03-G12026. 直流电源装置中微机监控器的监视功能包括（　　）。

A. 监视直流系统参数设置是否正确；

B. 蓄电池进线和浮充电的电流是否正常；

C. 监视三相交流输入电压值和是否缺相；

D. 监视直流母线的电压值是否正常。

答案：BCD

27. D5BJ03-G12027. 根据 DL/T 724—2000《电力系统用蓄电池直流电源装置运行与维护技术规程》，直流电源系统"三遥"功能是指（　　）。

A. 遥信；　　B. 遥控；

C. 遥调；　　D. 遥测。

答案：ABD

28. D5BJ03-G12028. 浓硫酸具有（　　）等特性。

A. 无色的油状液体，易挥发；

B. 具有强烈的吸水性，容易吸收空气中的水蒸气；

C. 与糖、淀粉、纸张、纤维等碳水化合物发生反应，以脱水的形式夺取氢和氧；

D. 遇水时，会放出大量的热。

答案：BCD

29. D5BJ03-G12029. 蓄电池室照明一般规定包括（　　）。

A. 蓄电池室应使用防爆灯，并至少有一个接在事故照明线上；

B. 蓄电池室照明回路至少应设置三路以上；

C. 开关、插座及熔断器应置于蓄电池室外；

D. 照明线应用耐酸、碱的绝缘导线。

答案：ACD

30. D5BJ03-G12030. 蓄电池连接时要求（　　）。

A. 正负极正确；

B. 接触严密，接触电阻要小，不松动；

C. 将电池接线柱和连接条上氧化层用刮刀刮掉，在铅螺丝和螺丝帽上涂一层导电膏；

D. 专用塑料保护帽、油套应上好，并不得损伤。

答案：ABD

31. D5BJ03-G12031. 贫液吸附式的阀控式密封铅酸蓄电池，可采用（　　）进行安装。

A. 倒置式；　　B. 倾斜式；

C. 卧式；　　D. 立式。

答案：BCD

32. D5BJ03-G12032. 根据 DL/T 724—2000《电力系统用蓄电池直流电源装置运行与维护技术规程》，直流系统对阀控蓄电池核对性放电周期一般规定（　　）。

A. 新投运阀控蓄电池组，以厂家提供出厂试验报告为准；

B. 新安装或大修后的阀控蓄电池组，应进行全核对性放电试验；

C. 投运后的蓄电池组，前 6 年每隔 2～3 年进行一次核对性试验；

D. 运行了 6 年以后的阀控蓄电池，应每年作一次核对性放电试验。

答案：BCD

33. D5BJ03-G12033. 阀控蓄电池在（　　）情况下应进行补充充电或均衡充电。

A. 空闲放置两个月后；

B. 安装结束后，投入运行前；

C. 事故放电后；

D. 单格电池的浮充电压小于 2.2V 时。

答案：BCD

34. D5BJ03-G12034. 铅酸蓄电池极板弯曲的原因一般有（　　）。

A. 充电或放电电流过大；

B. 电解液中混入有害物质；

C. 安装连接不当；

D. 长时间放电。

答案：ABC

35. D5BJ03-G12035. 铅酸蓄电池进行核对性放电的作用有（　　）。

A. 增大蓄电池内电阻；

B. 找出容量不合格蓄电池；

C. 使蓄电池得到活化，容量得到恢复；

D. 延长蓄电池使用寿命。

答案：BCD

三、判断题：D5BJ03-G13001 ～ D5BJ03-G13180（每小题 1 分）

1. D5BJ03-G13001. 二次回路图可分为三大类，即原理图、展开图和安装图。

答案：√

2. D5BJ03-G13002. 图纸比例 2∶1 表示图纸尺寸是实物尺寸的 4 倍。

答案：×

3. D5BJ03-G13003. 剖面图用来表达物体的断面形状。

答案：√

4. D5BJ03-G13004. 剖视图用来表达物体内部结构形状。

答案：√

5. D5BJ03-G13005. 符号"DC"表示交流，"AC"表示直流。

答案：×

6. D5BJ03-G13006. 蓄电池充电曲线和放电曲线所围成的封闭图形面积的物理意义是蓄电池充电时的电能消耗。

答案：√

7. D5BJ03-G13007. 图纸中完整的尺寸由尺寸线、尺寸界限、箭头和尺寸数字组成。

答案：√

8. D5BJ03-G13008. 安装接线图包括屏面布置图、屏背面接线图和端子排图三部分。

答案：√

9. D5BJ03-G13009. 自饱和电抗器电感量是线性的，与工作状态无关。

答案：×

10. D5BJ03-G13010. 在串联谐振电路中，电感和电容上的电压数值相等，方向相同。

答案：×

11. D5BJ03-G13011. 单相半波整流通过负荷的是一个脉动直流，在一个周期内的平均电流就是通过负荷的直流成分。

答案：√

12. D5BJ03-G13012. 复式整流装置在正常和交流系统事故情况下均能不间断地向直流系统供电。

答案：√

13. D5BJ03-G13013. 在整流输出回路中，串联一个电容器就可以起到滤波作用。

答案：×

14. D5BJ03-G13014. 晶闸管整流器件称为晶闸管或闸流管。

答案：√

15. D5BJ03-G13015. 螺栓型晶闸管，螺栓端为阴极。

答案：√

16. D5BJ03-G13016. 晶闸管不仅具有反向阻断能力，而且还具有正向阻断能力。

答案：√

17. D5BJ03-G13017. 温度升高时，可控硅的触发电流、维持电流将要减小，正反向漏电电流将增大。

答案：√

18. D5BJ03-G13018. 示波器的扫描电压与被测信号必须同步，才能观测被测信号。

答案：√

19. D5BJ03-G13019. 一只刻度为100A的直流电流表，注明需用100A、75mV的分流器，如果配用500A、75mV的分流器，读数乘5。

答案：√

20. D5BJ03-G13020. 蓄电池的电动势一定大于端电压。

答案：×

21. D5BJ03-G13021. 可控硅由导通变为阻断，必须使其电流下降到小于维持电流才能实现。

答案：√

22. D5BJ03-G13022. 可控硅整流器和普通硅整流器的根本区别是可控硅整流器能够均匀调节输出电压。

答案：√

23. D5BJ03-G13023. 可控硅整流装置的交流电源应严格按A、B、C相序接入，否则，可控硅整流装置不能正确动作。

答案：√

24. D5BJ03-G13024. 电容器具有隔断直流电而通过交流电的性能。

答案：√

25. D5BJ03-G13025. 续流二极管极性接反会造成短路事故。

答案：√

26. D5BJ03-G13026. NPN型三极管具有电流放大作用，它导通的必要条件是发射结加反向电压，集电结加正向电压。

答案：×

27. D5BJ03-G13027. 二极管反向电流与温度有关，在一定的温度范围内温度升高，反向电流减小。

答案：√

28. D5BJ03-G13028. 三极管有两个PN结，二极管有一个PN结，所以可以用两个二极管代替一个三极管。

答案：×

29. D5BJ03-G13029. NPN型三极管发射极电流等于基极电流和集电极电流之和。

答案：√

30. D5BJ03-G13030. 单相复式整流装置中的电压源与电流源必须使用同一相的电压和电流。

答案：√

31. D5BJ03-G13031. 在三相桥式半控整流电路

中，三个晶闸管阴极连在一起的共阴极组中，哪个管子阳极电位最高，同时有输入触发，该管就导通。

答案：√

32. D5BJ03-G13032. 浮充电整流装置的输出电流应能承担直流母线的短路冲击电流。

答案：×

33. D5BJ03-G13033. 事故照明属于正常直流负荷。

答案：×

34. D5BJ03-G13034. 硅整流装置的输出电压不受电网电压的影响。

答案：×

35. D5BJ03-G13035. 硅整流器是利用二极管的单向导电性的原理把交流电变成直流电的。

答案：√

36. D5BJ03-G13036. 单相全控与半控桥式整流电路的最大导通角和最大控制角均为 π。

答案：√

37. D5BJ03-G13037. 变电站直流系统的蓄电池组一般不装设端电池。

答案：√

38. D5BJ03-G13038. 均衡充电是一种核对电池容量的充电方式。

答案：×

39. D5BJ03-G13039. 为补偿蓄电池在使用过程中产生的电压不均现象，使其恢复到规定的范围内而进行的充电方式称作均衡充电。

答案：√

40. D5BJ03-G13040. RTO 型熔断器属于快速熔断器，可用于保护整流管。

答案：×

41. D5BJ03-G13041. 蓄电池出口熔断器熔体的额定电流应按蓄电池 1h 放电电流来选择。

答案：√

42. D5BJ03-G13042. 无端电池的蓄电池组正、负极至直流屏间可采用二芯电缆。

答案：×

43. D5BJ03-G13043. 二段直流母线独立运行是指它们之间不能有任何电气上的连接、完全隔离。

答案：√

44. D5BJ03-G13044. 无人值守变电站，全站交流电源事故停电时间应按 10h 计算。

答案：×

45. D5BJ03-G13045. 二次设备是指为确保电网和一次设备的安全稳定运行，完成对一次设备运行测量、监视、控制和保护工作任务的设备总称。

答案：√

46. D5BJ03-G13046. 熔断器熔断时，可以任意更换不同型号的熔断器。

答案：×

47. D5BJ03-G13047. 直流电源蓄电池出口熔断器可不配置熔断告警信号器。

答案：×

48. D5BJ03-G13048. 两组蓄电池母线分段运行的直流电源系统正常情况下应并联运行。

答案：×

49. D5BJ03-G13049. 所有的阀控蓄电池都不可以横卧。

答案：×

50. D5BJ03-G13050. 2 组蓄电池的直流系统，应满足中二段母线切换时不中断供电的要求。切换过程中允许 2 组蓄电池短时并联运行。

答案：√

51. D5BJ03-G13051. 新、改、扩建变电站直流系统用断路器应采用具有自动脱扣功能的直流断路器，不应用普通交流断路器替代。

答案：√

52. D5BJ03-G13052. 不同熔断器或断路器厂家的产品由于动作特性的分散性，有可能失去动作选择性，所以，一个厂、站的直流熔断器或自动空气断路器，原则上应选用同一厂家系列产品。

答案：√

53. D5BJ03-G13053. 当直流断路器与熔断器配合时，应考虑动作特性的不同，对级差做适当调整，直流断路器下一级不应再接熔断器。

答案：√

54. D5BJ03-G13054. 控制、信号回路中熔断器熔体的额定电流按回路正常负荷电流来选择。

答案：×

55. D5BJ03-G13055. 直流系统中所有载流导体的截面按发热条件及允许电压降条件进行选择，并校验短路时的动热稳定。

答案：×

56. D5BJ03-G13056. 若发电厂、变电站直流电源

系统只有一组蓄电池时，为了安全起见，运行单位宜配置便携式充放电装置，以便于日常维护工作需要。

答案：√

57. D5BJ03-G13057. 采用取下熔断器寻找直流系统接地时，应先取下负极熔断器，后取下正极熔断器。

答案：×

58. D5BJ03-G13058. 直流绝缘监察装置的作用是监视直流系统的对地绝缘，当直流系统的绝缘水平下降至告警值时，该装置将发出信号。

答案：√

59. D5BJ03-G13059. 110V 直流系统发生接地故障，接地电阻低于 25kΩ 时，直流绝缘检测装置应可靠动作。

答案：×

60. D5BJ03-G13060. 用电压表检查直流系统接地时，将电压表的一根引线接地，另一根接非接地极（对地电压较高的一极），然后断开开关，如断开后，电压表指示明显降低，则说明该回路有接地。

答案：√

61. D5BJ03-G13061. 直流系统发生正极一点接地比负极发生一点接地危险性更大。

答案：√

62. D5BJ03-G13062. 交流串入直流系统，串入的一极对地直流电压不变。

答案：×

63. D5BJ03-G13063. 绝缘监视仪一定要有一点接地才能正常工作。

答案：√

64. D5BJ03-G13064. 直流正负极对地电压均为母线电压的一半，说明直流绝缘良好。

答案：×

65. D5BJ03-G13065. 平衡型电桥直流绝缘监视仪可以对直流母线绝缘正负极同时等值下降进行报警。

答案：×

66. D5BJ03-G13066. 直流系统发生负极完全接地时，负极对地电压升高到极间电压。

答案：×

67. D5BJ03-G13067. 查找直流接地时，拉开支路直流开关，只要一看到绝缘监察装置对地电压没有变化就马上判定此路没有接地，然后立即合上直流开关。

答案：×

68. D5BJ03-G13068. 当充电装置的监控器退出工作时，充电模块应能可靠运行。

答案：√

69. D5BJ03-G13069. 蓄电池充电时充电机（或整流器）的正极接蓄电池的负极，负极接蓄电池的正极，充电电流从蓄电池的负极流入，正极流出。

答案：×

70. D5BJ03-G13070. 充电装置在失电后又来交流电时，充电装置应无需人工干预会自启动进入正常工作状态。

答案：√

71. D5BJ03-G13071. 直流断路器装设在熔断器的下一级时，熔断器的额定电流宜为直流断路器额定电流的 2 倍及以上。

答案：√

72. D5BJ03-G13072. 直流母线连续供电时，交流电源突然中断，直流母线应连续供电，电压波动不应大于额定电压的 15%。

答案：×

73. D5BJ03-G13073. 充电装置交流供电输入端应采取防止电网浪涌冲击电压侵入充电模块的技术措施。

答案：√

74. D5BJ03-G13074. 绝缘监视仪主机和设置在各场地上的分机之间的通信可以不采取光电隔离的方式。

答案：×

75. D5BJ03-G13075. 在线绝缘检测装置应具有直流接地选线功能。

答案：√

76. D5BJ03-G13076. 交流配电盘上的电压表和电流表指示的是平均值。

答案：×

77. D5BJ03-G13077. 保护直流电压正常时应保持在额定电压下±5%内运行。

答案：√

78. D5BJ03-G13078. 高频开关直流电源装置所用

的指针式仪表精度应不低于2.5级。

答案：×

79. D5BJ03-G13079. 高频开关直流电源装置所用的数字表应采用四位半表。

答案：√

80. D5BJ03-G13080. 多个高频开关电源模块并联运行时，各模块应能做到自主均流，均流不平衡度应不大于0.5%。

答案：×

81. D5BJ03-G13081. 高频开关整流模块的效率不应小于90%，功率因数不应小于0.9。

答案：√

82. D5BJ03-G13082. 直流电源应有均充电（恒流、限流恒压充电）、浮充电及自动转换功能，并具有软启动特性。

答案：√

83. D5BJ03-G13083. 充电装置已经有监控器显示所有电流电压值，所以可以不要独立表计。

答案：×

84. D5BJ03-G13084. 直流设备运行中，只需要测量蓄电池的整组电压，无需定期测量蓄电池单体电压。

答案：×

85. D5BJ03-G13085. 当直流电源系统设有合闸（动力）母线与控制母线，并在其间设有降压装置时，应采取防止该降压装置开路造成控制母线失压的措施。

答案：√

86. D5BJ03-G13086. 对于两组蓄电池两组充电装置的系统，每组高频开关电源模块数量大于等于7块时，应选择$N+1$热备份方式。

答案：×

87. D5BJ03-G13087. 每个成套充电装置应有两路交流输入，互为备用，当运行的交流输入失去时能自动切换到备用交流输入供电。

答案：√

88. D5BJ03-G13088. 镉镍蓄电池的额定容量为5h放电率放出容量。

答案：√

89. D5BJ03-G13089. 对于FM系列蓄电池，同厂同型号的电池可以组合使用。

答案：×

90. D5BJ03-G13090. GFM-500型蓄电池10h放电率放电电流为50A。

答案：√

91. D5BJ03-G13091. 铅酸蓄电池在放电过程中，正、负极板上都产生硫酸铅。

答案：√

92. D5BJ03-G13092. 铅酸蓄电池板栅是由铅铸成的。

答案：×

93. D5BJ03-G13093. 铅酸蓄电池充电后的负极板活性物质是海绵状灰色纯铅Pb。

答案：√

94. D5BJ03-G13094. 铅酸蓄电池正极板数是大于3的奇数。

答案：√

95. D5BJ03-G13095. 铅酸蓄电池正极板的数量应等于负极板的数量。

答案：×

96. D5BJ03-G13096. 配制碱性电解液，当眼睛里溅上电解液时，应立即用10%的硼酸溶液和清水冲洗。

答案：√

97. D5BJ03-G13097. 由于氢氧化钾的纯度不够，使得电解液存在金属杂质，引起电池自放电的增加。

答案：√

98. D5BJ03-G13098. 当铅酸蓄电池电解液中含有锰质时，极板的颜色为紫色。

答案：√

99. D5BJ03-G13099. 当铅酸蓄电池电解液中含有铁质时，极板的颜色为浅红色。

答案：√

100. D5BJ03-G13100. 调整单个铅酸蓄电池的密度时，可以直接往电池中加浓硫酸或蒸馏水。

答案：×

101. D5BJ03-G13101. 调整铅酸蓄电池密度时，应用密度为1.4的稀硫酸和纯水进行。

答案：√

102. D5BJ03-G13102. 铅酸蓄电池在充电过程中吸收水，使相对密度增大。

答案：√

103. D5BJ03-G13103. 铅酸蓄电池放电时，电解

液中的硫酸逐渐减少，水增多，电解液的密度下降。

答案：√

104. D5BJ03-G13104. 铅酸蓄电池在注入电解液后，应立即对蓄电池进行充电。

答案：×

105. D5BJ03-G13105. 直流电源的中断及恢复是一种在实际运行中对微电子设备产生的干扰。

答案：√

106. D5BJ03-G13106. 电解液密度越高，极板腐蚀和隔离物损坏越快，电池使用寿命越短。

答案：√

107. D5BJ03-G13107. 蓄电池室和电解液的温度应保持正常，温度过高时，将使蓄电池自放电增加，容量升高。

答案：×

108. D5BJ03-G13108. 铅酸蓄电池充电后的正极板活性物质是深褐色的二氧化铅 PbO_2。

答案：√

109. D5BJ03-G13109. 铅酸蓄电池在充电时，负极板析出氧气。

答案：×

110. D5BJ03-G13110. 铅酸蓄电池在放电时产生氢气和氧气。

答案：×

111. D5BJ03-G13111. 铅酸蓄电池在均衡充电末期，应将电解液的密度及液面高度调整好。电池在均衡充电时，不宜极端过充电，以免因严重过充电而损坏电池。

答案：√

112. D5BJ03-G13112. 铅酸蓄电池的内阻与电解液的密度和温度有关。

答案：√

113. D5BJ03-G13113. 铅酸蓄电池在电解液温度升高时，内阻增大。

答案：×

114. D5BJ03-G13114. 铅酸蓄电池电解液的密度随温度的升高而减小。

答案：√

115. D5BJ03-G13115. 在10℃～25℃范围内，温度越高，铅酸蓄电池的容量越低。

答案：×

116. D5BJ03-G13116. 铅酸蓄电池电解液的温度与密度有关。当密度升高时，其温度升高；密度降低时，温度降低。

答案：√

117. D5BJ03-G13117. 铅酸蓄电池容量降低到额定容量的90%以下后就不能再用了。

答案：×

118. D5BJ03-G13118. 经常不带负荷的备用铅酸蓄电池应经常进行充放电。

答案：×

119. D5BJ03-G13119. 硅胶蓄电池具有氧循环机理，使失水率大为降低。

答案：√

120. D5BJ03-G13120. 阀控式密封铅酸蓄电池在使用寿命期间，正常使用情况下无需补加电解液。

答案：√

121. D5BJ03-G13121. 阀控式密封铅酸蓄电池槽、盖、安全阀、极柱封口剂等的材料不要求具有阻燃性。

答案：×

122. D5BJ03-G13122. 阀控式密封铅酸蓄电池在充电过程中，蓄电池外部遇明火时，不应内部爆炸。

答案：√

123. D5BJ03-G13123. 阀控式密封铅酸蓄电池静置90天后其荷电保持能力不低于50%。

答案：×

124. D5BJ03-G13124. 制造厂提供的阀控式密封铅酸蓄电池内阻值应与实际测试的蓄电池内阻值一致，允许偏差范围为±10%。

答案：√

125. D5BJ03-G13125. 阀控式密封铅酸蓄电池在运输过程中，产品不得受剧烈冲撞和曝晒雨淋，可以倒置。

答案：×

126. D5BJ03-G13126. 阀控式密封铅酸蓄电池在装卸过程中应轻搬轻放，严防摔、掷、翻滚、重压。

答案：√

127. D5BJ03-G13127. 阀控式密封铅酸蓄电池的储存应存放在－10℃～40℃干燥、通风、清洁的仓库内，应不受阳光直射，离热源（暖气设备）

不得少于 2m，且应避免与任何有毒气体有机溶剂接触。

答案：√

128. D5BJ03-G13128. 储能电容器是一种储存电能的装置，其常用单位是 μF。

答案：√

129. D5BJ03-G13129. 蓄电池必须按规定充电至充足电后才能转入浮充电。

答案：√

130. D5BJ03-G13130. 蓄电池充入多少电量就能够放出多少电量。

答案：×

131. D5BJ03-G13131. 蓄电池的放电容量与放电电流和放电时间有关。

答案：√

132. D5BJ03-G13132. 当电解液密度过高时，会显著影响蓄电池的容量。

答案：√

133. D5BJ03-G13133. 蓄电池的放电容量与放电率的关系是放电率越高，放出的容量越大。

答案：×

134. D5BJ03-G13134. 蓄电池的容量，随放电电流的大小和放电时间的长短不同而不同。

答案：√

135. D5BJ03-G13135. 蓄电池室的照明采用普通白炽灯。

答案：×

136. D5BJ03-G13136. 蓄电池组的电池总个数由单个电池的额定电压来确定。

答案：×

137. D5BJ03-G13137. 蓄电池用不同小时率放电时终止电压相同。

答案：×

138. D5BJ03-G13138. 蓄电池并联时总容量为各个电池容量之和。

答案：√

139. D5BJ03-G13139. 蓄电池充电后储存的是电能。

答案：×

140. D5BJ03-G13140. 根据 DL/T 5044—2004《电力工程直流系统设计技术规程》，对于具有双重化控制和保护回路要求双电源供电的负荷，分电柜应采用 2 段母线，2 回直流电源可来自 1 套蓄电池组。

答案：×

141. D5BJ03-G13141. 根据 DL/T 5044—2004《电力工程直流系统设计技术规程》，当需要采用环形供电时，环形网络干线或小母线的 2 回直流电源应经隔离电器接入，正常时为闭环运行。

答案：×

142. D5BJ03-G13142. 根据 DL/T 5044—2004《电力工程直流系统设计技术规程》，直流负荷统计规定控制负荷每组可按部分负荷统计。

答案：×

143. D5BJ03-G13143. 根据 DL/T 5044—2004《电力工程直流系统设计技术规程》，蓄电池出口回路、充电装置直流侧出口回路、直流馈线回路和蓄电池试验放电回路等，应装设保护电器。

答案：√

144. D5BJ03-G13144. 根据 DL/T 781—2001《电力用高频开关整流模块》，电力用高频开关整流模块在额定输入、额定输出功率和常温的环境下，MTBF 应不小于 40 000h。

答案：√

145. D5BJ03-G13145. 根据 DL/T 724—2000《电力系统用蓄电池直流电源装置运行与维护技术规程》，恒流充电是指不管充电电压范围，充电电流维持在恒定值的充电。

答案：×

146. D5BJ03-G13146. 根据 DL/T 724—2000《电力系统用蓄电池直流电源装置运行与维护技术规程》，均衡充电是补偿蓄电池在使用过程中产生的电压不均匀现象，使其恢复到规定的范围内而进行的充电。

答案：√

147. D5BJ03-G13147. 根据 DL/T 724—2000《电力系统用蓄电池直流电源装置运行与维护技术规程》，防酸蓄电池室的门应向内开。

答案：×

148. D5BJ03-G13148. 根据 DL/T 724—2000《电力系统用蓄电池直流电源装置运行与维护技术规程》，防酸蓄电池室的窗户，应安装遮光玻璃或者涂有带色油漆的玻璃，以免阳光直射在蓄电池上。

答案：√

149. D5BJ03-G13149. 根据 DL/T 724—2000《电力系统用蓄电池直流电源装置运行与维护技术规程》，蓄电池室的温度应经常保持在 5℃～35℃之间，并保持良好的通风和照明。

答案：√

150. D5BJ03-G13150. 根据 DL/T 724—2000《电力系统用蓄电池直流电源装置运行与维护技术规程》，装有微机型绝缘监察仪的直流电源装置，任何一支路的绝缘状态或接地都能监测、显示和报警。

答案：√

151. D5BJ03-G13151. 根据 DL/T 724—2000《电力系统用蓄电池直流电源装置运行与维护技术规程》，阀控蓄电池组的恒流限压充电电流和恒流放电电流均为 I_{10}，额定电压为 2V 的蓄电池，放电终止电压为 1.85V。

答案：×

152. D5BJ03-G13152. 根据 DL/T 724—2000《电力系统用蓄电池直流电源装置运行与维护技术规程》，变电站只有一组电池，可以退出运行作全核对性放电。

答案：×

153. D5BJ03-G13153. 根据 DL/T 5044—2004《电力工程直流系统设计规程》，220V 和 110V 直流系统可采用蓄电池组，也可采用由 220V 或 110V 蓄电池组供电的电力用直流电源变换器（DC/DC 变换器）。

答案：×

154. D5BJ03-G13154. 根据 DL/T 5044—2004《电力工程直流系统设计规程》，蓄电池组正常应以均衡充电方式运行。

答案：×

155. D5BJ03-G13155. 根据 DL/T 5044—2004《电力工程直流系统设计规程》，蓄电池出口回路应装设保护电器。

答案：√

156. D5BJ03-G13156. 根据 DL/T 5044—2004《电力工程直流系统设计规程》，高频开关电源模块功率因数应不小于 0.90。

答案：√

157. D5BJ03-G13157. 根据 DL/T 5044—2004《电力工程直流系统设计规程》，蓄电池组引出线为电缆时，其正极和负极的引出线可以共用一根电缆。

答案：×

158. D5BJ03-G13158. 根据 DL/T 5044—2004《电力工程直流系统设计规程》，贫液吸附式的阀控式密封铅酸蓄电池，可采用卧式、倾斜式或立式安装。

答案：√

159. D5BJ03-G13159. 根据 DL/T 637—1997《阀控式密封铅酸蓄电池订货技术条件》，蓄电池在环境温度－10℃～＋45℃条件下应能正常使用。

答案：√

160. D5BJ03-G13160. 根据 DL/T 637—1997《阀控式密封铅酸蓄电池订货技术条件》，蓄电池正极板厚度不得低于 5mm。

答案：×

161. D5BJ03-G13161. 根据 DL/T 637—1997《阀控式密封铅酸蓄电池订货技术条件》，蓄电池在充电过程中，蓄电池外部遇明火时，不应内部爆炸。

答案：√

162. D5BJ03-G13162. 根据 DL/T 637—1997《阀控式密封铅酸蓄电池订货技术条件》，制造厂提供的蓄电池内阻值应与实际测试的蓄电池内阻值一致，允许偏差范围为±10%。

答案：√

163. D5BJ03-G13163. 根据 DL/T 637—1997《阀控式密封铅酸蓄电池订货技术条件》，蓄电池槽、盖、安全阀、极柱封口剂等的材料可以不具有阻燃性。

答案：×

164. D5BJ03-G13164. 根据 GB/T 19826—2005《电力工程直流电源设备通用技术条件及安全要求》，直流设备或系统在其电磁环境中能正常工作且不对该环境中任何事物构成不能承受的电磁骚扰。

答案：√

165. D5BJ03-G13165. 根据 GB/T 19826—2005《电力工程直流电源设备通用技术条件及安全要求》，蓄电池应以 $30I_{10}$ 的电流放电 1min，极柱不应熔断，其外观可以出现异常。

答案：×

166. D5BJ03-G13166. 根据 GB/T 19826—2005《电力工程直流电源设备通用技术条件及安全要求》，在正常运行方式、交流电源中断或充电装置发生故障的情况下，直流母线应连续供电。

答案：√

167. D5BJ03-G13167. 根据 GB/T 19826—2005《电力工程直流电源设备通用技术条件及安全要求》，当直流母线配置调压装置时，调压装置应具有手动调压功能和自动调压功能。

答案：√

168. D5BJ03-G13168. 根据 GB/T 19826—2005《电力工程直流电源设备通用技术条件及安全要求》，直流系统监控装置应能采集并通过通信接口向远方发送直流系统母线电压、充电装置输出电压和电流、蓄电池组的电压和电流。

答案：√

169. D5BJ03-G13169. 根据 DL/T 856—2004《电力用直流电源监控装置》，直流系统接地方式为不接地系统。

答案：√

170. D5BJ03-G13170. 根据 DL/T 856—2004《电力用直流电源监控装置》，监控装置应具备实时性、可靠性、友好性、扩充性和互连性。

答案：√

171. D5BJ03-G13171. 根据 DL/T 856—2004《电力用直流电源监控装置》，监控装置的背部应具有接地端子，并有明显的标志，通过外壳可靠接地。

答案：√

172. D5BJ03-G13172. 根据 DL/T 856—2004《电力用直流电源监控装置》，装置应能测量出直流系统一极或二极绝缘下降和绝缘电阻数值，当高于整定值时应能发出报警。

答案：×

173. D5BJ03-G13173. 根据《直流电源系统运行维护管理办法》，直流电源系统新建、扩建、改造、反措工程投运后，运行部门应根据装置使用说明及相关管理制度，编写、修订现场运行规程中直流电源系统相关部分，并按相关规定履行审核批准程序。

答案：×

174. D5BJ03-G13174. 根据《直流电源系统运行维护管理办法》，在进行倒闸操作时，蓄电池组可以脱离直流母线，不必采取安装备用蓄电池等防护措施。

答案：×

175. D5BJ03-G13175. 根据《直流电源系统运行维护管理办法》，正常运行方式下不允许两段直流母线并列运行。倒闸操作过程中两组蓄电池短时并列时，应首先检查确保电压极性一致，且电压差小于 2%额定直流电压。

答案：√

176. D5BJ03-G13176. 根据《直流电源系统运行维护管理办法》，环形供电网络中联络开关应有明显标志，以保证倒闸操作时，可方便检查该开关处于正确位置。

答案：√

177. D5BJ03-G13177. 根据《直流电源系统运行维护管理办法》，验收程序包括验收文档的编制、现场验收、缺陷整改、复检、竣工图纸及相关技术资料的移交、验收报告编制与审核等环节。

答案：√

178. D5BJ03-G13178. 根据《直流电源系统运行维护管理办法》，新安装或大修后的阀控蓄电池应进行全核对性充放电试验，以后每 2～3 年应进行一次核对性试验，运行了六年以后的阀控蓄电池，宜每年进行一次核对性充放电试验。备用搁置的阀控蓄电池，每 3 个月进行一次补充充电。

答案：√

179. D5BJ03-G13179. 根据《直流电源系统运行维护管理办法》，检验人员完成定检后三个月内应提交检验报告，内容包括定检项目、定检结论、发现缺陷及处理情况等。

答案：×

180. D5BJ03-G13180. 根据《直流电源系统运行维护管理办法》，设备配置两充两蓄时，应对蓄电池组进行全容量核容。仅配置一组蓄电池但可用备用蓄电池组作临时代用时，应进行全核对性放电，若无备用蓄电池组可进行 50%容量核容。

答案：√

四、计算题：D5BJ03-G14001～D5BJ03-G14030

1. D5BJ03-G14001. 如图所示：试求 a、b 两端的等效电阻 R_{ab}。(5 分)

题 D5BJ03-G14001 图

解：　　$R_{ab}=[(4//4)+2]//4=2(\Omega)$

$$R_{12}=4//4=\frac{4\times4}{4+4}=2(\Omega)\quad(2\text{分})$$

或　　$R_{123}=2+2=4(\Omega)$　（1 分）

$$R_{ab}=\frac{4\times4}{4+4}=2(\Omega)\quad(1\text{分})$$

答：R_{ab} 为 2Ω。（1 分）

2. D5BJ03-G14002. 如图所示，分别求开关 S 断开时、闭合时 a 点的电位。（5 分）

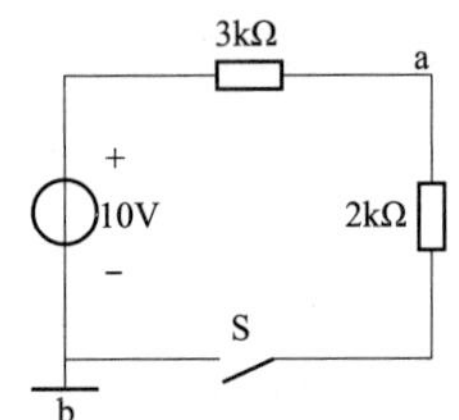

题 D5BJ03-G14002 图

解：① S 断开：由于电阻中电流 $i=0$，故 $U_a=10$(V)　（2 分）

② S 闭合：$U_a=\frac{2}{2+3}\times10=4(\text{V})$　（2 分）

答：开关 S 断开时 a 点的电位 10V，开关 S 闭合时 a 点的电位 4V。（1 分）

3. D5BJ03-G14003. 已知 $R_1=30\Omega$，$R_2=20\Omega$，两电阻串联在电压 $U_S=10\text{V}$ 的电压源上。试求 R_2 的电压。（5 分）

解：$U_2=\frac{R_2}{R_1+R_2}U=\frac{20}{30+20}\times10=4(\text{V})$　（4 分）

答：R_2 的电压为 4V。（1 分）

4. D5BJ03-G14004. 如图所示，试求通过 3Ω 电阻的电流。（5 分）

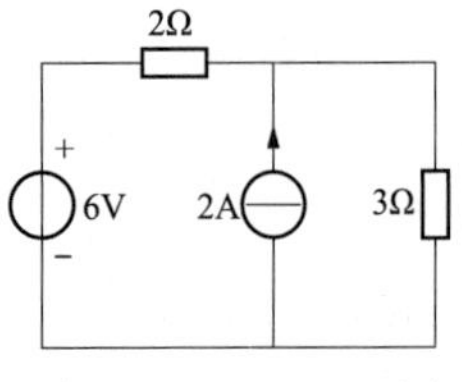

题 D5BJ03-G14004 图

解：电路先等效为：

$$i=\frac{2}{2+3}\times5=2(\text{A})\quad(4\text{分})$$

答：通过 3Ω 电阻的电流为 2A。（1 分）

5. D5BJ03-G14005. 如图所示，求通过 6Ω 电阻的电流。（5 分）

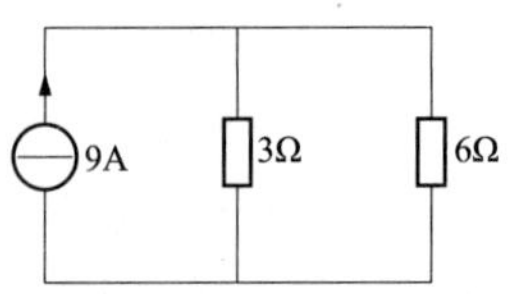

题 D5BJ03-G14005 图

解：电路先等效为：

$$I=\frac{3}{3+6}\times9=3(\text{A})\quad(4\text{分})$$

答：通过 6Ω 电阻的电流为 3A。（1 分）

6. D5BJ03-G14006. 如图所示，为硅二极管与 $R=10\Omega$ 的电阻串联，硅二极管电压为 0.7V。求 R 两端电压及电流。（5 分）

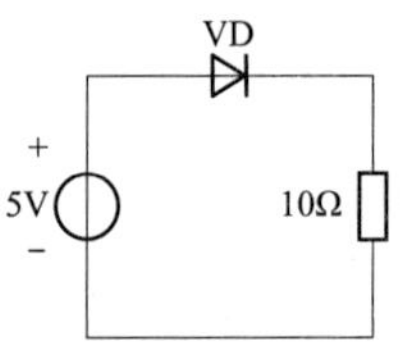

题 D5BJ03-G14006 图

解：$U_R=U-U_D=5-0.7=4.3(\text{V})$　（2 分）

$$I_R=\frac{U_R}{R}=\frac{4.3}{10}=0.43(\text{A})\quad(2\text{分})$$

答：R 两端电压为 4.3V，电流为 0.43A。（1 分）

7. D5BJ03-G14007. 如图所示，为硅二极管与 $R=10\Omega$ 的电阻串联，硅二极管电压为 0.7V。求 R 两端电压及电流。（5 分）

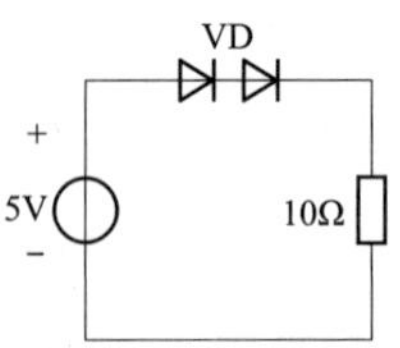

题 D5BJ03-G14007 图

解：$U_R=U-2U_D=5-2\times0.7=3.6(\text{V})$　（2 分）

$$I_R=\frac{U_R}{R}=\frac{3.6}{10}=0.36(\text{A})\quad(2\text{分})$$

答：R 两端电压为 3.6V，电流为 0.36A。（1 分）

8. D5BJ03-G14008. 在磁感应强度为 0.8T 的磁场中有一条有效长度为 0.15m 的导线，导线在垂直于磁力线的方向上切割磁力线时，速度为 20m/s，求导线中产生的感应电动势 E 的大小？（5 分）

解：

根据公式：$E=BLv=0.8\times0.15\times20$

$=2.4(\text{V})$ （4分）

答：导线中产生的感应电动势 E 为 2.4V。(1分)

9. D5BJ03-G14009. 一表头内阻为 $r_g=1000\Omega$，满偏量程为 5mA。现将它改装为量程 500V 的电压表，问要串联多大的分压电阻。(5分)

解：

$$R=\frac{500-5\times10^{-3}\times10^{3}}{5\times10^{-3}}$$

$$=99\,000(\Omega)=99(\text{k}\Omega)$$ （4分）

答：要串联 99kΩ 的分压电阻。(1分)

10. D5BJ03-G14010. 一表头内阻为 $r_g=1000\Omega$，满偏量程为 1mA。现将它改装为量程 2A 的电流表，问要并联多大的分流电阻。(5分)

解：$R=\frac{1000\times1\times10^{-3}}{2-1\times10^{-3}}=0.5(\Omega)$ （4分）

答：要串联 0.5Ω 的分流电阻。(1分)

11. D5BJ03-G14011. 有一组 GFM-300 型蓄电池，共 108 只，每只电池的电压 $U=2.25$V，当串联使用时，总容量 Q_s 和总电压 U_s 各是多少？(5分)

解：(1) 蓄电池串联容量等于单只电池的容量，即$Q_s=300(\text{Ah})$ （2分）

(2) 蓄电池串联总电压等于单只电池的电压和，即

$$U_s=2.25\times108=243(\text{V})$$ （2分）

答：蓄电池串联使用总容量为 500Ah，总电压为 243V。(1分)

12. D5BJ03-G14012. 铅酸蓄电池电解液的密度 $\rho=1.21$，电势常数 $\alpha=0.85$，求该蓄电池的电势 E 是多少？(5分)

解：根据公式 $E=\alpha+\rho$ 得（2分）

$$E=1.21+0.85=2.06(\text{V})$$ （2分）

答：该蓄电池的电势是 2.06V。(1分)

13. D5BJ03-G14013. 一只由 6 个单格组成的 $E=$ 12V 的蓄电池，用 $I=10$A 的电流放电，测得端电压 $U=11.5$V，切断后电压立即回升到 12V，试求这只蓄电池的内阻 r 为多少？(5分)

解：由全电路欧姆定律 $r=\frac{E-U}{I}$ (Ω) 可知：(2分)

$$r=\frac{12-11.5}{10}=0.05(\Omega)$$ （2分）

答：蓄电池组的内阻为 0.05Ω。(1分)

14. D5BJ03-G14014. 某电站新装 GFM-300 型蓄电池 $n=108$ 个，准备投入运行。运行人员在验收时，以 $I=30$A 的电流放电，测得电压 U_1 为 213V，停止放电后蓄电池组电压立即回升到 $U_2=228$V，求蓄电池组总内阻 r 和每个电池的内阻 r'。(5分)

解：由全电路欧姆定律 $r=\frac{U_2-U_1}{I}$ (Ω)可知：

蓄电池总内阻 $r=\frac{228-213}{30}=0.05(\Omega)$ （2分）

单只蓄电池内阻 $r'=\frac{r}{n}=\frac{0.5}{108}=0.0046(\Omega)$ (2分)

答：蓄电池的总内阻为 0.5Ω，每个电池的内阻为 0.00 46Ω。(1分)

15. D5BJ03-G14015. 蓄电池电解液温度在 5℃时测得密度是 $\rho_5=1.29$，密度温度系数$\beta=0.00\,074$，求在 15℃时密度是多少？(5分)

解：根据公式 $\rho_{15}=\rho_5+\beta(t-15)$ 可知：(2分)

$$\rho_{15}=\rho_5+\beta(t-15)$$

$$=1.29+0.00\,074\times(5-15)$$

$$=1.283$$ （2分）

答：15℃时电解液的密度为 1.283。(1分)

16. D5BJ03-G14016. 换算到 25℃时，铅酸蓄电池电解液的密度 $\rho_{25}=1.22$，铅酸蓄电池温补系数为 0.007，在 $t=50$℃时测量电解液的密度密度 ρ_{50} 是多少？(5分)

解：根据电解液密度公式 $\rho_{25}=\rho_t+\beta(t-25)$ 得：(2分)

$$\rho_{50}=\rho_{25}+\beta(t-25)$$

$$=1.22+0.00\,07\times(25-50)$$

$$=1.2025$$ （2分）

答：在 50℃时电解液的密度应为 1.20 25。(1分)

17. D5BJ03-G14017. 有一只蓄电池负极板数量 n 为 9 片，每片极板容量 C_0 为 50A·h，而蓄电池总容量是以正极板容量计算的，一般负极板比正极板多 1 片，试求该蓄电池的总容量 C 是多少？(5分)

解：根据公式得：

$$C=C_0(n-1)=50\times(9-1)$$

$$=400(\text{A}\cdot\text{h})$$ （4分）

答：该蓄电池总容量为 400A·h。(1分)

18. D5BJ03-G14018. 已知蓄电池组以恒定 $I_t=30A$ 的电流放电 $t=10h$（环境温度 25℃时），试求该组蓄电池的容量。(5 分)。

解：根据公式 $C=I_t\times t$　(2 分)

$$C=I_t\times t=30\times10=300(A\cdot h)\quad(2\text{分})$$

答：该组蓄电池的容量为 300A·h。(1 分)

19. D5BJ03-G14019. 某站装有一组 GFM-300 型阀控铅酸蓄电池电池组，冬季运行液温为 17℃，夏季运行液温为 32℃，温度补偿系数为 0.008，求冬、夏季蓄电池组可分别放出多少容量的电量？(5 分)

解：当 $t=17℃$时，根据公式得：

$$\begin{aligned}C_t&=C_{25}[1+0.008\times(t-25)]\\&=300+0.008\times(17-25)\\&=280.8(A\cdot h)\quad(2\text{分})\end{aligned}$$

当 $t=32℃$时，根据公式得：

$$\begin{aligned}C_t&=C_{25}[1+0.008\times(t-25)]\\&=300+0.008\times(32-25)\\&=316.8(A\cdot h)\quad(2\text{分})\end{aligned}$$

答：冬季可放出电量 280.8A·h，夏季可放出电量 316.8A·h。(1 分)

20. D5BJ03-G14020. 已知某电站安装一组 GFM-300 蓄电池组，共装有 108 只蓄电池，站内负荷电流为 20A，假设电池组初始放电端电压为 2.1V。问：30Ω，3000W 的可调电阻能否作为本站的定期充放电电阻？(5 分)

解：电池充放电时按 10h 放电率计算，放电电流为 30A，实际流过放电电阻的电流：

$$I=30-20=10(A)\quad(2\text{分})$$

电池组初始放电电压：

$$U=2.1\times108=226.8\quad(V)$$

故放电电阻最大容量：

$$P=U\times I=226.8\times10=2268(W)\quad(2\text{分})$$

答：所以 30Ω，3000W 的可调电阻可以作为本站的定期充放电电阻。(1 分)

21. D5BJ03-G14021. 一星型三线制电路中 $Z_A=Z_B=Z_C=100\Omega$，线电压为 380V，现 Z_A 被短路。试求此时流过 Z_B 和 Z_C 的电流。(5 分)

解：由于 Z_A 短路，故 Z_B 和 Z_C 的电压变为线电压，则

$$\begin{aligned}I_B=I_C=\frac{U_1}{Z_B}=\frac{U_1}{Z_C}=\frac{380}{100}\\=3.8(A)\quad(4\text{分})\end{aligned}$$

答：流过 Z_B 和 Z_C 的电流为 3.8A。(1 分)

22. D5BJ03-G14022. 单相半波整流电路中，负载电阻 $R_L=10\Omega$，变压器次级端电压 $U_2=40V$。求负载两端电压及通过负载的电流。(5 分)

解：
$$\begin{aligned}U_O&=0.45U_2=0.45\times40\\&=18(V)\quad(2\text{分})\end{aligned}$$

$$I_R=\frac{U_O}{R_L}=\frac{18}{10}=1.8(A)\quad(2\text{分})$$

答：负载两端电压为 18V，通过负载的电流为 1.8A。(1 分)

23. D5BJ03-G14023. 单相半波整流电路中，负载电阻 $R_L=9\Omega$，已知流过它的电流为 2A。求变压器次极电压 U_2。(5 分)

解：$U_O=I_OR_L=2\times9=18(V)$　(2 分)

$$U_2=\frac{U_O}{0.45}=\frac{18}{0.45}=40(V)\quad(2\text{分})$$

答：变压器次极电压 U_2 为 40V。(1 分)

24. D5BJ03-G14024. 已知单相桥式整流电路中的负载电阻 $R_L=60\Omega$，变压器次级端电压 $U_2=40V$。求负载两端电压及通过负载的电流。(5 分)

解：$U_O=0.9U_2=0.9\times40=36(V)$　(2 分)

$$I_O=\frac{U_O}{R_L}=\frac{36}{60}=0.6(A)\quad(2\text{分})$$

答：负载两端电压为 36V，通过负载的电流为 0.6A。(1 分)

25. D5BJ03-G14025. 单相桥式整流电路中，变压器次级端电压为 20V，负载电阻为 30Ω。则二极管承受的电压及电流为多少？(5 分)

解：$U_{RM}=20\sqrt{2}(V)$　(1 分)

$$U_O=0.9U_2=0.9\times20=18(V)\quad(1\text{分})$$

$$\begin{aligned}I_D=\frac{1}{2}I_O=\frac{1}{2}\times\frac{U_O}{R_L}=\frac{1}{2}\times\frac{18}{30}\\=0.3(A)\quad(2\text{分})\end{aligned}$$

答：二极管承受的电压为 18V，二极管的电流为 0.3A。(1 分)

26. D5BJ03-G14026. 被测电压 U 为 18V，选用上量限 U_{1m} 为 300V 的 0.2 级电压表和上量限 U_{2m} 为 30V 的 0.1 级电压表时，哪个最大误差小？(5 分)

解：上量限为 300V 的 0.2 级电压表的最大绝对误差：

$$\Delta U_{1m}=\pm 0.2\% U_{1m}=(\pm 0.002)\times 300 =\pm 0.6(V)$$ （1 分）

上量限为 30V 的 0.1 级电压表的最大绝对误差：

$\Delta U_{2m}=\pm 0.1\% U_{2m}=(\pm 0.001)\times 30=\pm 0.3(V)$（1 分）

量 18V 电压时，其最大相对误差为：

$$r_1=\pm 0.6\div 18=\pm 3.3\%$$ （1 分）

$$r_2=\pm 0.3\div 18=\pm 1.7\%$$ （1 分）

答：故 0.1 级表的最大误差比 0.2 级表的最大误差小。（1 分）

27. D5BJ03-G14027. 用准确度 K 为 0.5 级，量限 A_m 为 5A 的电流表，在规定的条件下测量某一电流，读数 A 为 2.5A，求测量结果的准确度 r（测量结果的相对误差）？（5 分）

解：$\Delta m=\pm K\% A_m=(\pm 0.005)\times 5=\pm 0.025(A)$ （2 分）

最大相对误差为

$r_1=\pm \Delta m/A=\pm 0.025\div 2.5=\pm 1$ （2 分）

答：测量结果的准确度为±1%。（1 分）

28. D5BJ03-G14028. 常性负荷 $I_j=5A$。高频开关选用 20A 电源模块，试计算选用的模块数量，$C_{10}=300$。（5 分）

解：高频开关最大输出电流

$I_{max}=0.1C_{10}+I_j=0.1\times 300+5=35(A)$ （2 分）

选用 20A 模块：$N=35\div 20=1.75$

则 $N=2$ 个，根据 $N+1$ 热备份原则，应选用

$$N=2+1=3\text{个}$$ （2 分）

答：选用 3 个电源模块并联即可。（1 分）

29. D5BJ03-G14029. 已知电缆长为 100m，电阻系数 ρ 为 0.01 75Ω·mm²/m，母线电压 U 为 220V，电缆允许压降百分数 Δu 为 5%，合闸电流 I 为 100A。求：合闸电缆的截面积 S。（5 分）

解：电缆允许压降为

$\Delta U=U\cdot \Delta u=220\times 5\%=11(V)$ （2 分）

因为直流电缆由两芯构成，所以

$$\Delta U=I(R_1+R_2)=I\left(\frac{\rho L}{S}+\frac{\rho L}{S}\right)$$

因此

$$S=\frac{2\rho LI}{\Delta U}=2\times 100\times 0.0175\times 100\div 11=32(mm^2)$$ （2 分）

答：电缆的截面积为 32mm²。（1 分）

30. D5BJ03-G14030. 某变电站高频开关电源的交流额定输入功率为 2400W，直流输出功率为 2200W。求此高频开关电源的效率？（5 分）

解：

$\eta=\frac{W_d}{W_a}\times 100\%=2200\div 2400\times 100\%=91.6\%$（4 分）

答：高频开关电源的效率为 91.6%。 （1 分）

五、简答题：D5BJ03-G15001～D5BJ03-G15050

1. D5BJ03-G15001. 蓄电池的基本构成部件由哪些组成？（5 分）

答：蓄电池的基本构成部件由两个不同材料的电极、电解质、隔膜、外壳四部分组成。（5 分）

2. D5BJ03-G15002. 阀控蓄电池的故障有哪些？（5 分）

答：（1）阀控蓄电池壳体异常。（3 分）

（2）运行中浮充电压正常，但一放电，电压很快下降到终止电压值。（2 分）

3. D5BJ03-G15003. 什么是恒流限压充电？（5 分）

答：先以恒流方式进行充电，当蓄电池组电压上升到限压值时，充电装置自动转换为恒流充电，直到充电完毕。（5 分）

4. D5BJ03-G15004. 什么是蓄电池的实际容量？（5 分）

答：蓄电池的实际容量是指电池在一定条件下实际所能输出的电量。它等于放电电流与放电时间的乘积，单位为 Ah，其值小于理论容量，以符号 C 表示。（5 分）

5. D5BJ03-G15005. 电力变换通常分为哪几类？（5 分）

答：电力变换通常分为：

（1）整流（AC/DC）：将交流电变为直流电的变换称为整流；（1 分）

（2）逆变（DC/AC）：将直流电变为交流电的变换称为逆变；（1 分）

（3）直流变换（DC/DC）：将一种电压等级的直流电变换成另一种电压等级的直流电的变换称为直流变换，变换前后的电压、极性、电流等均发生改变；（2 分）

（4）交流变换（AC/AC）：将一种交流变换成另一种交流的变换称为交流变换，变换前后的电压、频率、相位等均发生改变。（1分）

6. D5BJ03-G15006. 简述逆变器的工作原理。（5分）

答：逆变器实际上是开关电源的一种，一般的开关电源是把高压交流电源（220V/380V）变换成低压直流电源（12V/5V/24V）逆变器则要把低压直流电变换成高压交流电源。（2分）

首先低压直流电经过电子器件变换成一定频率（比如50或60Hz）的低压交流电，然后经过逆变变压器处理在变压器另一段生成高电压的交流电供后台监控系统等不间断电流设备使用。（3分）

7. D5BJ03-G15007. 什么是阀控式铅酸蓄电池的初充电？（5分）

答：阀控式铅酸蓄电池的初充电是新蓄电池在交付使用前，为完全达到荷电状态进行的一次充电。通常采用恒流、恒压两个阶段进行充电，当充电电流为1～2mA/Ah，2～3h稳定不变时，则认为充电结束。（5分）

8. D5BJ03-G15008. 什么是阀控式铅酸蓄电池的核对性放电？（5分）

答：在正常运行中的蓄电池组，为了检验其实际容量，将蓄电池组脱离运行，以规定的放电电流进行恒流放电，只要其中一只蓄电池放到了规定终止的放电电压，应立即停止放电。按 $C=I_{ft}$(Ah)计算蓄电池组的实际容量。（5分）

9. D5BJ03-G15009. 简述阀控式铅酸蓄电池运行监视及维护方法。（5分）

答：（1）阀控式铅酸蓄电池在正常运行中采用浮充电方式；（1分）

（2）浮充电压值宜控制为2.23～2.28V；（1分）

（3）均衡充电电压宜控制为2.30～2.35V；（1分）

（4）运行中主要监视蓄电池端电压，浮充电流值，每只蓄电池的电压值、蓄电池组及直流母线对地电压和绝缘状态。（2分）

10. D5BJ03-G15010. 蓄电池巡检仪的优点有哪些？（5分）

答：（1）无需断电和人工操作，在线连续监测；（0.5分）

（2）智能化数据处理，消除电池失效带来的隐患；（0.5分）

（3）运行事件记录管理，供事后维护分析；（0.5分）

（4）实时故障报警，及时发现电池运行故障，模块化结构；（1分）

（5）分散监控、分级管理，节省投入，方便维护管理；（1分）

（6）系统配置方便灵活，适应性强；（0.5分）

（7）人性化的人机界面，操作简单方便；（0.5分）

（8）通信接口简单实用，可以与各种系统集成。（0.5分）

11. D5BJ03-G15011. 稳压二极管和普通二极管的主要区别是什么？（5分）

答：主要区别是稳压二极管工作在反向击穿区，在电路中起稳压作用。普通二极管工作在正向区，通常起整流作用。（5分）

12. D5BJ03-G15012. 阀控蓄电池安全阀的作用是什么？（5分）

答：阀控蓄电池在正常浮冲电状态下，处于密封状态，装设有能自动开启和关闭的安全阀。当内部压力超过规定开阀值时，安全阀自动开启；压力低于关阀时又自动关闭。安全阀上有虑酸装置，不会排出酸雾等有害气体，也不会发生电解液泄漏，可防止火花引起电池爆炸。（5分）

13. D5BJ03-G15013. 微机控制直流电源装置有什么特点？（5分）

答：（1）运行中出现的各种问题，微机能自动地做出相应指令，进行处理；（2分）

（2）能很好适应无人值守变电站的要求；（1分）

（3）对电网及直流系统的各种运行状态，均汇编为微机执行的程序；（2分）

14. D5BJ03-G15014. 查找直流接地的注意事项有哪些？（5分）

答：查找直流接地时应注意：

（1）查找接地点禁止使用灯泡寻找的方法；（1分）

（2）用电压表检查时所用电压表的内阻不应

低于 2000Ω/V；（1分）

（3）当直流系统发生接地时禁止在二次回路上工作；（1分）

（4）处理时不得造成短路或另一点接地；（0.5分）

（5）查找和处理必须由两人进行；（0.5分）

（6）拉路前应采取必要措施防止直流失压可能引起的保护装置误动。（1分）

15. D5BJ03-G15015. 直流电源装置中微机监控器的监视功能有哪些？（5分）

答：功能有：

（1）蓄电池进线和浮充电的电流是否正常；（2分）

（2）监视三相交流输入电压值和是否缺相；（2分）

（3）监视直流母线的电压值是否正常。（1分）

16. D5BJ03-G15016. 蓄电池组在直流系统运行中，主要起哪些作用？（5分）

答：（1）当市电中断或整流器设备发生故障时，电池组担负起对负载单独供电的任务，使供电不中断。（1分）

（2）在短路冲击或正常负荷起始冲击等情况下，超出整流器额定输出的部分由蓄电池组承担。（2分）

（3）起平滑滤波的作用，电池组与电容器一样具有充放电作用，因而对交流成分具有旁路作用，这样送至负载的脉动成分进一步减少，从而保证了负载设备对电压质量的要求。（2分）

17. D5BJ03-G15017. 如何判断蓄电池组需要更换？（5分）

答：运行电池若连续充放三次容量均达不到额定容量的 80%，可判定此电池使用年限已到，应安排更换。（5分）

18. D5BJ03-G15018. 电力用操作直流电源系统以母线分段接线可分为哪三种接线？（5分）

答：可分为：

（1）单母线接线方式；（2分）

（2）双母线接线方式；（2分）

（3）单母线分段接线方式三种。（1分）

19. D5BJ03-G15019. 寻找直流接地点的一般原则是什么？（5分）

答：寻找直流接地点的一般原则：

（1）对于两段以上并列运行的直流母线，先采用“分网法”寻找，拉开母线分段开关，判明是哪一段母线接地；（2分）

（2）对于母线上允许短时停电的负荷馈线，可采用“瞬间停电法”寻找接地点；（1分）

（3）对于不允许短时停电的负荷馈线，则采用“转移负荷法”寻找接地点；（1分）

（4）对于充电设备及蓄电池，可采用“瞬间解列法”寻找接地点。（1分）

20. D5BJ03-G15020. 高频模块故障主要有哪几种情况？（5分）

答：一般包括以下几种情况：

（1）因交流输入电源失压、缺相或过电压引起的充电模块停机或保护关机；（1.5分）

（2）充电模块的输出电压或高于设定值；（1分）

（3）模块地址码设错；（1分）

（4）某些不明原因引起的充电模块内部故障，无电压输出。（1.5分）

21. D5BJ03-G15021. 高频模块运行中发生运行灯和故障灯均不亮如何进行处理？（5分）

答：（1）查看模块内输入保险是否烧毁，找出原因；（2分）

（2）测量模块的辅助电源变压器是否正常；（2分）

（3）拆开模块，查看模块与前面板的连接电缆是否脱落。（1分）

22. D5BJ03-G15022. 阀控式电解液有何特点？（5分）

答：阀控式蓄电池属于贫电解液蓄电池，其内部电解液全部吸附在隔膜和极板中，隔膜处于约90%的饱和状态，电池内无游离电解液，不会有电解液溢出。蓄电池在任何位置放置均能正常工作。（5分）

23. D5BJ03-G15023. 直流系统为什么要装设绝缘监察装置？（5分）

答：发电厂和变电站的直流系统与继电保护、信号装置、自动装置以及屋内配电装置的端子箱、操作机构等连接，因此直流系统比较复杂，发生接地故障的机会较多，当发生一点接地时，无短路电流流过，熔断器不会熔断，所以可以继续运行。但当另一点接地时，可能引起信号回路、继

电保护等不正确动作，为此，直流系统应设绝缘监察装置。（5分）

24. D5BJ03-G15024. 高频开关电源系统有哪几部分组成？（5分）

答：高频开关电源通常由四部分组成：交流配电模块、整流模块、集中监控模块和直流配电模块。（5分）

25. D5BJ03-G15025. 计算机由哪些基本部件组成？（5分）

答：由运算器、控制器、存储器、输入/输出设备四大基本部件组成。（5分）

26. D5BJ03-G15026. 蓄电池连接时有哪些要求？（5分）

答：蓄电池连接时要求：

（1）正负极正确；（1分）

（2）接触严密，接触电阻要小，不松动；（1分）

（3）将电池接线柱和连接条上氧化层用刮刀刮掉，在铅螺丝和螺丝帽上涂一层凡士林油，拧紧铅螺帽后再涂一层凡士林油；（2分）

（4）专用塑料保护帽、油套应上好，并不得损伤。（1分）

27. D5BJ03-G15027. 直流母线电压监视装置有什么作用？母线电压过高或过低有何危害？（5分）

答：直流母线电压监视装置的作用是监视直流母线电压在允许范围内运行。当母线电压过高时，对于长期充电的继电器线圈、指示灯等易造成过热烧毁；（3分）母线电压过低时则很难保证断路器、继电保护可靠动作。（2分）

28. D5BJ03-G15028. 阀控密封式铅酸蓄电池在什么情况下应进行补充充电或均衡充电？（5分）

答案：（1）安装结束后，投入运行前需要进行补充充电；（2分）

（2）事故放电后，需要在短时间内充足蓄电池容量；（2分）

（3）单格电池的浮充电压小于220V，需要进行均衡充电。（1分）

29. D5BJ03-G15029. 直流系统的保护元件配置原则是什么？（5分）

答：配置原则是直流电源供电的可靠性；能够快速、准确地切除故障点；尽力避免故障点的扩大化。（5分）

30. D5BJ03-G15030. 碱性蓄电池标记线的含义是什么？（5分）

答：碱性蓄电池有两条标记线，其中上面的一条为加电解液的标记线，下面的一条为最低电解液标记线。（5分）

31. D5BJ03-G15031. 在配制酸性电解液过程中，为什么不允许用木棒搅拌？（5分）

答：纯硫酸是一种强烈的脱水剂，它可以使木料及有机物脱水碳化，变为黑色，造成电解液报废。（5分）

32. D5BJ03-G15032. 铅酸蓄电池极板发生短路有哪些表现？（5分）

答：充电时，产生气泡的时间比正常情况晚，电压低，电解液密度低，并且在充电后无变化，但电解液的温度却比正常情况高。放电时电压很快降到极限放电电压值，容量也有显著降低。（5分）

33. D5BJ03-G15033. 恒流充电法有哪些缺点？（5分）

答：在充电后期，若充电电流仍然不变，这时大部分电流用于水的分解上，会产生大量气泡，这不仅消耗电能，而且容易造成极板上活性物质脱落，影响蓄电池的寿命。（5分）

34. D5BJ03-G15034. 恒压充电法有哪些缺点？（5分）

答：在充电开始时充电电流过大，正极板上活性物质体积收缩太快，影响活性物质的机械强度；而充电后期电流又偏小，有可能使极板深处的硫酸铅不易还原，形成长期充电不足，影响蓄电池性能和寿命。（5分）

35. D5BJ03-G15035. 电池的本质特点是什么？（5分）

答：电池提供氧化还原反应，把化学能转换为电能，但与普通的氧化还原反应不同，其氧化还原反应是分开的，氧化在正极，还原在负极，而电子得失是提供外部线路进行的，所以就形成了电流，这就是电池的本质。（5分）

36. D5BJ03-G15036. 根据《中国南方电网直流电源系统运行维护管理办法》，直流电源系统现场运行规程至少应包括哪些内容？（5分）

答：直流电源系统现场运行规程至少应包括：

（1）系统配置及技术参数；（1分）

（2）正常运行方式及运行注意事项；（1分）

（3）倒闸操作顺序及注意事项；（1分）

（4）运行监视及巡视要求；（1分）

（5）异常、缺陷处理方法。（1分）

37. D5BJ03-G15037.《电业安全工作规程》系列标准对工作人员的要求有哪些？（5分）

答：（1）经医师鉴定，无妨碍工作的病症（体格检查至少每两年一次）；（1分）

（2）具备必要的安全生产知识和技能，从事电气作业的人员应掌握触电急救等救护法；（2分）

（3）具备必要的安全生产知识和业务技能，熟悉电气设备及其系统。（2分）

38. D5BJ03-G15038.《电业安全工作规程》系列标准中规定在检修工作前应做哪些作业措施？（5分）

答：在检修工作前应进行工作布置，明确工作地点、工作任务、工作负责人、作业环境、工作方案和书面安全要求以及工作班成员的任务分工。（5分）

39. D5BJ03-G15039.安全组织措施作为保证安全的制度措施包含的内容有哪些？（5分）

答：包括工作票、工作的许可、监护、间断、转移和终结等。（2分）工作票签发人、工作负责人（监护人）、工作许可人、专责监护人和工作班成员在整个作业流程中应履行各自的安全职责。（3分）

40. D5BJ03-G15040.《电业安全工作规程》系列标准中运用中的电气设备有哪些？（5分）

答：全部带有电压、一部分带有电压或一经操作即带有电压的电气设备。（5分）

41. D5BJ03-G15041.《电业安全工作规程》系列标准中在低压回路停电工作的安全措施有哪些？（5分）

答：《电业安全工作规程》中在低压回路停电工作的安全措施有：

（1）停电、验电、接地、悬挂标示牌或采用绝缘遮蔽措施；（2分）

（2）邻近的有电回路、设备加装绝缘隔板或绝缘材料包扎等措施；（2分）

（3）停电更换熔断器后恢复操作时，应戴手套和护目眼镜。（1分）

42. D5BJ03-G15042.必须填用工作票的工作有哪些？（5分）

答：必须填用工作票的工作有：

（1）在运用中电气设备上的工作；（1分）

（2）在临近运用中电气设备的工作；（1分）

（3）在与运用中设备有同杆架设的线路上工作（含基建施工），无论工作线路与其他输变电设备是否有物理连接，必须办理工作票。（3分）

43. D5BJ03-G15043.填用变电站第一种工作票的工作是什么？（5分）

答：填用变电站第一种工作票的工作是：

（1）高压设备上工作需要全部停电或部分停电者；（1分）

（2）在电气场所工作需要高压设备全部停电或部分停电者；（1分）

（3）进行继电保护或测控装置及二次回路等工作时，需将高压设备停电者。（3分）

44. D5BJ03-G15044.《中国南方电网公司输变电设备缺陷管理标准》对缺陷管理的“三不放过”原则指的是什么？（5分）

答：对缺陷管理的“三不放过”原则指的是：

（1）缺陷原因未查明不放过；（1分）

（2）缺陷没有得到彻底处理不放过；（2分）

（3）同类设备同一原因的缺陷没有采取措施不放过。（2分）

45. D5BJ03-G15045.《中国南方电网公司电气工作票技术规范（发电、变电部分）》中电气工作票是指什么？（5分）

答：是指在已经投入运行的电气设备上及电气场所工作时，明确工作人员、交代工作任务和工作内容，实施安全技术措施，履行工作许可、工作监护、工作间断、转移和终结的书面依据。（5分）

46. D5BJ03-G15046.在DL/T 5044—2004《电力工程直流系统设计技术规程》中对核对性放电的定义是什么？（5分）

答：在正常运行中的蓄电池组，为了检验其实际容量，以规定的放电电流进行恒流放电，只要电池达到了规定的放电终止电压，即停止放电，然后根据放电电流和放电时间，计算出蓄电池组的实际容量，称为核对性放电。（5分）

47. D5BJ03-G15047.在DL/T 5044—2004《电力工程直流系统设计技术规程》中直流断路器选择有哪些要求？（5分）

答：直流断路器选择有以下要求：

（1）额定电压应大于或等于回路的最高工作电压；（1分）

（2）额定电流应大于回路的最大工作电流；（1分）

（3）断流能力应满足直流系统短路电流的要求；（1分）

（4）各级断路器的保护动作电流和动作时间应满足选择性要求，考虑上、下级差的配合，且应有足够的灵敏系数。（2分）

48. D5BJ03-G15048．在DL/T 724—2000《电力系统用蓄电池直流电源装置运行与维护技术规程》中对各种电压等级的蓄电池组的绝缘电阻如何规定？（5分）

答：对各种电压等级的蓄电池组的绝缘电阻有以下规定：

（1）电压为220V的蓄电池组不小于200kΩ；（2分）

（2）电压为110V的蓄电池组不小于100kΩ；（2分）

（3）电压为48V的蓄电池组不小于50kΩ。（1分）

49. D5BJ03-G15049．在DL/T 724—2000《电力系统用蓄电池直流电源装置运行与维护技术规程》中，对绝缘监察装置做绝缘监察及信号报警试验时，对接地试验电阻有何要求？（5分）

答：直流电源装置在空载运行时做试验，分别使直流母线接地，应发出声光报警：

（1）额定电压为220V，用25kΩ电阻；（2分）

（2）额定电压为110V，用7kΩ电阻；（2分）

（3）额定电压为48V，用1.7kΩ电阻。（1分）

50. D5BJ03-G150．在GB/T 19826—2005《电力工程直流电源设备通用技术条件及安全要求》中，当直流系统发生接地故障或绝缘水平下降到标准中规定的设定值时，应满足哪些以下要求？（5分）

答：应满足以下要求：

（1）产品的绝缘监察装置应可靠动作；（2分）

（2）如果用户要求显示接地极性和接地电阻值时，或者用户要求检测直流负荷各馈电支路的绝缘电阻时，制造厂应提供相应的设施；（2分）

（3）产品的绝缘监察装置应发出信号并具有相应的远方信号触点。（1分）

六、分析题：D5BJ03-G17001～D5BJ03-G17020

1. D5BJ03-G17001 根据下图试述高频开关电源整流模块的基本工作原理。（10分）

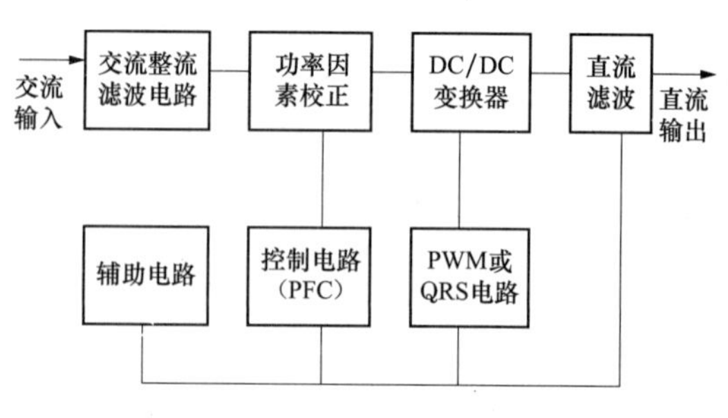

题D5BJ03-G17001图

答：三相交流电源输入时，首先进入尖峰EMI滤流电路，之后由全桥整流电路将三相交流电变成直流电，经有源功率因数校正和DC/DC高频全桥整流变成高频交流电，再整流为可调脉冲宽度的高频脉冲电压，经滤波，输出非常稳定的直流电压、电流。（5分）

模块内的监控单元是智能化整流模块的监控核心，它的功能是测量模块的运行参数并通过RS485接口传送给系统监控模块，且同时接收中央控制器发来的指令。测量整流模块的输出电流，采集模块的开关状态、风机堵转、模块过热、整流故障等告警量。它即可以接收中央控制器的控制，也可以独立运行。（3分）

由于模块采用了高频开关技术，时钟频率高200kHz，又运用了有源功率因数校正，使模块功率因数达0.95；模块间采用了低差自主均流技术并具有完善的保护和报警功能，即使模块处于长期短路也不损坏。（2分）

2. D5BJ03-G17002 各种直流负荷对直流系统母线电压有何要求？（10分）

答：直流负荷对直流系统母线电压有以下要求：

（1）正常运行情况下，直流母线电压应为系统标称电压的105%。（4分）

（2）在均充运行情况下，直流系统电压应满足以下要求：

控制负荷电压，不高于直流系统标称电压的110%；（1分）

动力负荷电压，不高于直流系统标称电压的

112.5%；(1分)

控制负荷与动力负荷合并的直流系统，不高于直流系统标称电压的110%。(1分)

(3) 在事故放电情况下，直流系统电压应满足以下要求：

控制负荷电压，不低于直流系统标称电压的85%；(1分)

动力负荷电压，不低于直流系统标称电压的87.5%；(1分)

控制负荷与动力负荷合并的直流系统，不低于直流系统标称电压的87.5%。(1分)

3. D5BJ03-G17003. 试述直流绝缘监测装置实现原理。(10分)

答：直流绝缘监测装置检测按实现原理分交流法和直流法。

交流法：采用交流互感器，当有接地发生时，主机向直流母线注入7～15V，7～25Hz交流信号，在接地支路互感器中感应出电压经计算机采集处理后作出判断。此种原理主要存在以下缺点：①支路对地电容对选线精度有很大影响。②由于向直流母线注入低频信号源，使得直流母线叠加低频交流信号，有可能对保护产生干扰。另外，若低频信号源发生短路会造成直流母线短路。(5分)

直流法：采用直流互感器，每个互感器中都有一个磁调制微伏放大电路，当有接地发生时，在直流互感器内感应出差流经放大送入主机采集处理，并作出判断。此种原理无需向直流母线注入任何类型的信号源，而且支路电容对选线精度没有任何影响，是一种比较先进的检测原理，但是无法检测出正负极同时等值接地故障，不过发生这种情况的可能性极小。(5分)

4. D5BJ03-G17004. 试述寻找接地点具体的试拉、试合步骤。(10分)

答：具体的试拉、试合步骤如下：

(1) 拉、合临时工作电源、试验室电源、事故照明电源；(1分)

(2) 拉、合备用设备电源；(1分)

(3) 拉、合绝缘薄弱、运行中经常发生接地的回路；(1分)

(4) 按先室外后室内的顺序、拉、合断路器合闸电源；(1分)

(5) 拉、合载波室通信电源及远动装置电源；(1分)

(6) 按先次要设备后主要设备的顺序拉、合信号电源、中央信号电源及操作电源；(2分)

(7) 试解列充电设备；(1分)

(8) 将有关直流母线并列后，试解列蓄电池，并检查端电池和电池主回路；(1分)

(9) 倒换直流母线。(1分)

5. D5BJ03-G17005. 结合下图分析降压硅链的工作原理。(10分)

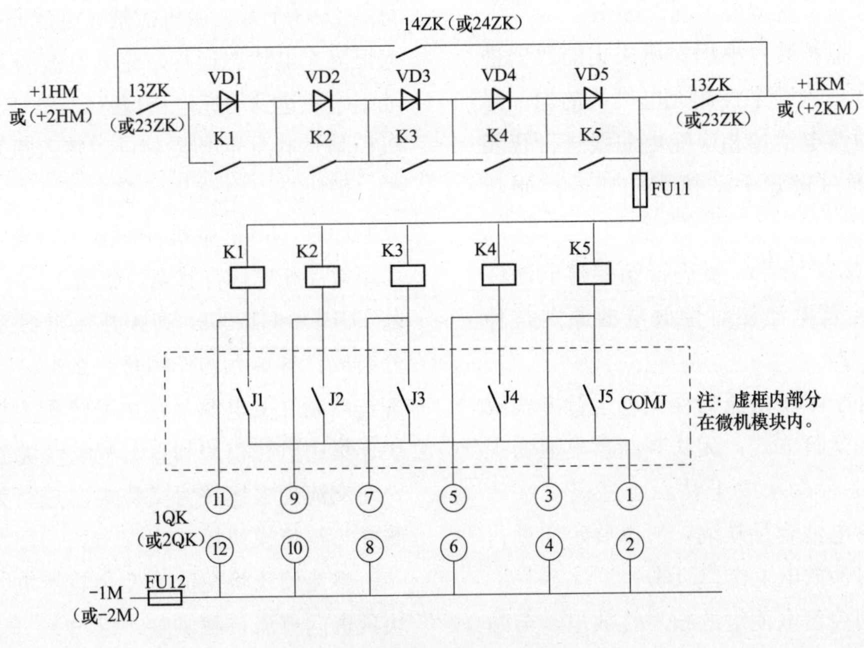

题 D5BJ03-G17005 图

答：（1）降压硅链是利用硅二极管导通时有0.7V的压降来实现降压的。（2分）。

（2）图中VD1～VD5等组成为降压主回路，K1～K5、硅链控制器等组成控制回路。VD1～VD5是由多个硅整流二极管串联而成，共分成5个挡位，每档压降约7V，5挡串联后共35V的压降。（2分）

（3）当交流停电时，硅链控制器采集到控制母线电压下降，自动依次接通K1～K5，短接VD1～VD5达到提高控制母线电压的目的。反之，当对蓄电池充电时，硅链控制器采集到控制母线电压升高，自动依次断开K5～K1，逐个投入VD5～VD1达到提高降低母线电压的目的。这样无论动力母线电压如何变化，降压硅链将自动调节控制母线的电压始终在合格范围。（4分）

（4）当硅链控制器故障时，可以手动调节1QK，依次接通K1～K5达到手动调节控制母线电压目的。（2分）

6. D5BJ03-G17006. 试述微机监控装置监视和控制功能。（10分）

答：监视功能：实时测量并显示设备的各种信息，包括交流输入电压、母线电压，正负母线对地电压、蓄电池充（放）电输出电流、充电机输出电压电流、DC/DC和DC/AC输出电压电流等参数及均、浮充状态，可随时用键盘翻阅菜单，查看和监视整个系统的运行情况。也可通过自动化后台监控机监视系统运行工况。（5分）

控制功能：监控装置根据对所采集的数据进行分析处理，作出判断来控制充电模块的均、浮充电压值，并对蓄电池按相应充电曲线进行智能充电。也可以通过键盘手动执行相应的控制功能。（5分）

7. D5BJ03-G17007. 为什么要进行阀控蓄电池核对性放电？阀控蓄电池核对性放电的原则是什么？（10分）

答：（1）长期处于限压限流的浮充电运行方式或只限压不限流的运行方式，无法判断蓄电池的现有容量、内部是否失水或干枯。通过核对性放电，可以发现蓄电池容量缺陷，所以要定期进行阀控蓄电池核对性放电工作。（4分）

（2）一组阀控蓄电池组的核对性放电，全站（厂）仅有一组蓄电池时，不应退出运行，也不应进行全核对性放电，只允许用I_{10}电流放出其额定容量的50%。在放电过程中，蓄电池组的端电压不应低于2V×N。放电后，应立即用I_{10}电流进行限压充电一恒压充电一浮充电。若容量不足，应反复放充2～3次，蓄电池容量可以得到恢复。若有备用蓄电池组替换时，该组蓄电池可进行全核对性放电。（3分）

（3）两组阀控蓄电池组的核对性放电，全站（厂）若具有两组蓄电池时，则一组运行，另一组退出运行进行全核对性放电。放电用I_{10}恒流，当蓄电池组电压下降到1.8V×N时，停止放电。隔1～2h后，再用I_{10}电流进行恒流限压充电一恒压充电一浮充电。反复放充2～3次，蓄电池容量可以得到恢复。若经过三次全核对性放充电，蓄电池组容量均达不到其额定容量的80%以上，则应安排更换。（3分）

8. D5BJ03-G17008. 试述阀控式密封铅酸蓄电池用GZDW型充电装置微机控制正常充电和运行的自动化程序。（10分）

答：（1）正常充电程序。用0.1Q10恒流充电，电压达到整定值n（2.30～2.40V）时，微机控制充电浮充电装置自动转为恒压充电，当电流减小到0.01Q10时，微机开始计时，3h后微机控制充电浮充电装置自动转为浮充电状态运行，电压为n（2.23～2.28V）。（5分）

（2）正常运行程序。浮充电状态正常运行时，每隔1～3个月，微机控制充电浮充电装置自动转入恒流充电状态运行，充电电流为0.1Q10。当电池组电压达到均充电压值（2.30～2.40V）时，微机控制充电浮充电装置自动转入恒压充电状态运行。恒压充电电流小于整定值0.01Q10时，微机开始计时，3h后微机控制充电浮充电装置自动转为正常浮充电运行状态。（5分）

9. D5BJ03-G17009. 高频开关电源系统由哪几部分组成？各单元的作用是什么？（10分）

答：高频开关电源系统由交流配电模块、整流模块、集中监控模块和直流配电模块组成。

交流配电模块对交流电源进行处理、保护监测并与整流模块接口。（2分）

整流模块将交流电变为直流电。直流配电模块负责向直流负载供电。（2分）

集中监控模块用于对交流输入电源、整流模

块、输出电源及蓄电池组进行智能管理，并实现数据监测、定值设定、越限报警，还设有 RS-232CT、RS-485 串行通信接口，以实现摇信、遥测、摇调和遥控。(3 分)

直流配电模块由馈线空开、指示灯、及绝缘监测装置组成，作用是分配直流负荷，监测直流系统绝缘状况。(3 分)

10. D5BJ03-G17010. 说明蓄电池容量试验时不同类型蓄电池充、放电率和终止电压。(10 分)

答：防酸蓄电池的恒流充电电流和恒流放电电流均为 I_{10}，当其中一个单电池放电终止电压达到 1.8V 时，应停止放电。(3 分)

镉镍蓄电池的恒流充电电流和恒流放电电流均为 I_5，当其中一个单电池放电终止电压达到 1.0V 时，应停止放电。(3 分)

阀控蓄电池的恒流充电电流和恒流放电电流均为 I_{10}，当其中一个单电池放电终止电压时应停止放电。额定电压为 2、6、12V 的蓄电池终止电压分别为 1.8、5.25、10.5V。(4 分)

11. D5BJ03-G17011. 阀控蓄电池对环境温度比较敏感，运行中的蓄电池对环境温度有何要求？如何进行蓄电池温度电压补偿？(10 分)

答：(1) 运行中的蓄电池对环境温度有以下要求：环境温度的增加将会严重影响蓄电池的使用寿命，蓄电池最佳运行温度为 25℃，蓄电池室温度宜保持在 5℃～30℃，最高不应超过 35℃，并应通风良好。(5 分)

(2) 为使阀控蓄电池工作在最佳充电状态，浮充电电压值应随环境温度变化而修正补偿，温度补偿系数一般设定为负的 3～5mV/℃单只电池，即当环境温度高于电池设定值时，充电电压降低；反之，则充电电压升高。(5 分)

12. D5BJ03-G17012. 在下图中填空，并分析直流屏自动充电管理过程。(蓄电池型号：GFM-2002V，108 只，建议浮充电压 2.23V，均充电压 2.33V)(10 分)

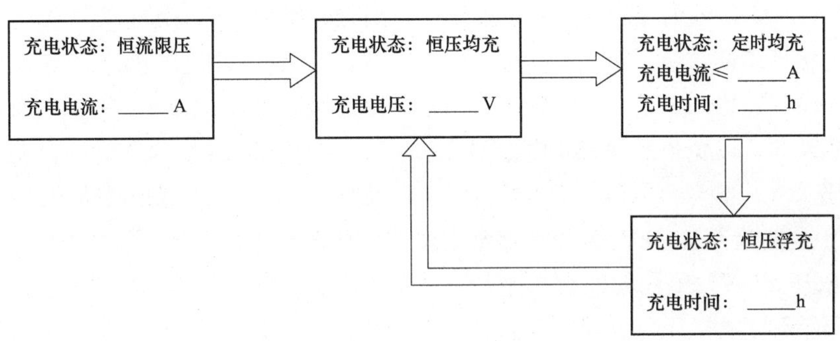

题 D5BJ03-G17012 图 1

答：(每空 1 分，共 5 分)

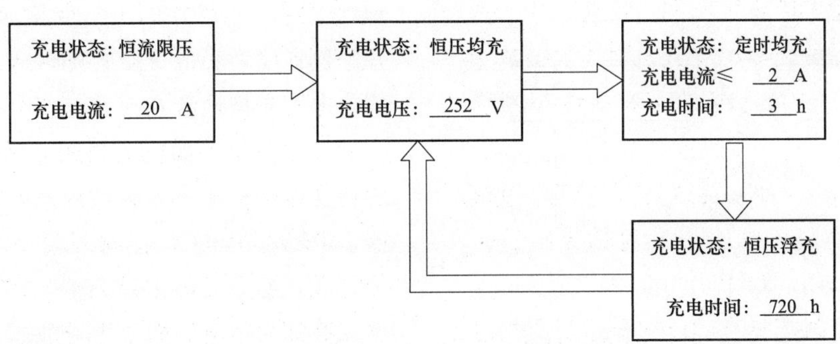

题 D5BJ03-G17012 图 2

分析管理过程：用 20A (0.1×200) 电流恒流限压对蓄电池充电，当电压达到均充定值 252V (2.33×108) 时，微机控制充电浮充电装置自动转为恒压均充，恒压均充直到充电电流减小至 2A (0.01×200) 时，微机开始计时，3h 后微机控制充电浮充电装置自动转为恒压浮充状态运行，电压为 241V (2.23×108)。浮充电状态正常运行 720h 时，微机控制充电浮充电装置自动转入恒压均充状态运行，当电流减小到 2A 开始计时均充并重复上述过程 (5 分)。

13. D5BJ03-G17013. 运行中的蓄电池组，当个别极柱螺丝被腐蚀时，应如何处理？（10 分）

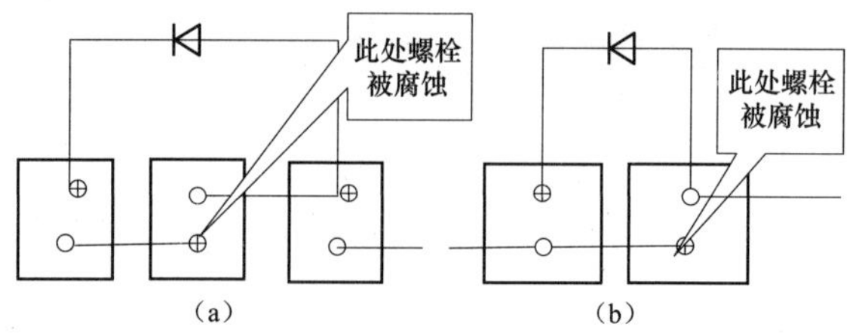

题 D5BJ03-G17013 图

答：极柱螺丝被腐蚀，需要拆下螺丝，清除腐蚀物，涂抹凡士林油。此时，不能切断电池回路，也不能短接电池。根据具体情况，可按照图（a）或图（b）所示的方法连接。用一只硅元件将两个电池连接起来，然后再卸下被腐蚀的螺丝。（5 分）

做这项工作应注意以下几点：

（1）使用的硅元件和连接导线应允许通过合闸电流。（2 分）

（2）硅元件的极性不能接反，否则会造成电池短路。（2 分）

（3）尽快消除缺陷，以免长时间影响电池的浮充电工作。（1 分）

14. D5BJ03-G17014. 图为某 220kV 变电站直流系统简图，母线电压 220V，绝缘监测装置平衡电阻 50kΩ，分析绝缘监测装置会告警吗？为什么？（10 分）

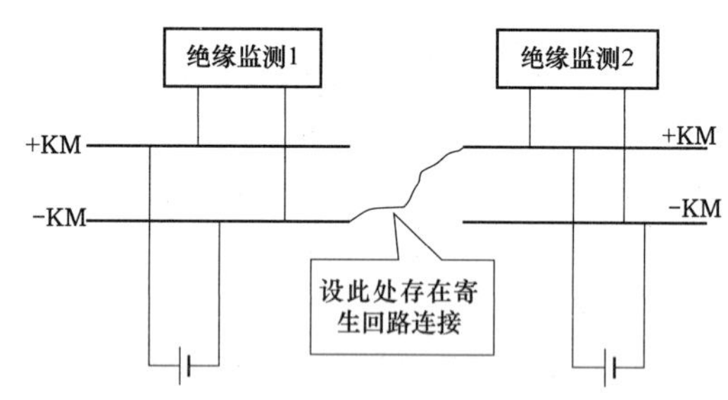

题 D5BJ03-G17014 图

答：（1）1、2 号绝缘监测装置均会告警，只是告警的极性不同。（3 分）

（2）因为由于寄生回路的存在，导致 1 号绝缘监测装置负极平衡电阻与 2 号绝缘监测装置正极的平衡电阻并联，而并联电阻值刚好 25kΩ，达到了绝缘监测装置告警值，所以 1 号绝缘监测装置发负母线接地，2 号绝缘监测装置发正母线接地。（7 分）

15. D5BJ03-G17015 蓄电池容量选择的根据是什么？（10）

答：蓄电池容量选择的根据是：

（1）应满足全厂（站）事故全停时间内的放电容量；（3 分）

（2）应满足事故初期（1min）直流电动机启动电流和其他冲击负荷电流的放电容量；（3 分）

（3）应满足蓄电池持续放电时间内随机（5S）冲击负荷电流的放电容量；（2 分）

（4）应以最严重的事故放电阶段，计算直流母线电压水平。（2 分）

16. D5BJ03-G17016. 变电站直流系统为什么常用不接地系统，直流接地会造成什么后果？（10 分）

答：直流接地会造成以下后果：

（1）变电站直流系统采用不接地系统，这样当直流系统发生一点接地时不会立即发生短路。对地绝缘的直流电源避免了接地故障地电位升高对直流系统的冲击，保证了直流负载的安全，同时也保证了人身安全。（5 分）

（2）直流接地的危害：直流系统发生正极接地时，有可能造成保护误动，因为电磁机构的跳闸线圈通常都接于负极电源，若有些回路发生接地或绝缘不良就会引起保护误动作。直流系统发生负极接地时，如果回路中再有一点接地时，它就可能使跳闸或合闸回路短路，造成保护装置和断路器拒动，烧毁继电器，或使熔断器熔断。（5 分）

17. D5BJ03-G17017. 电力变换通常分为哪几类？并举例说明常见的变换有哪些。（10 分）

答：电力变换通常有：

（1）整流（AC/DC）：将交流电变为直流电的变换称为整流，如硅整流充电装置、手机充电器、电脑主机电源等；（2 分）

（2）逆变（DC/AC）：将直流电变为交流电的变换称为整流，如 UPS 电源模块等；（2 分）

（3）直流变换（DC/DC）：将一种电压等级的直流电变换成另一种电压等级的直流电的变换称为直流变换，换变换前后的电压、极性、电流等均发生改变，如保护、自动化装置电源等；（3 分）

（4）交流变换（AC/AC）：将一种交流变换

成另一种交流的变换称为交流变换。变换前后的电压、频率、相位等均发生改变，如高频开关电源整流输出电路、节能灯等。(3分)

18. D5BJ03-G17018. 高频开关电源微机监控装置的信息如何接入站内综合自动化？(10分)

答：微机监控装置除了用硬接点输出告警，还可以通过通信口、modem、R485、网口等与站内自动化系统连接，通过相应规约转换后，可以在自动化后台监控机上反映出直流系统的所有信息。(8分) 在完成直流系统与后台通信调试后，还应对信息表内所有信息进行试验核对。(2分)

19. D5BJ03-G17019. 对二次回路电缆的截面有何要求？(10分)

答：为确保继电保护装置能够准确动作，对二次回路电缆截面根据规程有以下要求：

(1) 铜芯电缆不得小于1.5mm²；(2分)

(2) 铝芯电缆不小于2.5mm²；(2分)

(3) 电压回路带有阻抗保护的采用4mm²以上铜芯电缆；(2分)

(4) 电流回路一般要求2.5mm²以上的铜芯电缆；(2分)

(5) 在条件允许的情况下，尽量使用铜芯电缆。(2分)

20. D5BJ03-G17020. 二次回路整体绝缘的测试项目有哪些？应注意哪些事项？(10分)

答：测试项目有：直流回路对地、电压回路对地、电流回路对地、信号回路对地、正极对跳闸回路、各回路之间等，如需测试所有回路对地，应将它们用线连起来摇测。(6分)

注意事项如下：

(1) 断开本路交直流电源；(1分)

(2) 断开与其他回路的连线；(1分)

(3) 拆开电流回路及电压回路的接地点；(1分)

(4) 摇测完毕应恢复原状。(1分)

第三节 相关知识

一、单选题：D5BJ03-G21001～D5BJ03-G21090 (每小题1分)

1. D5BJ03-G21001. 我国变电站综合自动化系统是从（　）开始。

A. 1944年；　B. 1954年；

C. 1964年；　D. 1974年。

答案：B

2. D5BJ03-G21002. 我国第一个实现遥控的变电站位于（　）。

A. 上海；　B. 北京；

C. 天津；　D. 广东。

答案：B

3. D5BJ03-G21003. 变电站综合自动化系统的核心（　）。

A. 局域通信网络；

B. 微机自动装置；

C. 自动监控系统；

D. 微机继电保护装置。

答案：C

4. D5BJ03-G21004. 光电隔离是利用光电耦合器可以实现现场（　）与计算机总线之间的完全隔离。

A. 开关量；　B. 模拟量；

C. 脉冲量；　D. 数字量。

答案：A

5. D5BJ03-G21005. 综合自动化变电站的运行监视主要指对变电站的运行工况和设备状态进行（　），即对变电站各种状态量变位情况的监视和各种模拟量的数值监视。

A. 人工监视；　B. 自动监视；

C. 数据监视；　D. 微机监视。

答案：B

6. D5BJ03-G21006. 在停电的电气设备上工作时保证安全必须要完成的技术措施是（　）。

A. 停电、验电、装设接地线；

B. 停电、验电、装设遮栏和悬挂标示牌；

C. 停电、验电、装设接地线、装设遮栏和悬挂标示牌；

D. 停电、验电。

答案：C

7. D5BJ03-G21007.（　）必须始终在工作现场，对工作班人员的安全认真监护，及时纠正违反安全的动作。

A. 工作许可人；

B. 工作票签发人；

C. 工作负责人（监护人）；

D. 安全检查人员。

答案：C

8. D5BJ03-G21008. 综合自动化变电站遥测是指（　　）。

A. 指对状态信息的远程监视；

B. 指具有两个确定状态的运行设备进行的远程操作；

C. 指对具有不少于两个设定值的运行设备进行的远程操作；

D. 运用通信技术传输所测变量之值。

答案：D

9. D5BJ03-G21009. 变电站的自动化是指（　　）。

A. 在一个限定任务内自行动作（无需操作人员）；

B. 无需人去直接或间接操作执行装置的控制方式；

C. 采用自动装置改进设备以减少人的干预；

D. 由一个或多个继电器和/或逻辑元件组合在一起，预定完成某项规定。

答案：C

10. D5BJ03-G21010. 综合自动化变电站远动系统是指（　　）。

A. 对广阔地区的生产过程进行监视和控制的系统；

B. 应用通信技术，完成改变运行设备状态的命令；

C. 若干远动站通过传输链路，彼此进行通信联系的整体；

D. 应用通信技术，完成遥测、遥信、遥控和遥调等功能的总称。

答案：A

11. D5BJ03-G21011. 安全生产规章制度是安全生产的经验总结，是进行安全生产的重要（　　）。

A. 保证；　　B. 步骤；

C. 依据；　　D. 环节。

答案：D

12. D5BJ03-G21012 工作班成员应认真执行《电业安全工作规程》系列标准和现场安全措施，互相关心施工安全，并监督（　　）的实施。

A.《电业安全规程》系列标准；

B. 现场安全措施；

C. 现场工作保安规定；

D.《电业安全工作规程》系列标准和现场安全措施。

答案：D

13. D5BJ03-G21013. 心肺复苏法不包括（　　）。

A. 输血；

B. 口对口（鼻）人工呼吸；

C. 胸外接压（人工循环）；

D. 三叫法。

答案：A

14. D5BJ03-G21014. 综合自动化变电站主站、控制站是指（　　）。

A. 对子站实现远程监控的站；

B. 受主站监视和控制的站；

C. 不受主站监视和控制的站；

D. 对主站实现远程监控的站。

答案：A

15. D5BJ03-G21015 创伤急救的原则是（　　）。

A. 先固定，后抢救，再搬运；

B. 先固定，后搬运，再抢救；

C. 先抢救，后固定，再搬运；

D. 立即实施包扎。

答案：C

16. D5BJ03-G21016. 由（　　）参与或配合较大及以上电网、设备、人身事故调查以及组织一般电网、设备事故的调查工作并审批调查报告。

A. 局长；　　B. 分管生产副局长；

C. 安委会；　　D. 安监部。

答案：B

17. D5BJ03-G21017. 触电伤员脱离电源后如神志清醒者，应使其（　　）。

A. 就地平躺；　　B. 就地斜坐；

C. 慢慢走动；　　D. 搀扶就坐。

答案：A

18. D5BJ03-G21018. 数字化变电站是由智能化一次设备和网络化二次设备分层构建，建立在（　　）通信规范基础上，能够实现变电站内智能电气设备间信息共享和互操作的现代化变电站。

A. RS485；　　B. IEC 60044；

C. IEC 61850；　　D. TCP/IP。

答案：C

19. D5BJ03-G21019. 数字化变电站的内在特征，智能化的一次设备指的是（　　）。

A. 间隔层；　　B. 过程层；

C. 站控层；　　D. 操作过程。

答案：B

20. D5BJ03-G21020. 数字化变电站的内在特征，网络化的二次设备指的是（　　）。

A. 间隔层；　　B. 过程层；

C. 站控层；　　D. 电缆层。

答案：A

21. D5BJ03-G21021. 数字化变电站的内在特征，自动化的综合信息服务管理系统指的是（　　）。

A. 间隔层；　　B. 过程层；

C. 站控层；　　D. 电缆层。

答案：C

22. D5BJ03-G21022. 在数字化变电站中，通信介质全部采用（　　）。

A. 无线网络；　　B. 光纤；

C. 电缆；　　D. 电线。

答案：B

23. D5BJ03-G21023. 数字化变电站主要是指变电站（　　）的“数字化”。

A. 一次系统；　　B. 二次系统；

C. 所有设备；　　D. 一次设备。

答案：B

24. D5BJ03-G21024. 数字化变电站智能操作是断路器（　　）智能化的一个重要方面。

A. 性能；　　B. 操作；

C. 操动机构；　　D. 电动机构。

答案：A

25. D5BJ03-G21025. 电力系统在运行中发生短路故障时，通常伴随着电压（　　）。

A. 大幅度上升；　　B. 急剧下降；

C. 越来越稳定；　　D. 不受影响。

答案：B

26. D5BJ03-G21026. 按照安全生产目标三级控制的要求，班组应该（　　）。

A. 控制重伤和事故，不发生人身死亡、重大设备损失和电网事故；

B. 控制轻伤和障碍，不发生重伤和事故；

C. 控制未遂和异常，不发生轻伤和障碍 ；

D. 其他。

答案：C

27. D5BJ03-G21027. 消防中的三懂是指：①懂得岗位火灾的危险性方法；②懂得预防火灾的措施方法；③（　　）方法。

A. 懂得扑救火灾；

B. 懂得逃生疏散的方法；

C. 懂得使用消防器材的方法；

D. 懂得消防宣传教育方法。

答案：A

28. D5BJ03-G21028. 安全生产风险管理体系包含了哪几个管理单元？（　　）

A. 6；　　B. 7；

C. 8；　　D. 9 。

答案：D

29. D5BJ03-G21029.（　　）是提供优质产品所永远需要的优良的产品设计，加工方法以及认真的产品维修服务等活动的一种重要手段。

A. 设备评估；　　B. 职业健康评估；

C. 全面质量管理；　　D. 电网评估。

答案：C

30. D5BJ03-G21030. 负责组织实施电网风险评估与控制的部门为（　　）。

A. 安全监察部；　　B. 生产技术部；

C. 调度中心　　D. 变电管理所。

答案：C

31. D5BJ03-G21031. 以班组自身所进行的计划、组织、协调、控制、监督和激励等管理活动叫（　　）。

A. 班组建设；　　B. 班组管理；

C. 班组安全教育；　　D. 班组技术管理。

答案：B

32. D5BJ03-G21032. 空气质量监测与控制，应基于风险评估结果确定需要进行空气质量监测的区域，重点关注的区域包含以下哪一项？（　　）

A. 用电设施；

B. 人员密集场所；

C. 开关场地；

D. 不易滋生细菌、病菌场所。

答案：B

33. D5BJ03-G21033. 检修部门接到重大缺陷处理通知后，必须立即受理，处理时间不超过（　　）日 。

A. 5；　　B. 9；

C. 3；　　D. 7。

答案：D

34. D5BJ03-G21034. 班组按要求每周认真开展安全活动，检修班组按要求开好（　　），做到有工作安排、工作现场危险点分析和控制措施。

A. 安全生产会；　　B. 班前会或班后会；

C. 事故分析会；　　D. 技术分析会。

答案：B

35. D5BJ03-G21035. 变电检修人员参与生产技术部门组织进行的设备状态评价，设备状态评价（　　）一次。

A. 每年；　　B. 每半月；

C. 每周；　　D. 每半年 。

答案：D

36. D5BJ03-G21036. 电力生产工作条例规定：为了加强安全生产管理，提高安全生产水平，必须实现安全（　　）现代化、安全器具现代化和安全管理现代化。

A. 技术；　　B. 设施；

C. 装备；　　D. 防护。

答案：C

37. D5BJ03-G21037. 变电站新建、改建和扩建工程验收，（　　）应督促建设单位提交与工程设备相关的电子图册。

A. 检修试验管理部门；

B. 安全监察部门；

C. 运行管理部门；

D. 生产技术管理部门。

答案：D

38. D5BJ03-G21038. 检修人员或其他工作人员发现缺陷后，应立即通知相应的变电运行班组，由变电运行班组（　　）后，及时录入生产管理信息系统。

A. 验收；　　B. 核实；

C. 巡视；　　D. 汇报。

答案：B

39. D5BJ03-G21039. 变电检修人员在缺陷处理完后填写相应的检修试验记录，经（　　）认可，对处理合格的缺陷进行注销。

A. 检修人员签字；　　B. 值班人员签字 ；

C. 双方签字；　　D. 值班人员验收。

答案：C

40. D5BJ03-G21040. 电流互感器的二次回路应有一个接地点。但对于有几组电流互感器连接在一起的保护，则应在（　　）处接地。

A. TA 端子箱；　　B. 保护屏；

C. 控制屏；　　D. 中央信号屏。

答案：B

41. D5BJ03-G21041. 变电检修班组必须建立大修技改后设备台账，内容包括：（　　）、生产厂家、定期试验情况等。

A. 放置时间；　　B. 技术参数；

C. 铭牌参数；　　D. 生产日期。

答案：C

42. D5BJ03-G21042. 辨识危害引发特定事件的可能性和后果的严重度，并将现有风险水平与规定的标准、目标风险水平进行比较，确定风险是否可以容忍的全过程叫（　　）。

A. 危害识别；　　B. 基准风险评估；

C. 风险评估；　　D. 持续风险评估。

答案：C

43. D5BJ03-G21043. 当发生事故/事件时，企业应采取（　　）措施。

A. 控制措施；　　B. 事故分析；

C. 纠正与预防；　　D. 回顾。

答：C

44. D5BJ03-G21044. 变电检修人员在工作现场如发现施工人员在施工中违反安全生产相关规定的行为应（　　）。

A. 协商改进；　　B. 可不理会；

C. 令其停工；　　D. 立即制止。

答案：D

45. D5BJ03-G21045. 新建、扩建、设备更新改造和（　　）后及时更新或建立设备台账。

A. 主设备试验；　　B. 主设备维护；

C. 主设备大修；　　D. 主设备投运。

答案：C

46. D5BJ03-G21046. 安全生产方针包括哪几个要素？（　　）

A. 安全生产方针的制定、安全生产方针的传达与沟通、安全生产方针的宣贯；

B. 安全生产方针的制定、安全生产方针的培训、安全生产方针的宣贯；

C. 安全生产方针的制定、安全生产方针的传达与沟通、安全生产方针的回顾与修订；

D. 安全生产方针的制定、安全生产方针的培训、安全生产方针的回顾与修订。

答案：C

47. D5BJ03-G21047. 安全监察部每季度负责对各部门（单位）（　　）的工作计划开展情况进行监督、跟踪，并要求存在问题的部门（单位）制定整改措施，限期整改。

A. 检查目标； B. 安全目标；
C. 自查目标； D. 工作目标。

答案：B

48. D5BJ03-G21048. 建立设备缺陷管理程序，实现设备缺陷的动态、闭环管理，程序应明确：（　　）。

A. 设备的运行状况；
B. 验收标准；
C. 设备运行标准；
D. 对检修人员时间要求。

答案：B

49. D5BJ03-G21049.《作业指导书管理标准》是为规范现场工作（作业），保证作业全过程安全和质量，实现工作（作业）的（　　）。

A. 规范化和标准化；
B. 风险管理；
C. 流程化管理；
D. 质量管理。

答案：A

50. D5BJ03-G21050. 安全工器具与个人防护用品检测、检验后应张贴表识，标明（　　）、有效期，并加盖试验专用章，保存相应的记录。

A. 生产日期； B. 试验日期；
C. 检验日期； D. 合格日期。

答案：B

51. D5BJ03-G21051. 变电检修班组应在工程竣工时将（　　）作为验收项目的内容。

A. 安健环、设备识别系统；
B. 安健环、视觉标识系统；
C. 安健环、视觉识别系统；
D. 安健环、设备运行系统。

答案：C

52. D5BJ03-G21052. 对人身、电网和设备有严重威胁，尚能坚持运行，不及时处理有可能造成事故的缺陷是（　　）。

A. 紧急缺陷； B. 一般缺陷；
C. 严重缺陷； D. 重大缺陷。

答案：A

53. D5BJ03-G21053.（　　）与各部门（单位）签订安全生产目标责任书。

A. 局长； B. 分管局长；
C. 安监部； D. 安全生产委员会。

答案：A

54. D5BJ03-G21054. 反事故演习的目的是提高检修人员的（　　）能力。

A. 运行分析； B. 事故分析；
C. 事故处理； D. 运行值班。

答案：C

55. D5BJ03-G21055. 保障生产用具本身的安全状态和控制使用中的风险，是控制（　　）风险的重要环节。

A 作业； B. 环境与职业健康；
C. 设备； D. 电网。

答案：A

56. D5BJ03-G21056. 风险评估的目的是：应用规范、动态、系统的方法去（　　）企业安全生产过程中的风险，制定风险控制措施，实现风险的超前控制，把风险降低到可接受程度。

A. 判断及评估； B. 认识及评估；
C. 识别及评估； D. 识别及判定 。

答案：C

57. D5BJ03-G21057. 应急管理与响应的目的是：确认潜在的事件或紧急情况，以（　　）与之有关的损失和影响。

A. 预防或减少； B. 预防或隔离；
C. 杜绝或减少； D. 预防或判断。

答案：A

58. D5BJ03-G21058. 风险是某一特定危害可能存在的损失或损害的（　　）变成现实的机会。

A. 实际性； B. 可能性；
C. 意外性； D. 潜在性。

答案：D

59. D5BJ03-G21059. 冰山理论说明人身意外和重大以上的损失事故与大事故、小事故和未遂事故之间的差别在于（　　）。

A. 必然性； B. 偶然性；
C. 意外性； D. 可能性。

答案：B

60. D5BJ03-G21060. 人机工效主要优化人、机器及（　　）之间的界面，提高工作效率，保障人员的安全与健康。

A. 办公室； B. 生产现场；
C. 工作环境； D. 自然环境。
答案：C

61. D5BJ03-G21061.《贵州电网公司工作票、操作票使用管理标准》规定，工作中，（　　）、工作许可人任何一方不得擅自变更安全措施，值班人员不得变更有关检修设备的运行接线方式。工作中如有特殊情况需要变更时，应先取得对方同意。

A. 工作票签发人； B. 工作负责人；
C. 工作监护人； D. 值班负责人。
答案：B

62. D5BJ03-G21062.《贵州电网公司工作票、操作票使用管理标准》规定，一份工作票延期手续可以办理一次、如需再次办理，需将原工作票（　　），重新办理新的工作票。

A. 作废； B. 交回；
C. 终结； D. 退回。
答案：C

63. D5BJ03-G21063.《中国南方电网公司输变电设备缺陷管理标准》缺陷的分为几类？（　　）

A. 1类； B. 2类；
C. 3类； D.4类。
答案：C

64. D5BJ03-G21064.《中国南方电网公司输变电设备缺陷管理标准》对缺陷处理时限进行了要求，紧急缺陷的消除时限是（　　）。

A. 不超过24h； B. 不超过1周；
C. 不超过180天； D. 三天。
答案：A

65. D5BJ03-G21065.《中国南方电网公司输变电设备缺陷管理标准》对缺陷处理时限进行了要求，重大缺陷的消除时限是（　　）。

A. 不超过24h； B. 不超过1周；
C. 不超180天； D. 三天。
答案：B

66. D5BJ03-G21066.《中国南方电网公司输变电设备缺陷管理标准》对缺陷处理时限进行了要求，一般缺陷的消除时限是（　　）。

A. 不超过24h； B. 不超过1周；
C. 不超过180天； D. 三天。
答案：C

67. D5BJ03-G21067.《中国南方电网有限责任公司电气工作票技术规范（发电、变电部分）》规定，工作负责人对工作票所列工作任务确认不能按批准期限完成，第一种工作票应在工作批准期限前（　　），由工作负责人向值班负责人申请办理延期手续。

A. 1h； B. 2h；
C. 3h； D. 4h。
答案：B

68. D5BJ03-G21068.《中国南方电网有限责任公司电气工作票技术规范（发电、变电部分）》规定，在高压场所照明回路上工作不需运行设备停电者，应使用（　　）种工作票。

A. 第一种工作票； B. 第二种工作票；
C. 第三种工作票； D. 口头或电话命令。
答案：C

69. D5BJ03-G21069.《中国南方电网有限责任公司电气工作票技术规范（发电、变电部分）》规定，结合实际对工作班人员进行工作前技术及安全措施交底，是（　　）的安全责任。

A. 工作票签发人； B. 工作负责人；
C. 工作许可人； D. 值班负责人。
答案：B

70. D5BJ03-G21070.《中国南方电网有限责任公司电气工作票技术规范（发电、变电部分）》规定，一份工作票中非关键词的错、漏的修改不得超过（　　）处，总共不得超过（　　）个字。

A. 1、3； B. 3、3；
C. 2、3； D. 2、4。
答案：B

71. D5BJ03-G21071.《中国南方电网有限责任公司电气工作票技术规范（发电、变电部分）》规定，工作地点邻近带电设备的支架横梁上，应悬挂（　　）标示牌。

A. 从此上下；
B. 止步，高压危险；
C. 禁止攀登，高压危险；
D. 在此工作。
答案：B

72. D5BJ03-G21072.《中国南方电网有限责任公

司电气工作票技术规范（发电、变电部分）》规定，故障设备在（ ）内无法恢复者应办理工作票。

A. 2h；　　B. 4h；

C. 6h；　　D. 8h。

答案：D

73. D5BJ03-G21073.《中国南方电网有限责任公司电气工作票技术规范（发电、变电部分）》规定，在已投入运行的高压场地进行扩建安装工作，电气设备未与运行设备连接，但安全距离不够的，在进行安装或试验时，必须（ ）。

A. 办理第二种工作票；

B. 办理第一种工作票；

C. 办理第三种工作票；

D. 加强监护。

答案：B

74. D5BJ03-G21074.《中国南方电网有限责任公司电气工作票技术规范（发电、变电部分）》规定，在已投入运行的高压场地进行扩建安装工作，电气设备已与运行设备连接的，必须（ ）。

A. 办理第二种工作票；

B. 办理第一种工作票；

C. 办理第三种工作票；

D. 采用电话命令。

答案：B

75. D5BJ03-G21075.《中国南方电网有限责任公司电气工作票技术规范（发电、变电部分）》规定，在已投入运行的高压场地进行扩建安装工作，电气设备未与运行设备连接，且安全距离足够的，在进行安装或试验时，必须（ ）。

A. 办理第二种工作票；

B. 办理第一种工作票；

C. 办理第三种工作票；

D. 采用口头命令。

答案：A

76. D5BJ03-G21076.《中国南方电网有限责任公司电气工作票技术规范（发电、变电部分）》规定，工作负责人对工作票所列工作任务确认不能按批准期限完成，第一种工作票应在工作批准期限前2h，由（ ）向值班负责人申请办理延期。

A. 工作票签发人；　　B. 工作许可人；

C. 工作负责人；　　D. 工作监护人。

答案：C

77. D5BJ03-G21077.《中国南方电网有限责任公司安全生产工作规定》规定，安全生产管理，坚持什么方针？（ ）

A. 安全第一、预防为主；

B. 安全第一、经效结合；

C. 安全第一、预防事故；

D. 以人为本、安全第一。

答案：A

78. D5BJ03-G21078. “中国南方电网有限责任公司令（第一号）”要求认真落实以（ ）为第一责任人的各级安全生产责任制，防止出现安全责任真空。

A. 生技部；　　B. 行政正职；

C. 安监部；　　D. 生产局长。

答案：B

79. D5BJ03-G21079. “中国南方电网有限责任公司令（第一号）”要求严格执行电力生产重大事故（ ）制度和安全生产奖惩规定。

A. 预防；　　B. 调查处理；

C. 责任追究；　　D. 三不放过。

答案：C

80. D5BJ03-G21080. 下列不属于南方电网公司安全生产基本方针的是（ ）。

A. 效益第一；　　B. 安全第一；

C. 预防为主；　　D. 综合治理。

答案：A

81. D5BJ03-G21081.《中国南方电网有限责任公司安全生产令》要求坚决贯彻落实“安全第一、预防为主、综合治理”的方针，把（ ）作为公司的生命线，全力做好安全供电。

A. 安全生产；　　B. 可靠稳定；

C. 持续发展；　　D. 安全生产监督。

答案：A

82. D5BJ03-G21082.《安全性评价工作导则》规定：安全性评价可针对生产经营单位生产运行的（ ）状况或专项部分，查找、分析和预测存在的危险、有害因素及危险、危害程度范围。

A. 部分；　　B. 系统

C. 总体；　　D. 作业环境。

答案：C

83. D5BJ03-G21083. 公司系统按照分级管理、逐

级考核的原则，实行（　　）管理及考核。

A. 安全生产目标；　　B. 安全生产监督；

C. 事故调查；　　D. 安全生产责任制。

答案：A

84. D5BJ03-G21084. DL 408—1991《电业安全工作规程（发电厂和变电所电气部分）》规定：工作人员具备必要的安全生产知识和（　　），从事电气作业的人员应掌握触电急救等救护法。

A. 技术；　　B. 技能；

C. 技巧；　　D. 理论。

答案：B

85. D5BJ03-G21085. DL 408—1991《电业安全工作规程（发电厂和变电所电气部分）》规定：经常有人工作的场所及施工车辆上宜配备急救箱，存放（　　），并指定专人检查、补充或者更换。

A. 急救用品；　　B. 药品；

C. 工具；　　D. 止血贴。

答案：A

86. D5BJ03-G21086. 在变电站需要进行测量工作，应该采取以下哪种测量器具？（　　）

A. 绝缘测量工具；　　B. 钢卷尺；

C. 皮尺；　　D. 钢板尺。

答案：A

87. D5BJ03-G21087.《防止电力生产重大事故的二十五项重点要求》规定：接地装置的焊接质量，接地试验应符合规定，各种设备与主地网的连接必须可靠，扩建地网与原地网间应为（　　）连接。

A. 一点；　　B. 两点；

C. 多点；　　D. 不用。

答案：C

88. D5BJ03-G21088.《防止电力生产重大事故的二十五项重点要求》规定：接地装置引下线的导通检测工作应（　　）进行一次，根据历次测量结果进行分析比较，以决定是否需要进行开挖，处理。

A. 每年；　　B. 两年；

C. 三年；　　D. 半年。

答案：A

89. D5BJ03-G21089. 下列不属于事故调查“四不放过”的是（　　）。

A. 事故原因不清楚不放过；

B. 没有采取防范措施不放过；

C. 事故损失不清楚不放过；

D. 事故责任者没有受到处罚不放过，事故责任者和应受教育者没有受到教育不放过。

答案：C

90. D5BJ03-G21090. 无（　　）作业是违反《电业安全工作规程》系列标准、《贵州电网公司110kV及以上变电站运行管理标准实施细则》的规定，使作业人员失去有效监护的行为。

A. 监护；　　B. 保护；

C. 监督；　　D. 督促。

答案：A

二、多选题：D5BJ03-G22001 ～ D5BJ03-G22025（每小题 2 分）

1. D5BJ03-G22001. 实施风险管理体系是安全生产管理的（　　），是实现安全生产风险可控在控的（　　）。

A. 有效措施；　　B. 有效手段；

C. 创新；　　D. 途径。

答：BC

2. D5BJ03-G22002. 为创建安全稳定的一流区域电网，在安全管理上要实现的三个创新是（　　）。

A. 体制创新；　　B. 机制创新；

C. 管理创新；　　D. 进行危险点分析。

答：ABC

3. D5BJ03-G22003. 安全生产风险管理体系把“南网方略”中公司（　　）、安全生产一号令和安全理念以安全管理要素的形式具体展现出来，突出了电网运行安全风险评估与控制、南方电网调度等管理要素。

A. 总体思路；　　B. 战略目标；

C. 使命；　　D. 生命线。

答：CD

4. D5BJ03-G22004. 对所管辖区域内和区域外的所有危害进行识别，并对识别的危害确定其名称、类别和危害信息描述。危害类别包括（　　）。

A. 安全危害；　　B. 物理危害；

C. 人机工效危害；　　D. 设备危害。

答：BC

5. D5BJ03-G22005. 对认定的应急事件制定应急预案并明确职责，应急预案至少应包括以下类别（　　）。

A. 大面积停电；
B. 气象灾害；
C. 恐怖事件；
D. 较大、重大及特大人身伤亡事故。
答：ABCD

6. D5BJ03-G22006. 变电站综合自动化“四遥”是指（　　）。
A. 遥调和遥视；　　B. 遥调和遥测；
C. 遥信和遥控；　　D. 遥信和遥视。
答案：BC

7. D5BJ03-G22007. 变电站综合自动化的数据包括（　　）。
A. 模拟量；　　C. 电能量；
B. 开关量；　　D. 电压、电流量。
答案：ABC

8. D5BJ03-G22008. 变电站综合自动化系统、监控系统主要功能是（　　）。
A. 变电站四遥数据的采集；
B. 上传和控制，并具备 VQC；
C. 微机五防、远动信息的采集传输；
D. 运行值班监视和操作。
答案：ABCD

9. D5BJ03-G22009. UPS 在电力系统中的含义是“不间断电源”，当交流电不正常或发生中断故障时，UPS 仍能向负载提供符合要求的交流电，对一般通用 UPS 的交流输出电压要求有（　　）。
A. 具有自动稳压功能；
B. 动态特性好，控制电路简单；
C. 非线性失真小；
D. 能与市电并机运行电源锁相同步。
答案：ABCD

10. D5BJ03-G22010. 对于电力系统不间断电源的切换时间规定（　　）。
A. 后备式 UPS 切换时间一般小于 5ms；
B. 后备式 UPS 切换时间一般小于 10ms；
C. 在线式 UPS 切换时间为 0；
D. 在线式 UPS 切换时间一般小于 5ms。
答案：BC

11. D5BJ03-G22011. 数字化变电站是基于（　　）来实现变电站信息采集、传输、处理、输出过程全部数字化。
A. 光电技术；　　B. 信息技术；
C. 生产技术；　　D. 网络通信技术。
答案：ABD

12. D5BJ03-G22012. 数字化变电站的主要技术特征为（　　）。
A. 数据采集数字化、系统分层分布化；
B. 系统结构紧凑化、系统建模标准化；
C. 信息交互网络化、信息应用集成化；
D. 设备检修状态化、设备操作智能化。
答案：ABCD

13. D5BJ03-G22013. 我国规定的安全电压范围是（　　）。
A. 48V；　　B. 36V；
C. 24V；　　D. 12V。
答案：BCD

14. D5BJ03-G22014. 系统中发生短路会产生（　　）的后果。
A. 缩短电气设备的使用寿命，甚至使电气设备遭到严重破坏；
B. 使系统中部分地区的电压升高；
C. 使系统中部分地区的电压降低；
D. 破坏系统运行的稳定性。
答：ACD

15. D5BJ03-G22015. 接地按照作用的不同，接地可分为（　　）。
A. 工作接地；　　B. 保护接地；
C. 防雷接地；　　D. 直接接地。
答案：ABC

16. D5BJ03-G22016.《电业安全工作规程》系列标准规定：若以下设备同时停、送电，可填用一张电气第一种工作票：
A. 属于同一电压等级、位于同一平面场所，工作中不会触及带电导体的几个电气连接部分；
B. 一台变压器停电检修，其断路器也配合检修；
C. 全站停电；
D. 属于同一电压等级、位于同一平面场所。
答案：ABC

17. D5BJ03-G22017.《电业安全工作规程》规定：检修工作结束以前，若需将设备试加工作电压，应按以下要求进行：（　　）。
A. 全体工作人员撤离工作地点；
B. 收回该系统的所有工作票，拆除临时遮栏、接地线和标示牌，恢复常设遮栏；

C. 应在工作负责人和运行人员全面检查无误后，由运行人员进行加压试验；

D. 应在工作负责人和运行人员全面检查无误后，由试验人员进行加压试验。

答案：ABC

18. D5BJ03-G22018. 下列属于《防止电力生产重大事故二十五项重点要求》防止枢纽变电站全停事故，对直流系统的要求是（　　）。

A. 枢纽变电站直流系统宜采用两组蓄电池，三台充电装置的方案，每组蓄电池和充电装置应分别接于一段直流母线上，第三台充电装置（备用充电装置）可在两段母线之间切换；

B. 直流母线应采用分段运行的方式，每段母线应分别采用独立的蓄电池组供电，并在两段直流母线之间设置联络断路器；

C. 直流熔断器应按有关规定分级配置，加强直流熔断器的管理；

D. 变电站直流系统可以不采用两组蓄电池方案，蓄电池和充电装置应接于同一段直流母线上。

答案：ABC

19. D5BJ03-G22019. “中国南方电网有限责任公司令（第一号）”要求：认真落实与“（　　）”三大敌人作斗争的具体措施，继续严格执行电力安全生产行之有效的规章制度，特别是“（　　）”，狠纠管理性违章，坚决防止人为责任事故。

A. 违章、麻痹、不负责任；

B. 两票三制；

C. 违章作业、擅自扩大工作范围、无票工作；

D. 操作票。

答案：AB

20. D5BJ03-G22020.《中国南方电网有限责任公司电力事故（事件）调查规程》规定：以下哪几种情形属于电力生产或电力建设中发生的人身伤亡事故？（　　）

A. 员工在从事电力安全生产有关的工作过程中，发生人身伤亡（含生产性急性中毒造成的人身伤亡）的；

B. 员工在从事电力安全生产有关的工作中，发生本企业负有同等以上责任的交通事故，造成人员伤亡的；

C. 在电力生产区域内，外单位人员从事与电力安全生产有关的工作过程中，发生本企业负有责任的人身伤亡（含生产性急性中毒造成的人身伤亡）的；

D. 设备事故是指电力生产、电网运行过程中发生的发电设备或输变电设备损坏造成直接经济损失的事故。

答案：ABC

21. D5BJ03-G22021.《中国南方电网有限责任公司电气工作票技术规范（发电、变电部分）》规定，在电气设备上工作，保证安全的组织措施为（　　）。

A. 工作票制度；

B. 工作许可制；

C. 工作监护制度；

D. 工作间断、转移和终结制度。

答案：ABCD

22. D5BJ03-G22022.《中国南方电网有限责任公司电气工作票技术规范（发电、变电部分）》规定，在全部停电或部分停电的电气设备上工作，必须完成下列措施（　　）。

A. 停电；

B. 验电；

C. 装设接地线；

D. 悬挂标示牌和装设遮栏。

答案：ABCD

23. D5BJ03-G22023.《中国南方电网有限责任公司电气工作票技术规范（发电、变电部分）》规定，填用第一种工作票的工作为（　　）。

A. 高压设备上工作需要全部停电或部分停电者；

B. 在电气场所工作需要高压设备全部停电或部分停电者；

C. 高压设备操作机构箱上的刷漆工作；

D. 进行继电保护或测控装置及二次回路等工作时，需要将高压设备停电者。

答案：ABD

24. D5BJ03-G22024.《中国南方电网有限责任公司电气工作票技术规范（发电、变电部分）》规定，不停电工作系指（　　）。

A. 工作本身不需要停电；

B. 没有偶然触及导电部分的危险者；

C. 许可在带电设备外壳上或导电部分上进行的工作；

D. 在二次回路上进行的工作。

答案：ABC

25. D5BJ03-G22025.《中国南方电网有限责任公司电气工作票技术规范（发电、变电部分）》规定，在高压设备上工作，必须遵守下列各项规定（　　）。

A. 填用工作票或口头、电话命令；

B. 至少应有两人在一起工作；

C. 必须有专门的监护人进行工作安全监护；

D. 完成保证工作人员安全的组织措施和技术措施。

答案：ABD

三、判断题：D5BJ03-G23001 ～ D5BJ03-G23090（每小题 1 分）

1. D5BJ03-G23001. 生产班组全体人员必须与班长签订年度安全生产目标责任书，责任书应体现各岗位安全生产目标保障措施。

答案：√

2. D5BJ03-G23002. 生产班组安全生产目标保障措施应围绕“班组控制未遂和异常”的要求，制定防止发生人身伤害、人为责任设备障碍及触电等事故的具体措施。

答案：√

3. D5BJ03-G23003. 在安全活动会上只能进行总结分析本班组安全情况，重点是“两票三制”的执行情况，对存在的问题提出整改措施。

答案：×

4. D5BJ03-G23004. 每月对“两票”情况进行统计分析、加封面装订归档、上报执行情况。“两票”存放在班组内，“两票”保存期六个月。

答案：×

5. D5BJ03-G23005. 变电站设备检修、试验等工作终结验收后，检修工作班人员应在生产管理信息系统中填写设备检修试验记录，不用对验收工作作结论。

答案：×

6. D5BJ03-G23006. 检修人员处理某一设备缺陷过程中，发现该设备的另一缺陷并立即进行了处理，生产管理信息系统中不另增加缺陷条款，但必须在该缺陷检修处理记录中反映。

答案：×

7. D5BJ03-G23007. 工作终结验收时，办理工作终结手续的工作负责人应对“二次设备及回路工作安全技术措施单”中所列内容实施情况进行现场了解。

答案：×

8. D5BJ03-G23008. 全面质量管理是提供优质产品所永远需要的优良的产品设计、加工方法以及认真的产品维修服务等活动的一种重要手段。

答案：√

9. D5BJ03-G23009. 质量管理贯穿在工业生产过程的所有阶段。

答案：√

10. D5BJ03-G23010. 在全面质量管理工作中，无论何时、何处都会用到数理统计方法，因此，数理统计方法等于全面质量管理。

答案：×

11. D5BJ03-G23011. 质量管理的基本原理适用于任何制造过程，由于企业行业、规模的不同，方法的使用上略有不同，但基本原理仍然是相同的。

答案：√

12. D5BJ03-G23012. 要有效地控制影响产品质量的因素，不必在生产或服务过程的所有主要阶段加以控制。

答案：×

13. D5BJ03-G23013.《中国南方电网安全生产风险管理体系》是南方电网公司五年来安全生产工作的总结与升华。

答案：√

14. D5BJ03-G23014.《中国南方电网安全生产风险管理体系》是在继承电力系统优良传统经验基础上的创新。

答案：√

15. D5BJ03-G23015. 各分省公司每年初（每年 1 月前）应制定安全生产风险管理体系内审和外审计划，报本单位分管领导审批后，报送公司安全监察部备案。

答案：√

16. D5BJ03-G23016. 审核计划应明确审核单位、实施方式、所需资源与时间安排。原则上内审每 12 个月进行一次，外审每 24 个月进行一次。

答案：×

17. D5BJ03-G23017. 被审单位在接到安全生产风险管理体系审核报告后，应组织人员针对存在问

题进行原因分析，提出纠正与预防措施，并组织落实。

答案：√

18. D5BJ03-G23018. 各单位对纠正与预防措施，特别是重大风险的控制措施所需资金应优先解决，并督促措施的落实情况。

答案：√

19. D5BJ03-G23019. 安全生产风险管理体系建设工作由安监部牵头，生技部配合，制定详细的体系。

答案：×

20. D5BJ03-G23020. 当发生事故、意外或未遂事件，可不用对基于问题的风险评估进行回顾和修订。

答案：×

21. D5BJ03-G23021. 针对发生变化或事故/事件时，应采取纠正与预防措施。

答案：√

22. D5BJ03-G23022. 安全管理单元中强调通过科技进步来转移风险。

答案：×

23. D5BJ03-G23023. 安全管理单元中，通过纠正与预防系统实施结果控制，使安全生产管理工作形成从安全生产方针的策划阶段开始到管理，实现闭环管理和“可控”、“在控”。

答案：√

24. D5BJ03-G23024. 隔离闭锁系统要素主要针对隔离闭锁系统的建立、运用、检查与维护、回顾等控制环节提出了管理要求。

答案：√

25. D5BJ03-G23025. 灰尘和微粒是根据生产工作性质与可能的危害，识别危害所需要的安全工器具与个人防护用品，识别应重点关注的危害。

答案：√

26. D5BJ03-G23026. 一个环境清洁、标识清楚的工作环境对安全生产工作的促进和对工作人员行为的约束、警示没有多大作用。

答案：×

27. D5BJ03-G23027. 内务管理目的是保持场所整洁卫生，确保人员健康，属于文明生产范畴，同样要求建立清洁标准与检查标准，确保管理有效。

答案：√

28. D5BJ03-G23028. 把可能发生事故的人、物、事、时等诸多因素置于受控状态，把静态的、被动的、滞后的安全管理变成动态的、主动的、超前的安全管理，坚决同“违章、麻痹、不负责任”三大安全敌人作斗争，使预防事故成为员工的自觉行为。

答案：√

29. D5BJ03-G23029. 保障生产用具本身的安全状态和控制使用中的风险，是控制作业风险的重要环节。

答案：√

30. D5BJ03-G23030. 作业过程控制要素的管理目的是以控制作业活动全过程的风险，确保作业活动中人身、设备和电网安全。

答案：√

31. D5BJ03-G23031. 运行主管单位每年应对所辖运行直流电源系统进行检查评价，落实直流电源系统设备缺陷，综合分析直流系统存在问题，正确做出设备状态评估，提出技术改造和检修意见。

答案：√

32. D5BJ03-G23032. 电力安全事故是指电力生产或者电网运行过程中发生的影响电力系统安全稳定运行或者影响电力正常供应的事故（不包括热电厂发生的影响热力正常供应的事故）。

答案：×

33. D5BJ03-G23033. 电力安全事故（以下简称事故）影响电力系统安全稳定运行或者影响电力（热力）正常供应的程度，事故分为特别重大事故、重大事故、较大事故和一般事故。

答案：√

34. D5BJ03-G23034. 除了电力企业外的电力用户以及其他有关单位和个人，应当遵守电力安全管理规定，落实事故预防措施，防止和避免事故发生。

答案：×

35. D5BJ03-G23035. 除了电力企业外的任何单位和个人不得故意破坏事故现场，不得伪造、隐匿或者毁灭相关证据。

答案：×

36. D5BJ03-G23036. 电力企业应当按照国家有关规定，制定本企业事故应急预案。

答案：√

37. D5BJ03-G23037. 事故现场有关人员应当立即向发电厂、变电站运行值班人员、电力调度机构值班人员或者本企业现场负责人报告。

答案：√

38. D5BJ03-G23038. 事故发生后，电力企业和其他有关单位应当按照规定及时、准确报告事故情况，等事故调查结束后电力企业再恢复电力生产、电网运行和电力（热力）正常供应。

答案：×

39. D5BJ03-G23039. 事故发生单位和有关人员应当认真吸取事故教训，落实事故防范和整改措施，防止事故再次发生。

答案：√

40. D5BJ03-G23040. 任何单位和个人不得阻挠和干涉对事故的报告、应急处置和依法调查处理。

答案：√

41. D5BJ03-G23041. 目前技术而言，数字化变电站是由智能化一次设备、网络化二次设备分层构建，建立在DL/T 860（IEC 61850）通信规范基础上，能够实现变电站内智能电气设备间信息共享和互操作的现代化变电站。

答案：√

42. D5BJ03-G23042. 在数字化变电站中，通信介质采用电缆。

答案：×

43. D5BJ03-G23043. 数字化变电站紧凑型组合电气的应用，实现变电站布置的紧凑化，大幅度减少土地占用。

答案：√

44. D5BJ03-G23044. IEC 61850标准是全世界唯一的变电站网络通信标准，它的发展方向是实现"即插即用"。

答案：√

45. D5BJ03-G23045. 根据IEC 61850标准的描述，变电站的一、二次设备可分为三层：站控层（变电站层）、间隔层和过程层。

答案：√

46. D5BJ03-G23046. 数字化变电站中电流、电压的采集，二次系统设备状况、操作命令的下达和执行，完全可以通过光纤实现信息的有效监测。

答案：√

47. D5BJ03-G23047. 数字化变电站采用的是常规互感器。

答案：×

48. D5BJ03-G23048. 数字化变电站一、二次系统电气上完全隔离。

答案：√

49. D5BJ03-G23049. 变电站综合自动化与一般自动化区别在于：自动化系统是否作为一个整体执行保护、检测和控制功能。

答案：√

50. D5BJ03-G23050. 变电站综合自动化系统是建立在计算机硬件和软件技术、数据通信技术的基础上发展起来的。

答案：√

51. D5BJ03-G23051. 变电站综合自动化系统中微机监控子系统综合了原来的仪表屏、操作屏、模拟屏和变送器柜、远动装置、中央信号系统等功能。

答案：√

52. D5BJ03-G23052. 变电站综合自动化系统中微机保护子系统和监控系统相结合，综合了故障录波、故障测距、无功电压调节和中性点非直接接地系统等子系统的功能。

答案：√

53. D5BJ03-G23053. 磁电系仪表不能用来测量交流，只能用来测量直流；电磁系仪表可以交直流两用。

答案：√

54. D5BJ03-G23054. 遥测是指运用通信技术传输所测变量之值。

答案：√

55. D5BJ03-G23055. 发电厂和变电站应采用铜芯控制电缆和绝缘导线，按机械强度要求，强电控制回路截面不应小于$1.5mm^2$，弱电回路截面不应小于$0.5mm^2$。

答案：√

56. D5BJ03-G23056. 用量杯度量电解液，手持量杯，量杯的缺口应向手内。

答案：×

57. D5BJ03-G23057. 用钻床钻孔时衣袖要扎紧，戴好工作帽、护目眼镜和手套。

答案：×

58. D5BJ03-G23058. 指针式万用表用完后应将切换开关放到“直流电压”挡上。

答案：×

59. D5BJ03-G23059. 在二次回路中，通常所说的“常闭”触点是指继电器线圈通电时，该触点是闭合的。

答案：×

60. D5BJ03-G23060. pH 值<7 的溶液呈酸性。

答案：√

61. D5BJ03-G23061. 任何生产经营单位的从业人员，未经安全生产培训合格，均不得上岗作业。

答案：√

62. D5BJ03-G23062. 生产经营单位发生生产安全事故后，事故现场有关人员应当立即调查后报告本单位负责人。

答案：×

63. D5BJ03-G23063. 电力生产与电网运行应当遵循安全、可靠的原则。电网运行应当保证供电可靠性。

答案：√

64. D5BJ03-G23064. 电力企业应当加强安全生产管理，坚持“安全第一、预防为主”的方针，建立、健全安全生产责任制度。

答案：√

65. D5BJ03-G23065. 工作票应使用统一的票面格式。

答案：√

66. D5BJ03-G23066. 工作票一份交工作负责人，另一份交工作票签发人。

答案：×

67. D5BJ03-G23067. 可能送电至停电设备的各侧都不用接地。

答案：×

68. D5BJ03-G23068. SF_6 电气设备发生大量泄漏等紧急情况时，人员应迅速撤出现场，开启所有排风机进行排风。未佩戴防毒面具或佩戴正压式空气呼吸器的人员不应入内。

答案：√

69. D5BJ03-G23069. 低压不停电工作，应站在干燥的绝缘物上，使用有绝缘柄的工具，穿绝缘鞋和全棉长袖工作服，戴手套和护目眼镜。

答案：√

70. D5BJ03-G23070. 电缆开断前，应核对电缆走向图，并使用专用仪器确认电缆无电，可靠接地后方可工作。

答案：√

71. D5BJ03-G23071. 接地装置的焊接质量，接地试验应符合规定，各种设备与主地网的连接必须可靠，扩建地网与原地网间应为单点连接。

答案：×

72. D5BJ03-G23072. 采用计算机监控系统时，远方、就地操作均应具备电气闭锁功能。

答案：√

73. D5BJ03-G23073. 新扩建的发变电工程，防误闭锁装置可以不与主要设备同时投运。

答案：×

74. D5BJ03-G23074. 接地装置腐蚀比较严重的枢纽变电站宜采用铝质材料的地网。

答案：×

75. D5BJ03-G23075. 接地装置引下线的导通检测工作应每年进行一次，根据历次测量结果进行分析比较，以决定是否需要进行开挖处理。

答案：√

76. D5BJ03-G23076. 设备事故是指电力生产、电网运行过程中发生的发电设备或输变电设备损坏造成直接经济损失的事故。

答案：√

77. D5BJ03-G23077. 非责任事故是指因自然灾害等不可抗力因素造成的事故。

答案：√

78. D5BJ03-G23078. 工作票签发人是指确认工作必要性、工作人员安全资质和工作票上所填安全措施是否正确完备的审核签发人员。

答案：√

79. D5BJ03-G23079. 工作监护人是指不参与具体工作，负责监督和看护工作成员的工作行为是否符合安全标准的责任人员。

答案：√

80. D5BJ03-G23080. 工作负责人是指组织、指挥工作班人员完成本项工作任务的责任人员。

答案：√

81. D5BJ03-G23081. 电气设备上及电气场所的工作分为四类：①全部停电工作；②部分停电工作；③不停电工作；④临近带电场所工作。

答案：√

82. D5BJ03-G23082. 对已使用的工作票，应按执行与否等情况，及时在工作票上分别盖“工作终结”、“工作票终结”或“作废”印章。

答案：√

83. D5BJ03-G23083. 缺陷处理的时限要求：紧急缺陷应立即安排处理，且不应超过 8h；重大缺陷一周之内安排处理；一般缺陷半年内安排处理。

答案：×

84. D5BJ03-G23084. 设备缺陷的管理工作流程包括设备缺陷的发现与填报、受理分析、处理、验收环节。

答案：√

85. D5BJ03-G23085. 设备缺陷经检修部门处理后，降低了缺陷等级，未能彻底消除缺陷的，可不用重新填报。

答案：×

86. D5BJ03-G23086. 生产经营单位安全性评价工作应按照“评价、分析、评估、整改”的过程循环推进。

答案：√

87. D5BJ03-G23087. 电力生产单位完成存在问题原因分析之后，应对存在问题进行评估，按照对安全生产的危害程度和轻重缓急进行分类。

答案：√

88. D5BJ03-G23088. 生产经营单位安全性评价结果应作为本单位编制年度设备大修、改造工程项目、“两措”计划的重要依据。

答案：√

89. D5BJ03-G23089. 安全生产责任制目的是确保企业内安全生产的职责、权限得到规定和沟通。

答案：√

90. D5BJ03-G23090. 酒后作业指饮酒后从事车辆驾驶、特种设备操作及电力生产相关工作的行为。

答案：√

四、问答题：D5BJ03-G25001 ~ D5BJ03-G25015（每小题 5 分）

1. D5BJ03-G25001.《中华人民共和国电力法》中对电力发展规划的要求是什么？（5 分）

答：电力发展规划应当根据国民经济和社会发展的需要制定，并纳入国民经济和社会发展计划。（3 分）电力发展规划应当体现合理利用能源、电源与电网配套发展、提高经济效益和有利于环境保护的原则。（2 分）

2. D5BJ03-G25002. 安全生产监督检查人员的基本执法准则和要求是什么？（5 分）

答：安全生产监督检查人员应当忠于职守，坚持原则，秉公执法。（5 分）

3. D5BJ03-G25003. 当从业人员遇到单位负责人强令冒险作业时，应当如何对待？（5 分）

答：行使《中华人民共和国安全生产法》赋予的拒绝权，以保护自己的生命安全。（5 分）

4. D5BJ03-G25004. 发生事故后，生产经营单位主要负责人应当采取什么措施？（5 分）

答：（1）迅速采取有效措施，组织抢救；（2 分）

（2）按规定如实向当地负有安全生产监督管理职责的部门报告；（2 分）

（3）不得故意破坏事故现场、毁灭有关证据。（1 分）

5. D5BJ03-G25005. 电力生产与电网运行应当遵循的原则是什么，对电网运行的要求是什么？（5 分）

答：电力生产与电网运行应当遵循安全、优质、经济的原则。（3 分）电网运行应当连续、稳定，保证供电可靠性。（2 分）

6. D5BJ03-G25006. 国家对电力供应和使用，实行怎样的管理原则，电力供应与使用办法由什么部门规定？（5 分）

答：国家对电力供应和使用，实行安全用电、节约用电、计划用电的管理原则。（3 分）电力供应与使用办法由国务院依照本法的规定制定。（2 分）

7. D5BJ03-G25007. 电力监督检查人员的权力有哪些？（5 分）

答：电力监督检查人员进行监督检查时，有权向电力向企业或者用户了解有关执行电力法律、行政法规的情况，查阅有关资料，并有权进入现场进行检查。（3 分）电力企业和用户对执行监督检查任务的电力监督检查人员应当提供方便。电力监督检查人员进行监督检查，应当出示证件。（2 分）

8. D5BJ03-G25008. 贵州电网公司“十大禁令”是保障安全生产的重要举措，请写出其中任意五

条。（5分，每条1分）

答：①严禁违章指挥；②严禁无票作业；③严禁擅自解锁；④严禁酒后作业；⑤严禁无监护作业；⑥严禁约时停、送电；⑦严禁无封闭地线作业；⑧严禁无安全交底作业；⑨严禁擅自扩大工作范围；⑩严禁擅自变动安全措施（设施）。

9. D5BJ03-G25009. 中国南方电网有限责任公司第一号令的内容是什么？（5分）

答：关于加强安全生确保电网稳定运行的规定。（5分）

10. D5BJ03-G25010. 中国南方电网有限责任公司安全生产方针是什么？（5分）

答：安全第一、预防为主。（5分）

11. D5BJ03-G25011. 中国南方电网有限责任公司安全生产的总体目标是什么？（5分）

答：公司系统安全生产的总体目标是在生产经营工作中，防止发生对社会造成重大影响、对资产造成重大损失的事故，确保人身、电网、设备安全。（2分）杜绝重大人身死亡事故，杜绝特大电网事故和有人员责任的重大电网事故，杜绝特大设备事故和重大施工机械设备损坏事故，杜绝重大火灾事故，杜绝电厂垮坝事故，杜绝重大环境污染事故和重大垮（坍）塌事故。（3分）

12. D5BJ03-G25012.《中国南方电网公司安全性评价管理规定》中安全性评价的定义是什么？（5分）

答：综合运用安全性系统工程学的理论方法，对系统存在的安全性进行定性和定量分析，确认系统发生危险的可能性及其严重程度，提出必要的控制措施，以寻求最低的事故率、最小的事故损失和最优的安全效益。（5分）

13. D5BJ03-G25013.《中国南方电网公司安全性评价管理规定》中自评价基本要求是什么？（5分）

答：自评价是电力生产单位为提高本单位安全生产管理水平，基于自我约束、自我完善的指导思想，对本单位生产安全状况自行组织开展的评价，是日常生产工作的重要内容。公司系统各级生产经营应定期组织开展自评价。（5分）

14. D5BJ03-G25014.《中国南方电网有限责任公司安全性评价工作导则》中的评价范围是什么？（5分）

答：（1）安全性评价可针对生产经营单位生产运行的总体状况或专项部分，查找、分析和预测存在的危险、有害因素及危险、危害程度范围。（3分）

（2）对以生产经营单位为被评价对象的安全性评价内容应涵盖该单位的设备系统、劳动安全和作业环境、安全生产管理等方面，并重视人在各个环节中的作用。（2分）

15. D5BJ03-G25015.《中国南方电网有限责任公司安全生产风险管理体系》标准中安全生产方针目的是什么？（5分）

答：体现企业安全生产、职业健康、环境的宗旨和方向以及企业持续降低安全生产风险的承诺，为企业安全生产管理提供方向。（5分）

第四节　基本技能

（同第一章第四节）

第五节　专业技能

实际操作题：D5BJ03-G30001～D5BJ03-G30010

1. D5BJ03-G30001. 直流系统微机监控器充电参数设置。

答案：直流系统微机监控器充电参数设置见下表。

题 D5BJ03-G30001 表

考核时限	30min	编号	D5BJ03-G30001	题分	100
考核方式	实操		考核地点		
项目名称	直流系统微机监控器充电参数设置				
需要说明的问题和要求	（1）某变电站直流系统蓄电池配置情况如下：UXL-330L-2N，104只； （2）经过核对性放电后，发现有一只落后电池，已经对该电池进行了拆除处理； （3）需对充电参数进行相应设置，现场需配合人员一名				

续表

工具、材料、设备、场地	万用表、常用工具包、一套完好的直流系统			
考核标准	步骤名称（100 分值）	质量要求	扣分标准	得分
	（1）办理工作票许可手续（5 分）	（1）口述办理工作票许可手续	（1）不知道正确履行工作票手续就工作，扣 3 分，不了解工作内容和安全措施，扣 2 分	
	（2）设置准备工作（5 分）	（1）检查直流系统运行正常，无异常告警	（1）未检查系统情况检查扣 2 分	
		（2）检查机柜表计与监控器上显示是否一致	（2）未检查机柜表计与监控器上显示是否一致扣 3 分	
	（3）设置充电参数（70 分）	（1）根据实际情况计算出需设置的浮充电压	（1）不能计算浮充电压：2.23×103＝229.69（按 230V 设置）扣 15 分	
		（2）根据实际情况计算出需设置的均充电压	（2）不能计算均充电压：2.33×103＝239.99（按 240V 设置）扣 15 分	
		（3）按“设置”进入“均浮充设置”（密码五个回车）	（3）未能正确进入操作界面扣 5 分	
		（4）使用操作键盘正确修改浮充电压（230V）	（4）未能正确修改浮充电压、均充电压，或修改参数错误扣 15 分	
		（5）使用操作键盘正确修改均充电压（240V）	（5）未能正确修改浮充电压、均充电压，或修改参数错误扣 15 分	
		（6）正确保存修改参数，并检查参数已修改	（6）未保存参数扣 5 分	
	（4）验证参数修改正确性（10 分）	（1）检查监控装置显示面板显示电压与机柜表计是否一致（230V）	（1）未检查实际电压与监控器显示电压扣 15 分	
	（5）相关记录填写（5 分）	（1）进入生产管理信息系统填写相关检修、调试记录	（1）未填写相关检修、调试记录扣 5 分	
	（6）工作终结（5 分）	（1）口述办理工作终结手续	（1）未办理终结手续扣 5 分	
考评员签字：		日期：		

2. D5BJ03-G30002. 直流系统直合闸母线电压过（欠）压告警试验。

答案：直流系统直合闸母线电压过（欠）压告警试验见下表。

题 D5BJ03-G30002 表

考核时限	30min	编号	D5BJ03-G30002	题分	100
考核方式	实操	考核地点			
项目名称	直流系统直合闸母线电压过（欠）压告警试验				
需要说明的问题和要求	（1）通过调整设置模拟直流母线电压过（欠）压告警试验； （2）现场需配合人员一名				
工具、材料、设备、场地	万用表、常用工具包、一套完好的直流系统				
考核标准	步骤名称（100 分值）	质量要求	扣分标准	得分	
	（1）办理工作票许可手续（5 分）	（1）口述办理工作票许可手续	（1）不知道正确履行工作票手续就工作，扣 3 分，不了解工作内容和安全措施，扣 2 分		
	（2）准备设置工作（5 分）	（1）检查直流系统运行正常，无异常告警	（1）未检查系统情况检查扣 2 分		
		（2）检查机柜表计与监控器上显示是否一致	（2）未检查机柜表计与监控器上显示是否一致扣 3 分		

续表

	步骤名称（100分值）	质量要求	扣分标准	得分
考核标准	（3）设置充电参数（70分）	（1）说明试验原理：设置合母过（欠）压值低（高）于当前浮充电压	（1）不能说明试验原理扣15分	
		（2）按“设置”进入“上下限设置”（密码五个回车）	（2）未能正确进入操作界面扣5分	
		（3）记录当前合闸母线上限和下限值	（3）未记录当前合闸母线上限和下限值扣10分	
		（4）模拟过压告警：修改合母上限低于当前浮充电压，查看监控器是否告警，检查站内自动化后台机是否告警	（4）未能正确修改或修改参数错误扣10分，未查看监控器扣5分，未查看自动化后台机信号扣5分	
		（5）模拟欠压告警：修改合母下限高于当前浮充电压，查看监控器是否告警，检查站内自动化后台机是否告警	（5）未能正确修改或修改参数错误扣10分，未查看监控器扣5分，未查看自动化后台机信号扣5分	
		（6）参照刚才记录恢复原来设置	（6）未保存参数扣5分	
	（4）验证参数修改正确性（10分）	（1）参照刚才记录恢复原来设置	（1）未恢复原来设置扣10分	
	（5）相关记录填写（5分）	（1）进入生产管理信息系统填写相关检修、调试记录	（1）未填写相关检修、调试记录扣5分	
	（6）工作终结（5分）	（1）口述办理工作终结手续	（1）未办理终结手续扣5分	
考评员签字：		日期：		

3. D5BJ03-G30003. 直流充电装置充电限流值的验证。

答案：直流充电装置充电限流值的验证见下表。

题 D5BJ03-G30003 表

考核时限	30min	编号	D5BJ03-G30003	题分	100
考核方式	实操		考核地点		
项目名称	直流充电装置充电限流值的验证				
需要说明的问题和要求	（1）严格按照有关规程规范执行； （2）现场需熟练配合人员一名； （3）目的：验证直流充电装置充电限流值（I_{10}=额定容量/10），防止大电流对蓄电池充电，损坏蓄电池				
工具、材料、设备、场地	万用表、常用工具包、一套完好的直流系统				
考核标准	步骤名称（100分值）	质量标准	评分标准	得分	
	（1）办理工作票许可手续（5分）	（1）口述办理工作票许可手续	（1）不知道正确履行工作票手续就工作扣3分，不了解工作内容和安全措施扣2分		
	（2）检查、准备工作（25分）	（1）检查直流系统运行正常无异常告警	（1）未检查直流系统运行情况扣10分		
		（2）检查微机监控装置正常运行，蓄电池充电限流值设置正确（如：30A），否则予以修正	（2）未检查微机监控装置内蓄电池充电限流值扣15分		

续表

	步骤名称（100分值）	质量标准	评分标准	得分
考核标准	（3）限流值验证（60分）	（1）断开直流系统交流电源，蓄电池处于放电状态，保持发的状态约20min，电压约215V以下	（1）未断开交流电源使蓄电池处于放电状态扣30分	
		（2）恢复交流电源，蓄电池处于充电状态，若蓄电池电压低于充电机浮充电压，此时的蓄电池充电电流即为充电限流值	（2）不会正确读出限流值扣30分	
		（3）记录此电流并与定值核对	（3）未记录限流实际值与定值核对15分	
	（4）相关记录填写（5分）	（1）进入生产管理信息系统填写相关检修、调试记录	（1）未填写相关检修、调试记录扣5分	
	（5）工作终结（5分）	（1）口述办理工作终结手续	（1）未办理终结手续扣5分	
考评员签字：		日期：		

4. D5BJ03-G30004. 直流屏交流切换回路不能正确切换。

答案：直流屏交流切换回路不能正确切换见下表。

题 D5BJ03-G30004 表

考核时限	30min	编号	D5BJ03-G30004	题分	100
考核方式	实操		考核地点		
项目名称	直流屏交流切换回路不能正确切换				
需要说明的问题和要求	（1）现场一名考官作为配合人员； （2）故障现象：运行人员在做直流屏交流电源定期切换过程中，发现交流1路失电后无法自动切换到2路交流电源； （3）故障点设置可设置在交流输入2路电源故障（可在交流屏上断开直流2路电源空气断路器）				
工具、材料、设备、场地	万用表、常用工具包、一套完好的直流系统				

	步骤名称（100分值）	质量标准	评分标准	得分
考核标准	（1）了解故障情况（5分）	（1）了解设备故障前后运行情况：交流1路失电后无法自动切换到2路交流电源	（1）不了解运行情况或了解不全面扣5分	
	（2）办理工作票许可（5分）	（1）口述办理工作票许可手续	（1）未履行工作票许可手续扣3分，不熟悉工作内容和安全措施扣2分	
	（3）检查、分析工作（20分）	（1）检查直流系统运行正常有无异常现象	（1）未检查直流系统运行情况扣5分	
		（2）能分析故障原因：交流输入异常；2号交流接触器线圈损坏；交流控制回路有接触不良或开路故障	（2）不能正确分析出每项扣5分	
	（4）查找处理故障（50分）	（1）检查交流输入空气开关断路器是否跳闸或未合上	（1）未检查空气开关断路器情况扣10分	
		（2）用万用表检查交流输入1、2路交流电源是否正常	（2）未用万用表先检查输入是否正常扣10分	
		（3）查出2路交流电源无电	（3）未查出2路交流有问题扣10分	
		（4）根据现状判断故障位置应在2路交流输入端（交流屏2路电源故障）	（4）不能根据当期情况判断问题扣10分	
	（5）查找处理故障（10分）	（1）恢复2路交流电源（由配合人员送上交流屏上2路交流电源），测试交流切换是否正常	（1）恢复电源后没有进行切换测试扣10分	

续表

考核标准	步骤名称（100 分值）	质量标准	评分标准	
	（6）相关记录填写（5 分）	（1）进入生产管理信息系统填写检修记录；缺陷记录	（1）未填写检修记录、缺陷记录扣 2 分	
	（7）工作终结（5 分）	（1）口述办理工作终结手续	（1）未办理终结手续扣 5 分	
考评员签字：		日期：		

5. D5BJ03-G30005. 直流系统综合告警信息试验。

答案：直流系统综合告警信息试验见下表。

题 D5BJ03-G30005 表

考核时限	30min	编号	D5BJ03-G30005	题分	100
考核方式	实操		考核地点		
项目名称	直流系统综合告警信息试验				
需要说明的问题和要求	（1）现场由一名考官充当配合人员； （2）要求验证信号：交流失电、模块故障、馈线空气断路器跳闸、蓄电池熔丝熔断； （3）目的：通过模拟告警信号验证系统告警功能是否正常				
工具、材料、设备、场地	万用表、常用工具包、一套完好的直流系统、绝缘手套一双				
考核标准	步骤名称（100 分值）	质量标准	评分标准	得分	
	（1）办理工作票（5 分）	（1）口述办理工作票许可手续	（1）未履行工作票许可手续扣 3 分，不了解工作内容和安全措施扣 2 分		
	（2）检查（10 分）	（1）检查直流系统运行正常	（1）未检查直流系统运行无告警扣 5 分		
		（2）检查微机监控装置运行正常	（2）未检查微机监控装置运行情况扣 5 分		
	（3）告警验证（60 分）	（1）同时拉开直流屏 1、2 路交流电源，查监控器是否发交流失电告警，同时查看监控后台告警	（1）不能正确做出交流失电告警信号扣 10 分，没有核对自动化后台机扣 5 分		
		（2）将充电模块开关断开或拔出，查监控器是否发模块故障告警，同时查看监控后台告警	（2）不能正确做出模块故障告警信号扣 10 分，没有核对自动化后台机扣 5 分		
		（3）用小针或螺丝刀拨动任意馈线空气断路器右侧试验孔，使空气断路器模拟跳闸故障，查看监控器及自动化监控机是否发馈线故障告警	（3）不能正确做出馈线空气断路器跳闸告警信号扣 10 分，没有核对自动化监控机扣 5 分		
		（4）戴绝缘手套拨动蓄电池信号熔断器撞击器座上的微动开关模拟，查看监控器及自动化监控机是否发蓄电池熔丝熔断告警	（4）不能正确做出蓄电池熔丝熔断告警信号扣 5 分，没有核对自动化监控机扣 5 分，未戴绝缘手套扣 5 分		
	（4）告警验证（5 分）	（1）检查监控器内历史告警记录显示正确	（1）未检查监控器内历史告警记录显示正确性扣 5 分		
考核标准	（5）恢复正常运行状态（10 分）	（1）试验完成后将直流系统恢复到正常运行状态，并检查有无异常或未复归信号	（1）未恢复检查扣 10 分		
	（6）相关记录填写（5 分）	（1）进入生产管理信息系统填写检修、调试记录	（1）未填写检修、调试记录扣 5 分		
	（7）工作终结（5 分）	（1）口述办理工作终结手续	（1）未办理终结手续扣 5 分		
考评员签字：			日期：		

6. D5BJ03-G30006. 直流系统绝缘监测装置接地告警功能试验。

答案：直流系统绝缘监测装置接地告警功能试验见下表。

题 D5BJ03-G30006 表

考核时限	30min	编号	D5BJ03-G30006	题分	100
考核方式	实操		考核地点		
项目名称	直流系统绝缘监测装置接地告警功能试验				
需要说明的问题和要求	（1）严格按照有关规程规范执行； （2）现场需熟练配合人员一名； （3）目的：通过模拟直流接地，检查装置绝缘监测装置功能正确性				
工具、材料、设备、场地	万用表、常用工具包、10～25kΩ（5W）电阻一只、软连接线、鳄鱼夹、一套完好的直流系统				
考核标准	步骤名称（100 分值）	质量标准		评分标准	得分
	（1）办理工作票（5 分）	（1）口述办理工作票许可手续		（1）未履行工作票许可手续扣 3 分，不了解工作内容和安全措施扣 2 分	
	（2）检查、准备工作（25 分）	（1）检查直流系统运行正常		（1）未检查直流系统无告警扣 5 分	
		（2）检查绝缘监测装置正常运行，无异常告警		（2）未检查绝缘监测装置运行情况扣 5 分	
		（3）测量正负极对地电压，确认直流系统无接地		（3）未用万用表确认直流系统绝缘情况扣 15 分	
	（3）模拟直流接地告警（60 分）	（1）通过馈线空气断路器端子，使直流系统正极经电阻接地		（1）正确方法：先接接地端，后接电源端，接线方法错误扣 5 分	
		（2）查看绝缘装置是否告警，以及告警情况		（2）未检查母线正接地及接地电阻值正确性扣 10 分	
		（3）核对正极支路巡检是否正确，是否显示接地支路、极性和接地阻值		（3）未检查正极接地支路、极性和接地阻值正确性扣 10 分	
		（4）检查自动化后台机信号是否正确		（4）未检查自动化后台信号扣 5 分	
		（5）通过馈线空气断路器端子，使直流系统负极经电阻接地		（5）正确方法：先接接地端，后接电源端，接线方法错误扣 5 分	
		（6）查看绝缘装置是否告警，以及告警情况		（6）未检查母线负接地及接地电阻值正确性扣 10 分	
		（7）核对负极支路巡检是否正确，是否显示接地支路、极性和接地阻值		（7）未检查负极接地支路、极性和接地阻值正确性扣 10 分	
		（8）检查自动化后台机信号是否正确		（8）未检查自动化后台信号扣 5 分	
	（4）相关记录填写（5 分）	（1）进入生产管理信息系统填写检修、调试记录		（1）未填写检修、调试记录扣 2 分	
	（5）工作终结（5 分）	（1）口述办理工作终结手续		（1）未办理终结手续扣 5 分	
考评员签字：			日期：		

7. D5BJ03-G30007. 直流系统 1 号蓄电池组退出运行的操作。

答案：直流系统 1 号蓄电池组退出运行的操作见下表。

题 D5BJ03-G30007 表

考核时限	30min	编号	D5BJ03-G30007	题分	100
考核方式	实操		考核地点		
项目名称	直流系统 1 号蓄电池组退出运行的操作				
需要说明的问题和要求	（1）严格按照有关规程规范执行； （2）现场需熟练配合人员一名； （3）因 1 号蓄电池组需做核对性放电工作，需进行直流母线负荷倒换操作退出 1 号蓄电池组				
工具、材料、设备、场地	万用表、常用工具包、一套完好的直流系统				

续表

	步骤名称（100分值）	质量标准	评分标准	得分
（1）考核标准	（1）办理工作票许可手续（10分）	（1）口述办理工作票许可手续	（1）不知道正确履行工作票手续就工作扣5分，不了解工作内容和安全措施扣2分	
	（2）检查、准备工作（20分）	（1）检查直流系统运行正常无异常告警	（1）未检查直流系统运行情况扣5分	
		（2）检查1、2号充电机均在浮充状态（两段母线电压一致，压差不超过5V）	（2）未检查充电机的运行状态压差扣5分	
		（3）检查Ⅰ段联络柜ZK1（Ⅰ段充电机开关）位置在“充电柜Ⅰ接母线Ⅰ”上	（3）未检查Ⅰ联络柜ZK1位置扣10分	
	（3）操作（55分）	（1）操作Ⅰ段联络柜ZK2（Ⅰ母线联络开关）由“母线Ⅰ接电池Ⅰ”位置经由“切除”位置合至“母线Ⅰ接母线Ⅱ”位置	（1）操作错误扣20分	
		（2）检查Ⅱ段充电机输出电流、控制母线电流变大，两段母线电压正常	（2）未检查扣15分	
		（3）操作Ⅰ段联络柜ZK1（充电机输出开关）由“母线Ⅰ接电池Ⅰ”位置到“切除”位置，蓄电池退出运行	（3）操作错误扣20分	
	（4）相关记录填写（10分）	（1）进入生产管理信息系统填写检修记录	（1）未填写检修记录扣5分	
	（5）工作终结（5分）	（1）口述办理工作终结手续	（1）未办理终结手续扣5分	
考评员签字：		日期：		

8. D5BJ03-G30008．快速验证直流系统对蓄电池充电管理程序的正确性。

答案：快速验证直流系统对蓄电池充电管理程序的正确性见下表。

题 D5BJ03-G30008 表

考核时限	30min	编号	D5BJ03-G30008	题分	100
考核方式	实操		考核地点		
项目名称	快速验证直流系统对蓄电池充电管理程序的正确性				
需要说明的问题和要求	（1）严格按照有关规程规范执行； （2）现场需熟练配合人员一名； （3）目的：验证充电机长期浮充时，每隔720h自动转均充，当均充电流小于0.1/I_{10}后定时3h后自动转浮充				
工具、材料、设备、场地	万用表、常用工具包、一套完好的直流系统				
考核标准	步骤名称（100分值）	质量标准	评分标准	得分	
	（1）办理工作票许可手续（5分）	（1）口述办理工作票许可手续	（1）不知道正确履行工作票手续就工作扣3分，不了解工作内容和安全措施扣2分		
	（2）检查、准备工作（10分）	（1）检查直流系统运行正常无异常告警	（1）未检查直流系统运行情况扣5分		
		（2）检查微机监控装置正常运行	（2）未检查微机监控装置内蓄电池充电限流值扣5分		

续表

	步骤名称（100分值）	质量标准	评分标准	得分
考核标准	（3）操作验证（75分）	（1）说明验证原理：通过修改监控器设置定时均浮充时间，快速验证管理程序正确性	（1）不能说明原理扣20分	
		（2）按“设置”进入“均浮充设置”（密码五个回车）	（2）未能正确进入操作界面扣5分	
		（3）修改定时浮充值为最小，如1h	（3）不会修改扣10分	
		（4）修改定时均充值为最小，如10min	（4）不会修改扣10分	
		（5）等待1h后直流系统自动转为均充（若时间有限此步口述，手动转均充），当充电流小于 $0.1/I_{10}=3A$ 时开始计时，10min后将自动转为浮充运行	（5）未能验证定时浮充程序扣15分，未能验证定时均充程序扣15分（验证充电机长期浮充时，每隔720h自动转均充，当均充电流小于 $0.1/I_{10}$ 后定时3h后自动转浮充）	
	（4）相关记录填写（5分）	（1）进入生产管理信息系统填写检修记录	（1）未填写检修记录扣5分	
	（5）工作终结（5分）	（1）口述办理工作终结手续	（1）未办理终结手续扣5分	
考评员签字：		日期：		

9．D5BJ03-G30009．蓄电池监测装置发单体电池欠压信号处理。

答案：蓄电池监测装置发单体电池欠压信号处理见下表。

题D5BJ03-G30009表

考核时限	30min	编号	D5BJ03-G30009	题分	100
考核方式	实操		考核地点		
项目名称	蓄电池监测装置发单体电池欠压信号处理				
需要说明的问题和要求	（1）严格按照有关规程规范执行； （2）现场需熟练配合人员一名； （3）蓄电池巡检装置发单体电池欠压信号，故障点设置在某只蓄电池采集线头脱落（断开）				
工具、材料、设备、场地	万用表、常用工具包、一套完好的直流系统				

	步骤名称（100分值）	质量标准	评分标准	得分
考核标准	（1）了解现场情况（5分）	（1）现场情况：蓄电池监测装置发单体欠压信号	（1）未了解现场情况扣5分	
	（2）办理工作票许可手续（5分）	（1）口述办理工作票许可手续	（1）不知道正确履行工作票手续就工作扣3分，不了解工作内容和安全措施扣2分	
	（3）初步检查工作（25分）	（1）检查直流系统运行正常无其他异常告警	（1）未检查直流系统运行情况扣5分	
		（2）检查蓄电池监测装置运行状态，有无告警显示	（2）未检查蓄电池监测装置运行状态扣5分	
		（3）从装置中查看是哪一只蓄电池欠压告警（显示为：0.00）	（3）不能查出蓄电池监测装置告警电池是哪一只扣15分	
	（4）故障查找与处理（55分）	（1）根据蓄电池监测装置显示编号在相应位置找到故障电池	（1）不能找到故障电池扣15分	
		（2）用万用表检查该蓄电池电压正常否（电压正常）	（2）没有用万用表检查电池电压扣10分	

续表

	步骤名称（100分值）	质量标准	评分标准	得分
考核标准	（4）故障查找与处理（55分）	（3）检查电压正常，问题应该在采集回路上，检查采集线发现，该电池采集线头脱落	（3）未找到故障点扣15分	
		（4）恢复脱落采集线头	（4）不会正确恢复脱落线头扣15分	
	（5）相关记录填写（5分）	（1）进入生产管理信息系统填写检修记录	（1）未填写检修记录扣5分	
	（6）工作终结（5分）	（1）口述办理工作终结手续	（1）未办理终结手续扣5分	
考评员签字：		日期：		

10. D5BJ03-G30010. 直流系统发“蓄电池熔断器熔断”信号紧急处理。

答案：直流系统发“蓄电池熔断器熔断”信号紧急处理见下表。

题 D5BJ03-G30010 表

考核时限	30min	编号	D5BJ03-G30010	题分	100
考核方式	实操		考核地点		
项目名称	直流系统发“蓄电池熔断器熔断”信号紧急处理				
需要说明的问题和要求	（1）严格按照有关规程规范执行； （2）现场需熟练配合人员一名； （3）变电站后台发“蓄电池熔断器熔断”信号； （4）现场情况：更换备品后又熔断，需用最快的方式做紧急处理。直流系统双蓄、双充配置				
工具、材料、设备、场地	万用表、常用工具包、一套完好的直流系统				

	步骤名称（100分值）	质量标准	评分标准	得分
考核标准	（1）电话了解现场情况（15分）	（1）变电站后台发“Ⅰ组蓄电池正极熔断器熔断”信号，但更换后又熔断	（1）未先电话了解现场情况扣15分	
	（2）电话指导运行人员处理前检查（可由配合人员进行）（20分）	（1）询问直流系统运行正常有无其他异常告警，表计显示情况	（1）未检查直流系统运行情况扣5分	
		（2）检查1、2号充电机均在浮充状态（两段母线电压一致压差不超过5V）	（2）未检查充电机的运行状态扣5分	
		（3）检查Ⅰ段联络柜ZK1（Ⅰ段充电机开关）位置在“充电柜Ⅰ接母线Ⅰ”	（3）未检查Ⅰ联络柜ZK1位置扣10分	
	（3）电话指导运行人员操作（可由配合人员进行）（65分）	（1）操作Ⅰ段联络柜ZK2（Ⅰ母线联络开关）由“母线Ⅰ接电池Ⅰ”位置经由“切除”位置合至“母线Ⅰ接母线Ⅱ”位置	（1）操作错误扣20分	
		（2）检查Ⅱ段充电机输出电流、控制母线电流变大，两段母线电压正常	（2）未检查扣15分	
		（3）操作Ⅰ段联络柜ZK1（充电机输出开关）由“母线Ⅰ接电池Ⅰ”位置到“切除”位置，蓄电池退出运行	（3）操作错误扣20分	
		（4）尽快赶到现场做详细检查处理，尽快找到备品	（4）紧急处理完后，应现场处理并尽快找到备品更换10分	
考评员签字：		日期：		

第六节 相关技能

实际操作题：D5BJ03-G40001～D5BJ03-G40010

1. D5BJ03-G40001. 万用表的检查、使用方法。

答案：万用表的检查、使用方法见下表。

题 D5BJ03-G40001 表

考核时限	30min	编号	D5BJ03-G40001	题分	100
考核方式	实操	考核地点			
项目名称	万用表的检查、使用方法				
需要说明的问题和要求	能正确检查万用表，会使用万用表测量交流电源空开电压				
工具、材料、设备、场地	万用表1只，安全帽1个				
考核标准	步骤名称（100分值）	质量要求	扣分标准		得分
	（1）万用表检查（40分）	（1）万用表应在有效试验周期内	（1）未正确检查万用表在有效周期内扣5分		
		（2）万用表外观应完好，无脏污、破损等现象	（2）未正确检查万用表外观扣5分		
		（3）万用表表笔等配件齐全完好	（3）未正确检查万用表配件齐全每项扣5分		
		（4）万用表电池电量应充足	（4）未正确检查万用表电池电量充足扣5分		
		（5）检查万用表良好：黑色表笔接入公共端，红色表笔接入“VΩ”端，将万用表挡位切换至Ω档，将两表笔开路，万用表应指示“∞”，将两表笔短路，万用表应指示“0”	（5）未正确检查万用表性能良好每项扣5分		
	（2）使用万用表测量电压（50分）	（1）进入高压场地使用万用表进行测量工作必须戴安全帽	（1）未正确检查、使用安全防护用品扣5分		
		（2）黑色表笔接入公共端，红色表笔接入“VΩ”端	（2）表笔线接入不正确扣10分		
		（3）万用表切至“Ṽ”挡相应量程	（3）未正确选择万用表量程扣10分		
		（4）用万用表两表笔分别接触电源两相，测量相对相之间的电压值	（4）未正确测量相对相之间电压值扣10分		
		（5）用万用表红表笔分别接触电源任一相，黑色表笔接触接地部分，测量相对地之间的电压值	（5）未正确测量相对地之间电压值扣10分		
	（3）相关要求（10分）	（1）应在规定时间内完成相关操作	（1）未在规定时间完成操作，每延时1min扣1分，延时5min终止操作		
		（2）操作完成后将相关用具摆放于指定位置	（2）操作完成后未将用具摆放于指定位置扣5分		
考评员签字：			日期：		

2. D5BJ03-G40002. 绝缘电阻表的检查、使用方法。

答案：绝缘电阻表的检查、使用方法见下表。

题 D5BJ03-G40002 表

<table>
<tr><td>考核时限</td><td>30min</td><td>编号</td><td>D5BJ03-G40002</td><td>题分</td><td>100</td></tr>
<tr><td>考核方式</td><td colspan="2">实操</td><td>考核地点</td><td colspan="2"></td></tr>
<tr><td>项目名称</td><td colspan="5">绝缘电阻表的检查、使用方法</td></tr>
<tr><td>需要说明的问题和要求</td><td colspan="5">能正确检查绝缘电阻表，会使用绝缘电阻表遥测低压电缆绝缘</td></tr>
<tr><td>工具、材料、设备、场地</td><td colspan="5">2500V、500V 绝缘电阻表各 1 只，电缆 1 根</td></tr>
<tr><td rowspan="10">考核标准</td><td>步骤名称（100 分值）</td><td>质量要求</td><td colspan="2">扣分标准</td><td>得分</td></tr>
<tr><td rowspan="4">（1）绝缘电阻表检查（30 分）</td><td>（1）绝缘电阻表应在有效试验周期内</td><td colspan="2">（1）未正确检查绝缘电阻表在有效周期内扣 5 分</td><td rowspan="4"></td></tr>
<tr><td>（2）绝缘电阻表外观应完好，无脏污、破损等现象</td><td colspan="2">（2）未正确检查绝缘电阻表外观每项扣 5 分</td></tr>
<tr><td>（3）绝缘电阻表表笔等配件齐全</td><td colspan="2">（3）未正确检查绝缘电阻表配件齐全每项扣 5 分</td></tr>
<tr><td>（4）检查绝缘电阻表是否良好：将两连接线开路，摇动手柄，指针应指在“∞”处，再把两连接线短接一下，指针应指在“0”处</td><td colspan="2">（4）未正确检查绝缘电阻表是否良好每项扣 10 分</td></tr>
<tr><td rowspan="5">（2）使用绝缘电阻表测量电缆绝缘（60 分）</td><td>（1）口述遥测低压电缆前注意事项，拆除被测电缆的电源和一切对外连线；将被测电缆的芯线全部接地并放电 1min</td><td colspan="2">（1）未正确回答遥测电缆前注意事项每项扣 5 分</td><td rowspan="5"></td></tr>
<tr><td>（2）绝缘电阻表的选择：对工作电压在 500V 以下的电缆使用 500V 绝缘电阻表</td><td colspan="2">（2）未正确选用相应电压等级绝缘电阻表扣 5 分</td></tr>
<tr><td>（3）将绝缘电阻表“L”端与电缆带电部分相连，“E”端接地，“G”端接电缆屏蔽层</td><td colspan="2">（3）绝缘电阻表与被测电缆接线不正确扣 20 分</td></tr>
<tr><td>（4）摇动绝缘电阻表到额定转速（120r/min），绝缘电阻应是摇 1min 以后，电阻值稳定时的读数。测量时绝缘电阻表转速不应低于额定转速的 80%</td><td colspan="2">（4）测量方法不正确扣 10 分</td></tr>
<tr><td>（5）拆线放电。读数完毕，一边慢摇，一边拆线，然后将被测电缆放电。放电方法是将测量时使用的地线从绝缘电阻表上取下来与被测电缆短接一下即可（不是绝缘电阻表放电）</td><td colspan="2">（5）读数不正确扣 10 分，测量完毕未将电缆放电扣 5 分</td></tr>
<tr><td rowspan="2">考核标准</td><td rowspan="2">（3）相关要求（10 分）</td><td>（1）应在规定时间内完成相关操作</td><td colspan="2">（1）未在规定时间完成操作，每延时 1min 扣 1 分，延时 5min 终止操作</td><td rowspan="2"></td></tr>
<tr><td>（2）操作完成后将相关用具摆放于指定位置</td><td colspan="2">（2）操作完成后未将用具摆放于指定位置扣 5 分</td></tr>
<tr><td colspan="3">考评员签字：</td><td colspan="3">日期：</td></tr>
</table>

3. D5BJ03-G40003. 钳形电流表的检查、使用方法。

答案：钳形电流表的检查、使用方法见下表。

题 D5BJ03-G40003 表

<table>
<tr><td>考核时限</td><td>30min</td><td>编号</td><td>D5BJ03-G40003</td><td>题分</td><td>100</td></tr>
<tr><td>考核方式</td><td colspan="2">实操</td><td>考核地点</td><td colspan="2"></td></tr>
<tr><td>项目名称</td><td colspan="5">钳形电流表的检查、使用方法</td></tr>
<tr><td>需要说明的问题和要求</td><td colspan="5">能正确检查钳形电流表，会使用钳形电流表测量低压回路电流</td></tr>
<tr><td>工具、材料、设备、场地</td><td colspan="5">钳形电流表 1 只，安全帽 1 个</td></tr>
<tr><td rowspan="12">考核标准</td><td colspan="2">步骤名称（100 分值）</td><td>质量要求</td><td>扣分标准</td><td>得分</td></tr>
<tr><td colspan="2" rowspan="4">（1）钳形电流表检查（40 分）</td><td>（1）钳形表应在有效试验周期内</td><td>（1）未正确检查钳形电流表在有效周期内扣 5 分</td><td rowspan="4"></td></tr>
<tr><td>（2）钳形电流表外观应完好，无脏污、破损等现象</td><td>（2）未正确检查钳形电流表外观每项扣 5 分</td></tr>
<tr><td>（3）钳形电流表表笔等配件齐全完好</td><td>（3）未正确检查钳形电流表配件齐全每项扣 5 分</td></tr>
<tr><td>（4）检查钳形电流表良好：将钳形电流表挡位切换至 Ω 挡，将两表笔开路，钳形电流表应指示“∞”，将两表笔短路，钳形电流表应指示“0”</td><td>（4）未正确检查钳形电流表是否良好每项扣 10 分</td></tr>
<tr><td colspan="2" rowspan="5">（2）使用钳形电流表测量低压导线电流（50 分）</td><td>（1）进入高压电气场所使用钳形电流表进行测量工作应戴安全帽</td><td>（1）未正确检查、佩戴安全防护用品一项扣 5 分</td><td rowspan="5"></td></tr>
<tr><td>（2）测量前将测试导线从钳形电流表上取下</td><td>（2）未将测试导线从钳形电流表上取下扣 10 分</td></tr>
<tr><td>（3）转动旋转开关至适当量程</td><td>（3）未正确选用钳形电流表的量程扣 5 分</td></tr>
<tr><td>（4）选择正确挡位测量相应的电流</td><td>（4）未正确选择相应挡位测量相应的电流扣 10 分</td></tr>
<tr><td>（5）按压卡钳打开扳机以打开卡钳，将被测导线夹入卡钳，关闭卡钳并使用对正标记使导线处于中间位置，观察 LCD 上的读数</td><td>（5）测量方法不正确每项扣 20 分</td></tr>
<tr><td colspan="2" rowspan="2">（3）相关要求（10 分）</td><td>（1）应在规定时间内完成相关操作</td><td>（1）未在规定时间完成操作，每延时 1min 扣 1 分，延时 5min 终止操作</td><td rowspan="2"></td></tr>
<tr><td>（2）操作完成后将相关用具摆放于指定位置</td><td>（2）操作完成后未将用具摆放于指定位置扣 5 分</td></tr>
<tr><td colspan="3">考评员签字：</td><td colspan="3">日期：</td></tr>
</table>

4. D5BJ03-G40004. 防毒面具的检查、使用方法。

答案：防毒面具的检查、使用方法见下表。

题 D5BJ03-G40004 表

<table>
<tr><td>考核时限</td><td>30min</td><td>编号</td><td>D5BJ03-G40004</td><td>题分</td><td>100</td></tr>
<tr><td>考核方式</td><td colspan="2">实操</td><td>考核地点</td><td colspan="2"></td></tr>
<tr><td>项目名称</td><td colspan="5">防毒面具的检查、使用方法</td></tr>
<tr><td>需要说明的问题和要求</td><td colspan="5">会正确检查、使用防毒面具</td></tr>
<tr><td>工具、材料、设备、场地</td><td colspan="5">防毒面具 1 个</td></tr>
</table>

续表

<table>
<tr><td rowspan="9">考核标准</td><td>步骤名称（100 分值）</td><td>质量要求</td><td>扣分标准</td><td>得分</td></tr>
<tr><td rowspan="5">（1）防毒面具的检查（40 分）</td><td>（1）使用前需检查面具无裂纹、破口</td><td>（1）未检查表面每项扣 5 分</td><td rowspan="5"></td></tr>
<tr><td>（2）检查呼气阀片无变形、破裂及裂缝</td><td>（2）未检查呼气阀片扣 5 分</td></tr>
<tr><td>（3）检查带头弹性良好</td><td>（3）未检查带头扣 10 分</td></tr>
<tr><td>（4）检查滤毒盒座密封圈完好</td><td>（4）未检查密封圈扣 10 分</td></tr>
<tr><td>（5）检查滤毒盒在使用期内</td><td>（5）未检查滤毒盒座有效期扣 10 分</td></tr>
<tr><td rowspan="3">（2）防毒面具的使用（50 分）</td><td>（1）滤毒盒装配：将滤毒盒密封层去掉，并将滤毒螺口对准滤盒座，正时针方向拧紧，压扣滤线盒对准盒座压紧</td><td>（1）未正确装配滤毒盒扣 10 分</td><td rowspan="3"></td></tr>
<tr><td>（2）防毒面具佩戴：将面具盖住口鼻，然后将头带框套拉至头顶；用双手将下面的头带拉向颈后，然后扣住</td><td>（2）未正确佩戴防毒面具扣 10 分</td></tr>
<tr><td>（3）防毒面具佩戴密合性测试良好：①用手掌盖住呼气阀并缓缓呼气，若面部感到有一定压力，但没感到空气从面部及面罩之间泄漏，表示佩戴密合性良好；若面部与面罩之间有泄漏，则重新调节头带与面罩排除漏气现象；②用手掌盖住滤毒盒座的连接口，缓缓吸气，若呼吸有困难，则表示佩戴面具密闭良好。若能吸入空气，则需重新调整面具位置及调整头带松紧度，消除漏气现象</td><td>（3）未正确使用呼气试验检查密合性良好扣 15 分，未正确使用吸气试验检查密合性良好扣 15 分</td></tr>
<tr><td>考核标准</td><td>（3）相关要求（10 分）</td><td>（1）应在规定时间内完成相关操作；
（2）操作完成后将相关用具摆放于指定位置</td><td>（1）未在规定时间完成操作，每延时 1min 扣 1 分，延时 5min 终止操作
（2）操作完成后未将用具摆放于指定位置扣 5 分</td><td></td></tr>
<tr><td colspan="3">考评员签字：</td><td colspan="2">日期：</td></tr>
</table>

5. D5BJ03-G40005. 灭火器的检查、使用方法。

答案：灭火器的检查、使用方法见下表。

题 D5BJ03-G40005 表

<table>
<tr><td>考核时限</td><td>15min</td><td>编号</td><td>D5BJ03-G40005</td><td>题分</td><td>100</td></tr>
<tr><td>考核方式</td><td colspan="2">实操</td><td>考核地点</td><td colspan="2"></td></tr>
<tr><td>项目名称</td><td colspan="5">灭火器的检查、使用方法</td></tr>
<tr><td>需要说明的问题和要求</td><td colspan="5">掌握灭火器的检查、使用方法</td></tr>
<tr><td>工具、材料、设备、场地</td><td colspan="5">手提储压式干粉灭火器 1 只，安全帽 1 个</td></tr>
</table>

<table>
<tr><td rowspan="5">考核标准</td><td>步骤名称（100 分值）</td><td>质量要求</td><td>扣分标准</td><td>得分</td></tr>
<tr><td rowspan="2">（1）灭火器的检查（20 分）</td><td>（1）灭火器应在有效试验周期内</td><td>（1）未正确检查灭火器在有效试验期内扣 10 分</td><td rowspan="2"></td></tr>
<tr><td>（2）灭火器压力值应在正常范围内</td><td>（2）未正确检查灭火器压力 10 分</td></tr>
<tr><td rowspan="2">（2）灭火器的使用（70 分）</td><td>（1）口述：灭火器的正确选用</td><td>（1）灭火器选用不正确扣 20 分</td><td rowspan="2"></td></tr>
<tr><td>（2）进入高压电气场所使用灭火器进行灭火工作应戴安全帽</td><td>（2）未正确检查、佩戴安全防护用品一项扣 5 分</td></tr>
</table>

续表

	步骤名称（100分值）	质量要求	扣分标准	得分
考核标准	（2）灭火器的使用（70分）	（3）除掉铅封，拔掉保险栓	（3）未正确除掉铅封，拔掉保险栓扣10分	
		（4）一只手握着灭火器的喷管，另一只手提着灭火器的压把	（4）手提灭火器方法不正确扣10分	
		（5）在距火焰2m的地方，用力压下压把，另一只手握着喷管左右摆动，喷射干粉覆盖整个燃烧区	（5）灭火方法不正确扣30分	
	（3）相关要求（10分）	（1）应在规定时间内完成相关操作 （2）操作完成后将相关用具摆放于指定位置	（1）未在规定时间完成操作，每延时1min扣1分，延时5min终止操作； （2）操作完成后未将用具摆放于指定位置扣5分	
考评员签字：		日期：		

6. D5BJ03-G40006．触电急救。

答案：触电急救见下表。

题D5BJ03-G40006表

考核时限	45min	编号	D5BJ03-G40006	题分	100
考核方式	实操		考核地点		
项目名称	触电急救				
需要说明的问题和要求	掌握触电急救原则及方法				
工具、材料、设备、场地	人体模型1个				
考核标准	步骤名称（100分值）	质量要求		扣分标准	得分
	（1）脱离电源（15分）	口述：脱离低压电源方法 （1）迅速切断电源，如拉开电源开关或刀闸，拔除电源插头等； （2）使用绝缘工具、干燥的木棒等不导电的东西解脱触电者； （3）抓住触电者干燥而不贴身的衣服将其拖开，切记要避免碰到金属物体和触电者的裸露身躯； （4）戴绝缘手套或将手用干燥衣物等包起绝缘后解脱触电者； （5）站在绝缘垫上或干木板上，绝缘自己进行救护； （6）如果电流通过触电者入地，并且触电者紧握电线，可设法用干木板塞到身下，与地隔离，也可用干木把斧子或有绝缘柄的钳子等将电线剪断		（1）口述不正确一项扣3分	
		口述：脱离高压电源的方法 （1）迅速切断电源； （2）用适合该电压等级的绝缘工具解脱触电者； （3）如果触电者触及断落在地上的带电高压导线，且尚未确证线路无电，救护人员在未做好安全措施前，不能接近断线点至8～10m范围内			
	（2）脱离电源后的处理（15分）	口述：脱离电源后的处理 （1）触电者如神志清醒者，使其就地平躺，严密观察，暂时不要站立或走动； （2）触电者如神志不清者，应使其就地仰面躺平，且确保气道畅通； （3）用5s的时间，呼叫伤员或轻拍其肩部，以判定伤员是否意识丧失，禁止摇动伤员头部呼叫伤员； （4）需要抢救的伤员，应立即就地坚持正确抢救，并设法联系医疗部门接替救治		（2）口述不正确一项扣3分	
	（3）呼吸、心跳情况的判定（15分）	口述、演示： （1）触电伤员如意识丧失，应在10s内，用看、听、试的方法，判定伤员呼吸心跳情况； （2）看—看伤员的胸部、腹部有无起伏动作； （3）听—用耳贴近伤员的口鼻处，听有无呼气声音； （4）试—试测口鼻有无呼气的气流。再用两手指轻试一侧（左或右）喉结旁凹陷处的颈动脉有无搏动； （5）若看、听、试结果，既无呼吸又无颈动脉搏动，可判定呼吸心跳停止		（3）口述、演示不正确一项扣3分	

续表

	步骤名称（100分值）	质量要求	扣分标准	得分
考核标准	（4）畅通气道（15分）	用人体模型进行示范： （1）如发现伤员口内有异物，可将其身体及头部同时侧转，迅速用一个手指或用两手指交叉从口角处插入，取出异物；操作中要注意防止将异物推到咽喉深部； （2）用一只手放在触电者前额，另一只手的手指将其下颌骨向上抬起，两手协同将头部推向后仰，舌根随之抬起，气道即可通畅	（4）操作不规范每项扣3分	
	（5）口对口（鼻）人工呼吸（15分）	用人体模型进行示范： （1）在保持伤员气道通畅的同时，救护人员用放在伤员额上的手的手指捏住伤员鼻翼，救护人员深吸气后，与伤员口对口紧合，在不漏气的情况下，先连续大口吹气两次，每次1～1.5s； （2）如两次吹气后试测颈动脉仍无搏动，可判断心跳已经停止，要立即同时进行胸外按压； （3）触电伤员如牙关紧闭，可口对鼻人工呼吸。口对鼻人工呼吸吹气时，要将伤员嘴唇紧闭，防止漏气	（5）操作不规范每项扣5分	
	（6）胸外按压（25分）	用人体模型进行示范： （1）正确按压位置的步骤： 1）右手的食指和中指沿触电伤员的右侧肋弓下缘向上，找到肋骨和胸骨接合处的中点； 2）两手指并齐，中指放在切迹中点（剑突底部），食指平放在胸骨下部； 3）另一只手的掌根紧挨食指上缘，置于胸骨上，即为正确按压位置； （2）正确的按压姿势： 1）使触电伤员仰面躺在平硬的地方，救护人员立或跪在伤员一侧肩旁，救护人员的两肩位于伤员胸骨正上方，两臂伸直，肘关节固定不屈，两手掌根相叠，手指翘起，不接触伤员胸壁； 2）以髋关节为支点，利用上身的重力，垂直将正常成人胸骨压陷3～5cm（儿童和瘦弱者酌减）； （3）压至要求程度后，立即全部放松，但放松时救护人员的掌根不得离开胸壁	（6）操作不规范每项扣5分	
考评员签字：		日期：		

7. D5BJ03-G40007．绝缘手套及绝缘靴的检查、使用方法。

答案：绝缘手套及绝缘靴的检查、使用方法见下表。

题 D5BJ03-G40007 表

考核时限	20min	编号	D5BJ03-G40007	题分	100
考核方式	实操	考核地点			
项目名称	绝缘手套及绝缘靴的检查、使用方法				
需要说明的问题和要求	掌握绝缘手套及绝缘靴的检查、使用方法				
工具、材料、设备、场地	绝缘手套、绝缘靴各1双				
考核标准	步骤名称（100分值）	质量要求	扣分标准		得分
	（1）绝缘手套的检查（35分）	（1）绝缘手套应在有效试验周期内	（1）未正确检查绝缘手套在有效试验周期内扣5分		
		（2）绝缘手套有无龟裂、老化、表面应清洁	（2）未正确检查绝缘手套无龟裂、老化、清洁每项扣5分		
		（3）绝缘手套无发粘、内清洁、无潮湿等现象	（3）未正确检查绝缘手套无发粘、内清洁、无潮湿每项扣5分		
		（4）卷曲试验检查时无漏气现象	（4）未正确检查绝缘手套无漏气现象扣10分		

续表

	步骤名称（100 分值）	质量要求	扣分标准	得分
考核标准	（2）绝缘手套的使用（10 分）	（1）必须双手戴绝缘手套	（1）未双手戴绝缘手套扣 5 分	
		（2）戴绝缘手套必须将衣袖口套入筒口内戴好	（2）戴绝缘手套未将衣袖口套入筒口内扣 5 分	
	（3）绝缘靴的检查（30 分）	（1）绝缘靴应在有效试验周期内	（1）未正确检查绝缘靴在有效试验周期内扣 5 分	
		（2）绝缘靴靴底部无断裂、老化	（2）未正确检查绝缘靴靴底每项扣 5 分	
		（3）靴面无裂纹	（3）未正确检查绝缘靴靴面扣 5 分	
		（4）靴内清洁、不潮湿	（4）未正确检查绝缘靴靴内每项扣 5 分	
	（4）绝缘靴的使用（15 分）	（1）哪些情况下应穿绝缘靴： 1）雨天操作及巡视室外高压设备时，应穿绝缘靴； 2）接地网电阻不符合要求的，晴天也应穿绝缘靴	（1）口述不正确一项扣 5 分	
		（2）穿绝缘靴，应将裤管套入靴筒内	（2）穿绝缘靴未将裤管套入靴筒内扣 5 分	
	（5）相关要求（10 分）	（1）应在规定时间内完成相关操作	（1）未在规定时间完成操作，每延时 1m 扣 1 分，延时 5min 终止操作	
		（2）操作完成后将相关用具摆放于指定位置	（2）操作完成后未将相关用具摆放于指定位置扣 5 分	
考评员签字：		日期：		

8. D5BJ03-G40008. 安全带的检查、使用方法。

答案：安全带的检查、使用方法见下表。

题 D5BJ03-G40008 表

考核时限	30min	编号	D5BJ03-G40008	题分	100
考核方式	实操		考核地点		
项目名称	安全带的检查、使用方法				
需要说明的问题和要求	掌握安全带的检查、使用方法				
工具、材料、设备、场地	安全带 1 副，安全帽 1 个				

	步骤名称（100 分值）	质量要求	扣分标准	得分
考核标准	（1）安全带检查（40 分）	（1）安全带应在有效试验周期内	（1）未正确检查安全带在有效周期内扣 5 分	
		（2）安全带组件［护腰带、围带（绳）、保险绳、金属挂钩］完整、无破损，绳索、编织带、皮革配件完好	（2）未正确检查安全带组件每项扣 5 分	
		（3）金属配件无裂纹、焊接牢固、无严重锈蚀	（3）未正确检查安全带金属配件一项 5 分	
		（4）挂钩的钩舌咬口平整不错位	（4）未正确检查安全带挂钩扣 5 分	
		（5）保险装置完整可靠，活梁灵活，铆钉无明显偏位，表面平整	（5）未正确检查安全带保险装置一项扣 5 分	
	（2）安全带使用（50 分）	（1）将安全带系于腰间，并尽量使安全带贴近身体并感觉舒适为宜	（1）未正确检查、使用安全防护用品一项扣 5 分	
		（2）将多余的带子穿到余夹中，防止带子松脱	（2）系安全带方法不正确每项扣 5 分	

续表

	步骤名称（100分值）	质量要求	扣分标准	得分
考核标准	（2）安全带使用（50分）	（3）进入高压电气场所必须戴安全帽	（3）未正确悬挂安全带扣5分	
		（4）安全带要悬挂在牢固的构件或物体上，要防止摆动或碰撞，绳子不能打结使用，钩子要挂在连接环上，使用安全带必须严格遵守“高挂低用”的原则，如果在作业时不能做到高挂低用，也可以水平拴挂，但决不能低挂高用	（4）未正确使用安全带每项扣5分	
	（3）相关要求（10分）	（1）应在规定时间内完成相关操作	（1）未在规定时间完成操作，每延时1min扣1分，延时5min终止操作	
		（2）操作完成后将相关用具摆放于指定位置	（2）操作完成后未将用具摆放于指定位置扣5分	
考评员签字：		日期：		

9. D5BJ03-G40009. 使用数字万用表判别晶体三极管的极性和管型。

答案：使用数字万用表判别晶体三极管的极性和管型见下表。

题 D5BJ03-G40009 表

考核时限	30min	编号	D5BJ03-G40009	题分	100
考核方式	实操		考核地点		
项目名称	使用数字万用表判别晶体三极管的极性和管型				
需要说明的问题和要求	需要掌握数字万用表的对半导体测量方法				
工具、材料、设备、场地	数字万用表1只，完好PNP、NPN晶体管各1只				

	步骤名称（100分值）	质量要求	扣分标准	得分
考核标准	（1）万用表检查（10分）	（1）万用表应在有效试验周期内	（1）未正确检查万用表在有效周期内扣2分	
		（2）万用表外观应完好，无脏污、破损等现象	（2）未正确检查万用表外观扣2分	
		（3）万用表表笔等配件齐全完好	（3）未正确检查万用表配件齐全每项扣2分	
		（4）万用表电池电量应充足	（4）未正确检查万用表电池电量充足扣2分	
		（5）检查万用表良好：黑色表笔接入公共端，红色表笔接入“VΩ”端，将万用表挡位切换至Ω挡，将两表笔开路，万用表应指示“∞”，将两表笔短路，万用表应指示“0”	（5）未正确检查万用表性能良好每项扣2分	
	（2）使用万用表判别晶体管（70分）	（1）选择万用表挡位到二极管测量档	（1）未正确选择测量挡位扣15分	
		（2）分别测量各管脚之间的导通情况，必然有一只脚与其他两脚的导通压降相近（比如0.684和0.689），则该脚为基极，另外两级压降低的为集电极（0.684），电压高者为发射极（0.689）	（2）不能正确判断出基极扣20分，不能判断出发射极和集电极扣20分	
		（3）确定管脚后，先用红表笔接基极，黑表笔及其他两脚，若均显示导通电压则该管未NPN型，若基极接的是黑表笔则为PNP型（注意此处结果和机械表恰好相反）	（3）未能正确判断出管型扣15分	

续表

考核标准	步骤名称（100分值）	质量要求	扣分标准	得分
考核标准	（3）相关要求（10分）	（1）应在规定时间内完成相关操作	（1）未在规定时间完成操作，每延时1min扣1分，延时5min终止操作	
		（2）操作完成后将相关用具摆放于指定位置	（2）操作完成后未将用具摆放于指定位置扣5分	
考评员签字：		日期：		

10. D5BJ03-G40010．蓄电池放电仪的使用。

答案：蓄电池放电仪的使用见下表。

题 D5BJ03-G40010 表

考核时限	30min	编号	D5BJ03-G40010	题分	100
考核方式	实操		考核地点		
项目名称	蓄电池放电仪的使用				
需要说明的问题和要求	考生独立完成，假设对容量300Ah、2V只蓄电池组放电				
工具、材料、设备、场地	数字万用表一只，放电仪一台				
考核标准	步骤名称（100分值）	质量要求	扣分标准	得分	
	（1）放电仪外观检查（5分）	（1）检查放电仪外观无问题，配件齐全（电源线、放电电缆等）	（1）未检查放电仪扣5分		
	（2）正确连接放电仪（45分）	（1）将与蓄电池组的连接线有快插的一端按正、负（红色为正、黑色为负）分别插于机器对应正、负插座并顺时针拧紧	（1）放电仪侧放电连接线错误扣15分		
		（2）将连接线的另一端对应接于蓄电池组的放电开关上，注意极性（没有蓄电池的可以口述）	（2）蓄电池侧放电连接线错误扣15分		
		（3）插上AC220V工作电源线，打开电源开关，看显示屏显示是否正确（显示清楚无乱码）	（3）未检查放电仪上电情况扣15分		
	（3）放电参数设置（25分）	（1）在主菜单下将各种放电参数设置好。放电电流设置为30A（0.1C10）其他根据具体情况设置	（1）未正确设置放电电流参数扣20分		
		（2）操作完成后启动放电仪开始放电	（2）设置完成未启动放电仪扣5分		
	（4）放电仪停止（25分）	（1）从放电仪面板操作停止放电，等待3min后方可断开放电仪电源	（1）不会正确停止放电扣10分，未等到放电仪冷却就断开放电仪电源扣15分		
考评员签字：		日期：			

参 考 文 献

[1] 胡翔骏. 电路基础（第二版）[M]. 北京：高等教育出版社，2007.

[2] 王大为. 应用电工基础（第二版）[M]. 北京：中国电力出版社，2004.

[3] 付植桐. 电子技术（第 2 版）[M]. 北京：高等教育出版社，2004.

[4] 杨铭. 机械制图（第二版）[M]. 北京：机械工业出版社，2011.

[5] 姚年春，侯玉杰. 电路基础 [M]. 北京：人民邮电出版社，2010.

[6] 宋爽. 电力电子技术 [M]. 北京：中国电力出版社，2010.

[7] 常美生. 高电压技术（第二版）[M]. 北京：中国电力出版社，2007.

[8] 李庚银. 电力系统分析基础 [M]. 北京：机械工业出版社，2011.

[9] 胡虔生，胡敏强. 电机学 [M]. 北京：中国电力出版社，2009.

[10] 许庆海. 电力安全基本技能 [M]. 北京：中国电力出版社，2008.

[11] 白忠敏，刘百震，于崇干. 电力工程直流系统设计手册（第二版）[M]. 北京：中国电力出版社，2008.

[12] 杨冠城. 电力系统自动装置原理 [M]. 北京：中国电力出版社，2007.

[13] 周立红. 变电站综合自动化技术问答 [M]. 北京：中国电力出版社，2008.

[14] 贺家李. 电力系统继电保护原理（第四版）[M]. 北京：中国电力出版社，2010.

[15] 中国南网电网有限责任公司. 电力安全工作规程（发电厂和变电站电气部分）[M]. 中国标准出版社，2011.

[16] 徐海明，王全胜. 变电站直流电源设备使用与维护——阀控密封铅酸蓄电池 [M]. 北京：中国电力出版社，2007.

[17] 电力行业职业技能鉴定指导中心. 11-059 职业技能鉴定指导书（继电保护）[M]. 北京，中国电力出版社，2009.

[18] 电力行业职业技能鉴定指导中心. 11-054 职业技能鉴定指导书（直流设备检修）[M]. 北京，中国电力出版社，2010.

[19] 贵州电网公司. 供电企业技能岗位培训教材（变电检修）[M]. 北京，中国电力出版社，2011.